普通高等教育"十三五"规划教材

工厂供电设计指导

第 3 版

刘介才 编

机械工业出版社

本书为指导本科和高职高专电气类有关专业进行工厂供电或供配电技术课程设计和毕业设计的辅助教材,亦可供从事供配电技术工作的工程技术人员参考。

　　本书共分十二章。首先介绍供电设计的基本知识,包括设计依据的主要技术标准和常用的图形符号、文字符号等;接着依次讲述负荷计算和无功功率补偿、变配电所及主变压器的选择、变配电所主接线方案的设计、短路计算及一次设备的选择、继电保护及二次回路选择、变配电所及柴油发电机房的布置与结构设计、供配电线路设计与计算、防雷保护和接地装置设计等;最后讲述供电设计说明书的编写和设计图纸的绘制,课程设计和毕业设计的选题原则,并列举了一个供电设计实例和若干个设计题目供参考。

　　本书是 2008 年第 2 版的修订版,主要按新颁国家标准和供配电技术最新发展进行了必要的修订补充。本书重在"指导",着重讲述供配电设计的原则和方法,实为一本新型实用的供配电设计指导手册。

图书在版编目（CIP）数据

工厂供电设计指导/刘介才编 . —3 版 . —北京：机械工业出版社,
2016.9（2025.6 重印）

普通高等教育"十三五"规划教材

ISBN 978-7-111-54999-4

Ⅰ. ①工⋯　Ⅱ. ①刘⋯　Ⅲ. ①工厂 – 供电 – 设计 – 高等学校 – 教学参考资料　Ⅳ. ①TM727.3

中国版本图书馆 CIP 数据核字（2016）第 238191 号

机械工业出版社（北京市百万庄大街 22 号　邮政编码 100037）
策划编辑：王雅新　责任编辑：王雅新　徐　凡
责任校对：佟瑞鑫　封面设计：马精明
责任印制：刘　媛
三河市骏杰印刷有限公司印刷
2025 年 6 月第 3 版第 13 次印刷
184mm×260mm · 15.25 印张 · 370 千字
标准书号：ISBN 978-7-111-54999-4
定价：39.80 元

电话服务　　　　　　　　　　　网络服务
客服电话：010-88361066　　　　机 工 官 网：www.cmpbook.com
　　　　　010-88379833　　　　机 工 官 博：weibo.com/cmp1952
　　　　　010-68326294　　　　金 书 网：www.golden-book.com
封底无防伪标均为盗版　　　　机工教育服务网：www.cmpedu.com

前　言

本书是根据本科和高职高专学校供电教师的建议，在机械工业出版社的积极支持下，于1998 年编写出版了第 1 版，以满足安排有工厂供电或供配电技术课程设计和毕业设计的专业师生的需要，同时供从事供配电技术工作的工程技术人员参考。但随着供配电技术的发展和一些新产品的出现，特别是国家一些有关新标准规范的颁布，使本书有相应修订的必要，因此在机械工业出版社的支持下，2008 年对本书第 1 版进行了修订，出版了本书第 2 版。但近几年国家又颁布了更多的新标准规范，例如 GB 50052—2009《供配电系统设计规范》、GB 50053—2013《20kV 及以下变电所设计规范》、GB 50054—2011《低压配电设计规范》、GB 50057—2010《建筑物防雷设计规范》、GB 50058—2014《爆炸危险环境电力装置设计规范》等，使本书有再次修订的必要。

本书共分十二章。首先介绍供电设计的基本知识，包括供电设计的一般原则、内容和程序，供电设计依据的一些主要技术标准和设计规范，供电设计常用的电气图形符号和文字符号等；接着依次讲述负荷计算和无功功率补偿、变配电所及主变压器的选择、变配电所主接线方案的设计、短路计算及一次设备的选择、继电保护及二次回路的选择、变配电所及柴油发电机房的布置与结构设计、供配电线路的设计与计算及防雷保护和接地装置的设计等；最后介绍工厂供电设计说明书的编写和设计图纸的绘制要求，讲述课程设计和毕业设计的选题原则，并具体介绍工厂供电课程设计和毕业设计的选题内容，且列举一个全面的供电设计实例和若干设计题目供参考。

本书重在"指导"，给读者指点工厂供电设计的原则和方法；而最重要的设计原则和方法，编者认为，是在设计中一定要遵循国家的现行技术标准和设计规范。因此本书着力介绍与供电设计有关的最新技术标准和设计规范的规定和要求。为了便于设计，本书也有选择地介绍了少量 35kV 及以下的设备技术资料。

在本书的编写和两次修订过程中，得到了不少单位和个人的大力支持，提供了不少有价值的资料，谨在此表示衷心的谢意！

限于本人水平，书中错漏在所难免，敬请使用本书的广大师生和有关专家不吝赐教，本人将不胜感激。

刘介才谨识

目　　录

第一章　工厂供电设计的基本知识

第一节　工厂供电设计的一般原则、内容和程序

一、工厂供电设计的一般原则

工厂供电设计必须遵循以下原则：

（1）工厂供电设计必须遵守国家的有关法令、标准和设计规范，执行国家的有关方针政策，包括节约能源、节约有色金属和保护环境等技术经济政策。

（2）工厂供电设计应做到保障人身和设备的安全、供电可靠、电能质量合格、技术先进和经济合理，设计中应采用符合国家标准的效率高、能耗低、性能先进及与用户投资能力相适应的经济合理的电气产品。

（3）工厂供电设计必须从全局出发，统筹兼顾，按照负荷性质、用电容量、工程特点和地区供电条件，合理确定设计方案。

（4）工厂供电设计应根据工程特点、规模和发展规划，正确处理近期建设与远期发展的关系，做到远、近期结合，以近期为主，适当考虑扩建的可能性。

二、工厂供电设计的基本内容

工厂供电设计主要包括工厂变配电所设计、工厂高压配电线路设计、车间低压配电线路设计及电气照明设计等。本书所指工厂供电设计不含电气照明设计的内容，电气照明设计问题另在《电气照明设计指导》一书中专门讲述。

（一）工厂变配电所设计

工厂变配电所设计包括以下基本内容：

1）负荷计算及无功功率补偿计算。

2）变配电所所址和型式的选择。

3）变电所主变压器台数、容量及类型的选择（配电所设计不含此项内容）。

4）变配电所主接线方案的设计。

5）短路电流的计算。

6）变配电所一次设备的选择。

7）变配电所二次回路方案的选择及继电保护装置的选择与整定。

8）变配电所防雷保护与接地装置的设计。

9）编写设计说明书及主要设备材料清单。

10）绘制变配电所主接线图、平面图及必要的剖面图、二次回路图及其他施工图纸。

（二）工厂高压配电线路设计

工厂高压配电线路设计包括以下基本内容：

1）工厂高压配电系统方案的确定。

2）高压配电线路的负荷计算。

3）高压配电线路导线和电缆的选择。

4）架空线杆位的确定及电杆、绝缘子、金具等的选择，对电缆线路来说，则为电缆敷设方式的选择和设计。

5）防雷保护和接地装置的设计。

6）编写设计说明书及主要设备材料清单。

7）绘制高压配电系统图、平面布线图、电杆总装图及其他施工图纸。

（三）车间低压配电线路设计

车间低压配电线路设计包括以下基本内容：

1）车间低压配电系统方案的确定。

2）低压配电线路的负荷计算。

3）低压配电线路导线和电缆的选择。

4）低压配电控制和保护设备的选择。

5）低压配电系统接地装置的设计。

6）编写设计说明书及主要设备材料清单。

7）绘制车间低压配电系统图、平面布线图及其他施工图纸。

三、工厂供电设计的程序

工厂供电设计通常分为初步设计、技术设计和施工图设计三个阶段；也有的分为方案设计、初步设计和施工图设计三个阶段。

如果工程规模较小或技术不太复杂，也可采用扩大初步设计（含技术设计内容）和施工图设计两个阶段。

如果设计任务紧迫，且工程规模较小，又经技术论证许可，也可合并为一个阶段，直接进行施工图设计。

扩大初步设计的任务，主要是根据设计任务书的要求，进行负荷的统计计算，确定工厂的需电容量，选择工厂供电系统的初步方案和主要设备，提出主要设备材料清单，并编制工程概算，报上级主管部门审批。扩大初步设计提出的资料应为设计说明书（包括主接线图和主要设备材料清单）及工程概算两部分。在初步设计期间或初步设计之后，工厂应向供电部门办理用电申请手续，并与供电部门签订供用电合同。只有办好供用电合同手续后，才能进行下一步的施工图设计。

施工图设计（或称施工设计）是在扩大初步设计方案和概算经上级主管部门批准后，为满足安装施工要求而进行的设计，重点是绘制施工图。施工图设计须对初步设计的原则性方案进行全面的技术经济分析及必要的计算和修改，以使设计方案更臻完善，有助于施工图的绘制。施工图设计应提出的资料，主要是一套完整的施工图纸和必要的施工说明书，此外需编制较详细准确的工程预算，报上级审批。

高等院校学生的工厂供电课程设计和毕业设计，其深度和广度，视学生的专业知识水平和设计时间长短而定，大致相当于上述的扩大初步设计或稍微扩展，适当增绘一些平面、剖面图的施工图纸。

学生在接到设计任务书后，首先应认真阅读和消化设计任务书，明确设计的题目、任务和要求，搞清楚已给了哪些原始数据，尚缺哪些数据和资料需要自己收集。然后应考虑借阅一些有助于设计的图书资料，并草拟一个设计的大致进程安排。在设计过程中，既要充分发挥自己的主观能动性，独立设计，又要很好地与指导教师配合，争取指导教师的指导，免走弯路。特别是工厂供电系统设计方案的确定，一定要征求指导教师的意见，以免出现原则性错误。

第二节 工厂供电设计依据的主要技术标准

一、工厂供电设计依据的主要设计规范

工厂供电设计依据的主要设计规范，如表1-1所示。

表1-1 工厂供电设计依据的主要设计规范

序　号	规 范 代 号	规 范 名 称
1	GB 50052—2009	供配电系统设计规范
2	GB 50053—2013	20kV及以下变电所设计规范
3	GB 50054—2011	低压配电设计规范
4	GB 50055—2011	通用用电设备配电设计规范
5	GB 50057—2010	建筑物防雷设计规范
6	GB 50058—2014	爆炸危险环境电力装置设计规范
7	GB 50059—2011	35～110kV变电站设计规范
8	GB 50060—2008	3～110kV高压配电装置设计规范
9	GB 50061—2010	66kV及以下架空电力线路设计规范
10	GB/T 50062—2008	电力装置的继电保护和自动装置设计规范
11	GB/T 50063—2008	电力装置的电测量仪表装置设计规范
12	GB/T 50064—2014	交流电气装置的过电压保护和绝缘配合设计规范
13	GB/T 50065—2011	交流电气装置的接地设计规范
14	GB 50169—2006	电气装置安装工程·接地装置施工及验收规范
15	GB 50217—2007	电力工程电缆设计规范
16	GB 50227—2008	并联电容器装置设计规范
17	GB 50343—2012	建筑物电子信息系统防雷技术规范
18	GB 50096—2011	住宅设计规范
19	JBJ 6—1996	机械工厂电力设计规范
20	JGJ/T 16—2008	民用建筑电气设计规范

二、工厂供电设计依据的主要制图标准

工厂供电设计依据的主要制图标准，如表1-2所示。

表1-2 工厂供电设计依据的主要制图标准

序　号	标 准 代 号	标 准 名 称
1	GB/T 4728—2005～2008	电气简图用图形符号
2	GB/T 6988—2008	电气技术用文件的编制
3	GB 7159—1987	电气技术中的文字符号制订通则
4	GBJ 104—1987	建筑制图标准
5	00DX001	建筑电气工程设计常用图形符号和文字符号
6	88D263	变配电所常用设备构件安装(标准图册)
7	88D264	电力变压器室布置(标准图册)
8	99D268	干式变压器安装(标准图册)
9	86D265	杆上变压器台(标准图册)
10	86D266	落地式变压器台(标准图册)
11	86D170	380/220V架空线路安装(标准图册)
12	86D171	6～10kV瓷横担线路安装(标准图册)

（续）

序　号	标准代号	标准名称
13	86D172	6~10kV 铁横担线路安装（标准图册）
14	03D301—3	钢管配线安装（标准图册）
15	86D467	硬塑料管配线安装（标准图册）
16	99D501—1	建筑物防雷设施安装（标准图册）
17	02D501—2	等电位联结安装（标准图册）
18	03D501—4	接地装置安装（标准图册）

第三节　常用的电气图形符号和文字符号

一、供电设计中常用的电气图形符号

1. 电工系统图常用的图形符号　按 GB/T 4728—2005~2008《电气简图用图形符号》的规定，如表 1-3 所示。但表中图形符号右上角标"＊"者，表示该图形符号系编者依据国标规定的原则派生的；右上角标"△"者，系沿用原 GB 4728—1984、1985 的图形符号。

表 1-3　电工系统图常用的图形符号

序号	名　称	图形符号	序号	名　称	图形符号
1	基　本　符　号		2	导线、电缆、母线及其连接符号	
1.1	直流电	— — —	2.1	导线、电缆、母线和线路的一般符号	
1.2	交流电	∼	2.2	多根导线（例：三根导线）	
1.3	直流正极	＋			
1.4	直流负极	－	2.3	电缆（示出两端电缆头）	
1.5	中性线（N 线）	N	2.4	导线的电气连接点	●
1.6	保护线（PE 线）	PE			
1.7	保护中性线（PEN 线）	PEN	2.5	端子（含可拆卸端子）符号	○
1.8	接地的一般符号		2.6	导线的 T 形连接	
1.9	故障（指明假定的故障位置）		2.7	导线的双重连接	
1.10	三相交流相序代号	A、B、C ＊　[编者注]原国标 GB 4728.11—1985 规定，三相交流相序代号，电源端为 L1、L2、L3，设备端为 U、V、W。新国标 GB/T 4728.11—2000 将此规定予以取消。根据现行国标 GB 1094—1996《电力变压器》、GB 1207—1997《电压互感器》和 GB 50173—2014《电气装置安装工程·66kV 及以下架空线路施工及验收规范》等规定，建议三相交流相序代号统一采用国际通用的 A、B、C。[16]	2.8	中性点（在该点多重导体连接在一起形成多相系统的中性点）	n
			3	电阻、电感和电容符号	
			3.1	电阻器的一般符号	
			3.2	可调电阻器	

（续）

序号	名　称	图形符号	序号	名　称		图形符号
3.3	带滑动触点的电位器		4.4	三相变压器（Yd 联结）	单线图	
3.4	电感器、线圈、绕组、扼流圈				多线图	
3.5	带磁心（铁心）的电感器		4.5	三相变压器（Yzn 联结）	单线图	
3.6	电容器的一般符号				多线图	
3.7	极性电容器		4.6	电压互感器	单线图	
3.8	可调电容器				多线图	
4	变压器、互感器和电机符号		4.7	具有一个二次绕组的电流互感器	单线图	
4.1	双绕组变压器	单线图			多线图	
		多线图	4.8	具有两个铁心、每个铁心有一个二次绕组的电流互感器	单线图	
4.2	三绕组变压器	单线图			多线图	[注]铁心符号可略去
		多线图				
4.3	三相变压器（Yyn 联结）	单线图				
		多线图				

（续）

序号	名　　称	图形符号	序号	名　　称	图形符号	
4.9	电机的一般符号 [注]符号内的星号用下述字母之一代替；C—旋转变流机；G—发电机；GS—同步发电机；M—电动机；MG—能作为发电机或电动机使用的电机 MS—同步电动机	★	5.7	隔离开关		
4.10	三相交流电动机	M 3~	5.8	负荷开关（负荷隔离开关）		
4.11	直流电动机	M ===	5.9	断路器		
4.12	手摇发电机	G	5.10	接触器主触点的一般符号	动合（常开）触点	
					动断（常闭）触点	
5		开关装置符号	5.11	控制器或操作开关 [注]"0"表示操作开关手柄在中间位置；虚线表示触点开闭位置；黑点"·"表示触点在此位置闭合	2 1 0 1 2 △	
5.1	开关的一般符号	动合（常开）触点				
		动断（常闭）触点	5.12	自动复归的控制器或操作开关 [注]箭头"→"表示开关自动复归（返回）的方向；虚线和黑点含义同序号5.11注	△	
5.2	先断后合的转换触点					
5.3	先合后断的转换触点		6		熔断器和避雷器符号	
5.4	手动开关的一般符号		6.1	熔断器的一般符号		
5.5	按钮（自动复位的）	动合触点	6.2	熔断器式开关		
		动断触点	6.3	熔断器式隔离开关 [编者注]一般跌开式熔断器可采用此符号（或加箭头）		
5.6	旋转开关（具有动合触点、无自动复位的）					

（续）

序号	名　称	图形符号		序号	名　称	图形符号	
6.4	熔断器式负荷开关 [编者注]负荷型跌开式熔断器可采用此符号（或加箭头）			7.4	具有反时限特性的过电流继电器（示出一延时动合触点）	集中表示法	
6.5	避雷器			7.5	具有反时限特性的过电流继电器（示出一先合后断的转换触点）	集中表示法	
6.6	火花间隙（保护间隙）			7.6	差动继电器（示出一瞬时动合触点）	集中表示法	
7	继电器、接触器和自动装置符号						
7.1	测量继电器及与测量继电器有关器件的一般符号 [注]1. 星号"＊"必须由表示这个器件参数的一个或多个字母或限定符号按规定顺序来替代 　2. 特性量的文字符号应与现行标准如 GB/T 3102—1993《量和单位》相一致 　3. 此符号可作为整个器件的功能符号或仅表示其驱动元件	＊		7.7	有或无继电器及其操作器件的一般符号 [注]具有几个绕组的操作器件可用画在框内的适当数量的斜线来表示，例如具有两个绕组的操作器件，则可在框内画两条斜线		
7.2	过电流继电器（示出两瞬时动合触点）	集中表示法（归总式）		7.8	时间继电器	集中表示法	缓慢吸合
		分开表示法（展开式）					缓慢释放
7.3	欠电压继电器（示出一瞬时动断触点）	集中表示法		7.9	信号继电器（具有机械保持和非自动复位结构）	集中表示法 [编者注]采用"机械保持继电器"线圈和"非自动复位"触点符号	
				7.10	中间继电器	集中表示法 [编者注]采用"快吸快放继电器"线圈符号	

（续）

序号	名　称		图形符号	序号	名　称	图形符号
7.11	气体继电器（亦称"瓦斯继电器"）	集中表示法		9	灯和指示器件符号	
7.12	接触器			9.1	灯和信号灯的一般符号 [注]1. 如果要求指示颜色，则在靠近符号处标出下列代码： RD—红；GN—绿；YE—黄；BU—蓝；WH—白 2. 如果要求指示灯的类型，则在靠近符号处标出下列代码： Ne—氖；Xe—氙；Na—钠气；Hg—汞；I—碘；IN—白炽；EL—电发光；ARC—弧光；FL—荧光；IR—红外线；UV—紫外线；LED—发光二极管	
7.13	自动装置的一般符号 [注]框内填装置代号					
8	测量仪表符号			9.2	闪光型信号灯	
8.1	指示仪表	电流表	A			
8.2		电压表	V	9.3	电喇叭	
8.3		有功功率表	W			
8.4		无功功率表	var	9.4	电铃	
8.5		功率因数表	$\cos\varphi$			
8.6		频率表	Hz	9.5	蜂鸣器	
8.7		温度计	θ	10	其 他 符 号	
8.8	积算仪表	有功电能表（电能表亦称"电度表"）	Wh	10.1	原电池、蓄电池	
				10.2	理想电流源	
8.9		无功电能表	varh	10.3	理想电压源	
8.10		带最大需量指示器的有功电能表	Wh P_{max}	10.4	半导体二极管的一般符号	
				10.5	PNP 型半导体管	

（续）

序号	名　称	图形符号	序号	名　称	图形符号
10.6	NPN 型半导体管		10.16	手轮操作	
10.7	机械连接（力或运动方向如箭头所示）		10.17	脚踏式操作	
10.8	机械连接（在用序号 10.7 所示虚线表示位置受限时）		10.18	电磁器件操作	
			10.19	借助电磁效应操作	
10.9	手动控制操作件		10.20	热器件操作	
10.10	带有防止无意操作的手动操作件		10.21	电动机操作	
10.11	拉拔操作		10.22	电钟操作	
10.12	旋转操作		10.23	半导体操作件	
10.13	按动操作		10.24	插座、连接器的阴接触件	
10.14	接近效应操作		10.25	插头、连接器的阳接触件	
10.15	接触操作		10.26	插头和插座	
			10.27	连接片	接通
					断开

注：表中所加的"注"，均系国标所加；而表中所加的"编者注"，系编者所加，供参考。

　　2. 电气平面图常用的图形符号　按 GB/T 4728.11—2008《电气简图用图形符号·第 11 部分：建筑安装平面布置图》规定，如表 1-4 所示。但表中序号 8～11 关于设备及安装的标注，系依据 00DX001《建筑电气工程设计常用图形符号和文字符号》补充。

表 1-4　电气平面图常用的图形符号

序号	名　称		图形符号	序号	名　称	图形符号
1	发电厂和变配电所符号			2	网　络　符　号	
1.1	发电厂的一般符号	规划的	▢	2.1	地下线路	
		运行的	▨	2.2	水下(海底)线路	
1.2	水电厂	规划的	◹	2.3	架空线路	⊶
		运行的	◩	2.4	管道线路 [注]附加信息可标注在管道线路的上方，如管孔数	示例: ⊶⁶　6孔管道线路
1.3	火电厂	规划的	▭			
		运行的	▤	2.5	过孔线路	▢
1.4	热电厂	规划的	▥	2.6	电信线路上交流供电	∿→
		运行的	▧	2.7	电信线路上直流供电	→
1.5	核电站	规划的	⊡	3	专用导线的识别符号	
		运行的	⊘	3.1	中性线(N线)	
1.6	风力发电站	规划的	⧄	3.2	保护线(PE线)	
		运行的	⧅	3.3	保护中性线(PEN线)	
1.7	太阳能发电站	规划的	▨	3.4	示例:具有N线和PE线的三相配线	
		运行的	▨	4	配　线　符　号	
1.8	变、配电所一般符号	规划的	◯	4.1	向上配线	
		运行的	⬤	4.2	向下配线	
1.9	变流所(示出由直流变交流)	规划的	◯ ==/∼	4.3	垂直通过配线	
		运行的	⬤ ==/∼	4.4	盒的一般符号	◯
				4.5	连接盒,接线盒	⊙

（续）

序号	名　称	图形符号	序号	名　称	图形符号
4.6	用户端,供电输入设备（示出带配线）		6.3	单极限时开关	
4.7	配电中心（示出5路馈线）		6.4	双极开关	
5	插座符号		6.5	多拉单极开关（如用于不同照度）	
5.1	（电源）插座的一般符号		6.6	双控单极开关	
5.2	多个插座（示出3个）	形式1	6.7	中间开关 [注]等效电路图	
		形式2			
5.3	带保护接点的插座		6.8	调光器	
5.4	带护板的插座		6.9	单极拉线开关	
5.5	带单极开关的插座		6.10	按钮	
5.6	带联锁开关的插座		6.11	带有指示灯的按钮	
5.7	电信插座的一般符号 [注]根据有关的 IEC 或 ISO 标准,可用以下文字或符号区别不同插座： TP—电话；FX—传真； M—传声器；◁—扬声器； FM—调频；TV—电视； TX—电传		6.12	防止无意操作的按钮（例如借助打碎玻璃罩）	
			6.13	限时设备,定时器	*t*
			6.14	定时开关	
			6.15	钥匙开关,看守系统装置	
6	开关符号		7	其他符号	
6.1	开关的一般符号		7.1	灯的一般符号	⊗
6.2	带指示灯的开关	⊗	7.2	荧光灯的一般符号	

（续）

序号	名　称	图形符号	序号	项　目	标注格式
7.3	投光灯的一般符号				$a\ b-c(d\times e+f\times g)i-jh$
7.4	聚光灯				式中，a——线缆编号；
7.5	泛光灯				b——型号（不需要可省略）；c——线缆根数；d——电缆线芯数；e——
7.6	专用线路上的事故照明灯		8.6	线路的标注	线芯截面积（mm²）；f——PE、N线芯数；g——线芯截面积（mm²）；i——线缆敷设方式；j——线缆敷设部位；h——线缆敷设安装高度（m） 上述字母无内容时可省略
7.7	自带电源的事故照明灯				
7.8	热水器（示出引线）				
7.9	风扇（示出引线）				
8	电力设备的标注方法（据00DX001）				

序号	项　目	标注格式	序号	项　目	标注格式
8.1	用电设备标注	$\dfrac{a}{b}$ 式中　a——设备编号或设备位号；b——额定功率（kW或kV·A）	8.7	电缆桥架标注	$\dfrac{a\times b}{c}$ 式中　a——电缆桥架宽度（mm）；b——电缆桥架高度（mm）；c——电缆桥架安装高度（m）
8.2	概略图（系统图）电气箱（柜、屏）标注	$-a+b/c$ 式中　a——设备种类代号；b——设备安装位置代号；c——设备型号	8.8	电缆与其他设施交叉点标注	$\dfrac{a-b-c-d}{e-f}$ 式中　a——保护管根数；b——保护管直径（mm）；c——保护管长度（m）；d——地面标高（m）；e——保护管埋设深度（m）；f——交叉点坐标
8.3	平面图（布置图）电气箱（柜、屏）标注	$-a$ 式中　a——设备种类代号（前缀符号"－"可省略）			
8.4	照明、安全、控制变压器标注	$a\ b/c\ d$ 式中　a——设备种类代号；b/c——一次电压/二次电压；d——额定容量	8.9	电话线缆的标注	$a-b(c\times2\times d)e-f$ 式中　a——电话线缆编号；b——型号（不需要可省略）；c——导线对数；d——线缆截面积（mm）；e——敷设方式和管径（mm）；f——敷设部位
8.5	照明灯具标注	$a-b\dfrac{c\times d\times L_f}{e}$ 式中　a——灯数；b——型号或编号（无则省略）；c——每盏灯具的灯泡数；d——灯泡安装容量；e——灯泡安装高度（m），如"e"处"－"表示吸顶安装；f——安装方式；L——光源种类	8.10	电话分线盒、交接箱的标注	$\dfrac{a\times b}{c}d$ 式中　a——编号；b——型号（不需要可省略）；c——线序；d——用户数

（续）

序号	项目	标注格式	序号	项目	标注格式
8.11	低压断路器整定值的标注	式中 a——脱扣器额定电流；b——脱扣整定电流值；c——短延时整定时间（瞬断不标注）$$\frac{a}{b}c$$	10	导线敷设部位的标注（据00DX001）	
			10.1	沿或跨梁（屋架）敷设	AB
			10.2	暗敷在梁内	BC
			10.3	沿或跨柱敷设	AC
			10.4	暗敷在柱内	CLC
			10.5	沿墙内敷设	WS
			10.6	暗敷在墙内	WC
9	线路敷设方式的标注（据00DX001）		10.7	沿天棚或顶板面敷设	CE
9.1	穿焊接钢管敷设	SC	10.8	暗敷在屋面或顶板内	CC
9.2	穿电线管敷设	MT	10.9	吊顶内敷设	SCE
9.3	穿硬塑料管敷设	PC	10.10	地板或地面下敷设	F
9.4	穿阻燃半硬聚氯乙烯管敷设	FPC	11	灯具安装方式的标注（据00DX001）	
			11.1	线吊式	SW
9.5	电缆桥架敷设	CT	11.2	链吊式	CS
9.6	金属线槽敷设	MR	11.3	管吊式	DS
9.7	塑料线槽敷设	PR	11.4	壁装式	W
9.8	用钢索敷设	M	11.5	吸顶式	C
9.9	穿聚氯乙烯塑料波纹电线管敷设	KPC	11.6	嵌入式	R
			11.7	顶棚内安装	CR
9.10	穿金属软管敷设	CP	11.8	墙壁内安装	WR
9.11	直接埋设	DB	11.9	支架上安装	S
9.12	电缆沟敷设	TC	11.10	柱上安装	CL
9.13	混凝土排管敷设	CE	11.11	座装	HM

二、供电设计中常用的文字符号

1. 常用的电气设备文字符号　如表 1-5 所示，此表主要以 GB 7159—1987《电气技术中的文字符号制订通则》为依据。符号右上角标"＊"者，系编者依据该国标规定的制订原则派生的，供参考。

表 1-5　电气设备的文字符号

文字符号	中文含义	英文含义	旧符号
A	装置，设备	device，equipment	Z，SB
A	放大器	amplifier	FD
APD	备用电源自动投入装置	auto- put-into device of reserve- source	BZT
ARD	自动重合闸装置	atuo- reclosing device	ZCH
C	电容；电容器	electric capacity；capacitor	C
EPS	应急电源	emergency power supply	EPS
F	避雷器	arrester，lightning arrester	BL
FD＊	跌开式熔断器	drop- out fuse	DR

（续）

文字符号	中 文 含 义	英 文 含 义	旧 符 号
FDL*	负荷型跌开式熔断器	drop-out fuse(load-type)	DR(H)
FE*	熔体;排气式(管型)避雷器	fuse-element;expulsion-type lightning arrester	RT;GB
FG*	保护间隙	protective gap	JX
FMO*	金属氧化物避雷器	metal-oxide lightning arrester	JB
FU	熔断器	fuse	RD
FV*	阀式避雷器	valve-type lightning arrester	FB
G	发电机;电源	generator;source	F;DY
GB	蓄电池	battery	XDC
GN	绿色指示灯	green indicating lamp	LD
HL	指示灯,信号灯	indicating lamp,signal lamp	XD
K	继电器;接触器	relay;contactor	J;JC
KA*	电流继电器	current relay	LJ
KAR*	重合闸继电器	auto-reclosing relay	CHJ
KG*	气体(瓦斯)继电器	gas relay	WSJ
KH	热继电器	heating relay	RJ
KM*	中间继电器	medium relay	ZJ
KM	接触器	contactor	JC
KO*	合闸接触器	closing(ON) contactor	HC
KS*	信号继电器	signal relay	XJ
KT*	时间继电器	time-delay relay	SJ
KV*	电压继电器	voltage relay	YJ
L	电感;电感线圈;电抗器	inductance;inductive coil;reactor	L;DK
LED	发光二极管	light emitting diode	—
M	电动机	electric motor	D
N	中性线	neutral wire	N
PA	电流表	ammeter	A
PE	保护线	protective wire	—
PEN	保护中性线	protective neutral wire	N
PJ	(有功、无功)电能表	Watt-hour meter,var-hour meter	Wh,varh
PV	电压表	Voltmeter	V
Q	电力开关	power switch	K
QF	断路器	circuit-breaker	DL
QK*	刀开关	knife-switch	DK
QKF*	熔断器式刀开关	fuse-switch	RDK
QL*	负荷开关	load-switch	FK
QM*	手动操作机构辅助触点	auxiliary contact of manual operating mechanism	—
QS	隔离开关、隔离器	disconector,isolator	GK
QV*	电子(晶体)开关	electro(V)switch	—
R	电阻;电阻器	resistaning switich	R
RD	红色指示灯	red indicating lamp	HD
RP	电位器	potential meter	W
S	电力系统;电源;起辉器	Power system;source;glow starter	XT;DY;S

（续）

文字符号	中文含义	英文含义	旧　符　号
SA	控制开关;选择开关	control switch;selector switch	KK;XK
SB	按钮	push-button	AN
SQ	位置开关,限位开关	position switch,limit switch	WK,XK
T	变压器	transformer	B
TA	电流互感器	current transformer(CT)	LH
TAN*	零序电流互感器	neutral-current transformer	LLH
TM	电力(主)变压器	power(main)transformer	LB
TV	电压互感器	voltage(potential)transformer(PT)	YH
U,UR	整流器	rectifier	ZL
U,UV	逆变器	inverter	NB
UPS	不间断(不停电)电源	uninterrupted power supply	UPS
V,VD	二极管	diode	D
V,VT	晶体(三极)管	transistor,triode	T
W	母线;导线	busbar;wire	M;X
WA*	辅助小母线	auxiliary small-busbar	FM
WAS*	事故音响信号小母线	accident sound signal small-busbar	SYM
WB	母线	busbar	M
WC*	控制小母线	control small-busbar	KM
WF*	闪光信号小母线	flash-light signal small-busbar	SM
WFS*	预告信号小母线	forecast signal small-busbar	YBM
WL*	灯光信号小母线	lighting signal small-busbar	DM
WL	线路	line	XL
WO*	合闸电源小母线	switch-on source small-busbar	HM
WS*	信号电源小母线	signal source small-busbar	XM
WV	电压小母线	voltage small-busbar	YM
X	电抗	reactance	X
X	端子板,接线板	terminal block	—
XB	连接片;切换片	link;switching block	LP;QP
YA	电磁铁	electromagnet	DC
YE	黄色指示灯	yellow indecator lamp	UD
YO*	合闸线圈	closing operation coil	HQ
YR*	跳闸线圈,脱扣器	opening operation coil,release	TQ

2. 物理量下角标的文字符号　如表1-6所示,其中大部分符号,系国际通用信号。符号右上角标"＊"者,系编者依据有关国标规定的原则派生的,供参考。

表1-6　物理量下角标的文字符号

文字符号	中文含义	英文含义	旧　符　号
a	年	annual,year	n
a	有功	active	yg
Al	铝	Aluminium	Al,L
al	允许	allowable	yx

（续）

文字符号	中文含义	英文含义	旧符号
av	平均	average	pj
C	电容;电容器	electric capacity;capacitor	C
c	计算;顶棚;持续	calculate;ceiling;continual	js;DP;cx
cab*	电缆	cable	L
cr	临界	critical	lj
Cu	铜	Copper	Cu,T
d	需要;基准;差动	demand;datum;differential	x;j;cd
dsq*	不平衡	disequilibrium	bp
E	地;接地	earth;earthing	d;jd
e	设备;有效的	equipment;efficient	SB;yx
ec	经济的	economic	j,ji
eq	等效的	equivalent	dx
es*	电动稳定	electrodynamic stable	dw
Fe	铁	Iron	Fe
h	高度;谐波	height;harmonic	h
i	电流;任一数	current;arbitrary number	i
ima*	假想的	imaginary	jx
k	短路	short-circuit	d
L	电感;负荷	inductance;load	L
l	线;长延时	line;long-delay	x;c
M	电动机	motor	D
m	最大,幅值	maximum	m
man	人工的	manual	rg
max	最大	maximum	zd
min	最小	minimum	zx
N	额定,标称	rated,nominal	e
n	数,数目	number	n
nat*	自然的	natural	zr
np*	非周期性	non-periodic,aperiodic	f-zq
oc	断路,开路	open circuit	dl
oh*	架空线路	over-head line	K
OL*	过负荷	over-load	gh
op*	动作,操作	operating	dz
OR*	过流脱扣器	over-current release	TQ
p	有功功率;保护;周期性	active power;protect;periodic	yg;b;zq
pk*	尖峰	peak	jf
q	无功功率	reactive power	wg
qb*	速断	quick break	sd
r	无功	reactive	wg
RC	室空间	room cabin	RC
re	返回,复归	return,reset	f,fh

（续）

文字符号	中 文 含 义	英 文 含 义	旧 符 号
rel	可靠	reliability	k
S	系统	system	XT
s	短延时	short-delay	d
saf*	安全	safety	aq
sh*	冲击	shock, impulse	cj,ch
sp*	剩余	surplus	sy
st	起动,启动	start	q,qd
step*	跨步	step	kp
T	变压器	transformer	B
t	时间;热的	time;thermal	t;r
tou*	接触	touch	jc
u	电压	voltage	u
w*	接线;工作;墙壁	wiring;work;wall	JX;gz;qb
WL	导线,线路	wire,line	XL
x	某一数值	a number	x
α	吸收	absorption	α
ρ	反射	reflection	ρ
θ	温度	temperature	θ
Σ	总和	total,sum	Σ,z
τ	透射	transmission	τ
φ	相	phase	xg,p
0	零,无,空	zero,nothing,empty	0
0	停止,停歇	stoping	0
0	每(单位)	per(unit)	0
0	中性线	neutral wire	0
0	起始的	initial	0
0	周围(环境)	ambient	0
0	瞬时	instantaneous	0
30	半小时[最大]	30min[maximum]	30

第四节　负荷分级及供电要求

一、电力负荷的分级

工厂的电力负荷，按 GB 50052—2009《供配电系统设计规范》规定，根据其对供电可靠性的要求及中断供电在对人身安全、经济损失上所造成的影响程度分为以下三级：

1. 一级负荷　一级负荷为中断供电将造成人身伤害，或将在经济上造成重大损失者，如重大设备损坏、重大产品报废、用重要原料生产的产品大量报废、国民经济中重点企业的连续生产过程被打乱需长时间才能恢复等；或将影响重要用电单位的正常工作者。

在一级负荷中，当中断供电将造成人员伤亡或重大设备损坏或发生中毒、爆炸和火灾等情况的负荷，以及特别重要场所不允许中断供电的负荷，应视为一级负荷中特别重要的负荷。

2. 二级负荷　二级负荷为中断供电将在经济上造成较大损失者，如主要设备损坏、大量产品报废、连续生产过程被打乱需较长时间才能恢复、重点企业大量减产等；或将影响较重要用电单位的正常工作者。

3. 三级负荷 所有不属于一、二级负荷者均属三级负荷。

二、各级负荷对供电电源的要求

1. 一级负荷对供电电源的要求 由于一级负荷属重要负荷，如果中断供电，其后果十分严重，因此要求由双重电源供电，当其中一电源发生故障时，另一电源不应同时受到损坏。

一级负荷中特别重要的负荷，除应由双重电源供电外，还必须增设应急电源，并严禁将其他负荷接入应急供电系统。而且设备的供电电源的切换时间，应满足设备允许中断供电的要求。常用的应急电源有：①独立于正常电源的发电机组；②供电网络中独立于正常电源的专用的馈电线路；③蓄电池；④干电池。应急电源应根据允许中断供电的时间选择，并应符合下列规定：①允许中断供电时间为15s以上的供电，可选用快速自起动的发电机组；②自动投入装置的动作时间能满足允许中断供电时间的，可选用带有自动投入装置的独立于正常电源之外的专用供电线路；③允许中断供电时间为毫秒级的供电，可选用蓄电池静止型不间断供电装置或柴油机不间断供电装置。

2. 二级负荷对供电电源的要求 二级负荷也属于重要负荷，要求由两回路供电。在其中一回路发生常见故障时，二级负荷应不致中断供电，或中断后能迅速恢复供电。只有当负荷较小或者当地供电条件困难时，二级负荷可由一回6kV及以上的专用架空线路供电。当采用电缆线路时，必须采用两根电缆并列供电，每根电缆应能承受全部二级负荷。

3. 三级负荷对供电电源的要求 由于三级负荷为不重要的负荷，因此它对供电电源无特殊要求。

三、机械工厂常用的重要用电设备的负荷级别

机械工厂常用的重要用电设备的负荷级别，按JBJ 6—1996《机械工厂电力设计规范》规定，如表1-7所示。

表1-7　机械工厂常用的重要用电设备的负荷级别（按JBJ 6—1996）

序号	建筑物名称	用电设备及部位名称	负荷级别
1	炼钢车间	容量为100t及以上的平炉加料起重机、浇铸起重机、倾动装置及冷却水系统的用电设备	一级
		容量为100t以下的以上设备	二级
		平炉鼓风机、平炉用其他用电设备、5t及以上电弧炼钢炉的电极升降机构、倾炉机构及浇铸起重机	二级
		总安装容量为30MV·A以上、停电会造成重大经济损失的多台大型电热装置(包括电弧炉、矿热炉、感应炉等)	一级
2	铸铁车间	30t及以上的浇铸起重机、部重点企业的冲天炉鼓风机	二级
3	热处理车间	井式炉专用淬火起重机、井式炉油槽抽油泵	二级
4	锻压车间	锻造专用起重机、水压机、高压水泵、油压机	二级
5	金属加工车间	价格昂贵、作用重大、稀有的大型数控机床，停电会造成设备损坏，如自动跟踪数控仿形铣床、强力磨床等设备	一级
		价格贵、作用大、数量多的数控机床工部	二级

（续）

序号	建筑物名称	用电设备及部位名称	负荷级别
6	电镀车间	大型电镀工部的整流设备、自动流水作业生产线	二级
7	试验站	单机容量为200MW以上的大型电机试验、主机及辅机系统、动平衡试验的润滑油系统	一级
		单机容量为200MW及以下的大型电机试验、主机及辅机系统、动平衡试验的润滑油系统	二级
		采用高位油箱的动平衡试验润滑油系统	二级
8	层压制品车间	压机及供热锅炉	二级
9	线缆车间	熔炼炉的冷却水泵、鼓风机、连铸机的冷却水泵、连轧机的水泵和润滑泵 压铅机、压铝机的熔化炉、高压水泵、水压机 交联聚乙烯加工设备的挤压交联冷却、收线用电设备、漆包机的传动机构、鼓风机、漆泵 干燥浸油缸的连续电加热、真空泵、液压泵	二级
10	磨具成型车间	隧道窑鼓风机、卷扬机构	二级
11	油漆树脂车间	2500L及以上的反应釜及其供热锅炉	二级
12	焙烧车间	隧道窑鼓风机、排风机、窑车推进机、窑门关闭机构 油加热器、油泵及其供热锅炉	二级
13	热煤气站	煤气加压机、加压油泵及煤气发生炉鼓风机	一级
		有煤气罐的煤气加压机、有高位油箱的加压油泵	二级
		煤气发生炉加煤机及传动机构	二级
14	冷煤气站	鼓风机、排送风、冷却通风机、发生炉传动机构、高压整流器等	二级
15	锅炉房	中压及以上锅炉的给水泵	一级
		有汽动水泵时，中压及以上锅炉的给水泵	二级
		单台容量为20t/h及以上锅炉的鼓风机、引风机、二次风机及炉排风机	二级
16	水泵房	供一级负荷用电设备的水泵	一级
		供二级负荷用电设备的水泵	二级
17	空压站	部重点企业单台容量为60m³/min及以上空压站的空气压缩机、独立励磁机	二级
		离心式压缩机润滑油泵	一级
		有高位油箱的离心式压缩机润滑油泵	二级
18	制氧站	部重点企业中的氧压机、空压机冷却水泵、润滑油泵（带高位油箱）	二级
19	计算中心	大中型计算机系统电源（自带UPS电源）	二级
20	理化计量楼	主要实验室、要求高精度恒温的计量室的恒温装置电源	二级
21	刚玉、碳化硅冶炼车间	冶炼炉及其配套的低压用电设备	二级
22	涂装车间	电泳涂装的循环搅拌、超滤系统的用电设备	二级

第二章　负荷计算与无功功率补偿

第一节　用电设备组计算负荷的确定

一、概述

计算负荷是用来按发热条件选择供电系统中各元件的负荷值。由于载流导体一般通电半小时（30min）后即可达到稳定的温升值，因此通常取"半小时最大负荷"作为按发热条件选择电气元件的计算负荷。有功计算负荷表示为 P_{30}，无功计算负荷表示为 Q_{30}，视在计算负荷表示为 S_{30}，而计算电流表示为 I_{30}。

用电设备组计算负荷的确定，在工程中常用的有需要系数法和二项式法。需要系数法是世界各国普遍应用的确定计算负荷的基本方法，而二项式法应用的局限性较大，主要应用于机械加工企业。关于以概率论为理论基础而提出的用以取代二项式法的利用系数法，由于其计算比较繁复而未能得到普遍应用，所以这里只介绍需要系数法和二项式法。

当用电设备台数较多、各台设备容量相差不甚悬殊时，宜采用需要系数法来计算。

当用电设备台数较少而容量又相差悬殊时，则宜采用二项式法计算。

无论采用哪一计算方法来确定用电设备组的计算负荷，首先要正确判别用电设备的类别和工作性质，准确地分组。例如机修车间的机床，应属小批量生产的冷加工机床。又如压塑机、拉丝机等，则应属热加工机床。

二、按需要系数法确定计算负荷

（一）单组用电设备计算负荷的计算公式

1. 有功计算负荷（单位为 kW）的计算公式

$$P_{30} = K_d P_e \tag{2-1}$$

式中　P_e——用电设备组总的设备容量（不含备用设备容量，单位为 kW）。必须注意，对反复短时工作制设备，其 P_e 应按规定的负荷持续率 ε 进行换算：电焊机组应统一换算为 $\varepsilon = 100\%$，$P_e = P_N \sqrt{\varepsilon_N} = S_N \cos\varphi \sqrt{\varepsilon_N}$；起重机电动机组应统一换算为 $\varepsilon = 25\%$，$P_e = 2P_N \sqrt{\varepsilon_N}$，以上式中 P_N（单位为 kW）和 S_N（单位为 kV·A）为对应于铭牌负荷持续率 ε_N 的铭牌（额定）容量；

　　　　K_d——用电设备组的需要系数，参看表 2-1。

表 2-1　用电设备组的需要系数和功率因数参考值

序号	用电设备组名称	需要系数 K_d	功率因数 $\cos\varphi$	$\tan\varphi$
1	小批生产的金属冷加工机床电动机	0.16 ~ 0.2	0.5	1.73
2	大批生产的金属冷加工机床电动机	0.18 ~ 0.25	0.5	1.73
3	小批生产的金属热加工机床电动机	0.25 ~ 0.3	0.6	1.33
4	大批生产的金属热加工机床电动机	0.3 ~ 0.35	0.65	1.17

（续）

序号	用电设备组名称	需要系数 K_d	功率因数 $\cos\varphi$	$\tan\varphi$
5	通风机、水泵、空气压缩机及电动发电机组	0.7 ~ 0.8	0.8	0.75
6	非连锁的连续运输机械及铸造车间整砂机械	0.5 ~ 0.6	0.75	0.88
7	连锁的连续运输机械及铸造车间整砂机械	0.65 ~ 0.7	0.75	0.88
8	锅炉房和机加工、机修、装配等类车间的起重机（$\varepsilon = 25\%$）	0.1 ~ 0.15	0.5	1.73
9	铸造车间的起重机（$\varepsilon = 25\%$）	0.15 ~ 0.25	0.5	1.73
10	自动连续装料的电阻炉设备	0.75 ~ 0.8	0.95	0.33
11	实验室用的小型电热设备（电阻炉、干燥箱等）	0.7	1.0	0
12	工频感应电炉（未装无功补偿）	0.8	0.35	2.68
13	高频感应电炉（未装无功补偿）	0.8	0.1	9.95
14	焊接和加热用高频加热设备	0.5 ~ 0.65	0.7	1.02
15	熔炼用高频加热设备	0.8 ~ 0.85	0.8	0.75
16	表面淬火电炉（电动发电机的，带无功补偿装置）	0.65	0.70	1.02
17	表面淬火电炉（真空管振荡器的，带无功补偿装置）	0.8	0.85	0.62
18	中频电炉（机组）	0.65 ~ 0.75	0.8	0.75
19	氢气炉（带调压器或变压器）	0.4 ~ 0.5	0.85	0.62
20	真空炉（带调压器或变压器）	0.55 ~ 0.65	0.85	0.62
21	电弧炼钢炉变压器	0.9	0.85	0.62
22	电弧炼钢炉的辅助设备	0.15	0.5	1.73
23	点焊机、缝焊机	0.2 ~ 0.35	0.6	1.33
24	对焊机	0.35	0.7	1.02
25	自动弧焊变压器	0.5	0.5	1.73
26	单头手动弧焊变压器	0.35	0.35	2.68
27	多头手动弧焊变压器	0.4	0.35	2.68
28	单头直流弧焊机	0.35	0.6	1.33
29	多头直流弧焊机	0.7	0.7	1.02
30	一般工业用硅整流装置	0.5	0.7	1.02
31	电镀用硅整流装置	0.5	0.75	0.88
32	电解用硅整流装置	0.7	0.8	0.75
33	红外线干燥设备	0.85 ~ 0.9	1.0	0
34	电火花加工装置	0.5	0.6	1.33
35	超声波装置	0.7	0.7	1.02
36	X 光设备	0.3	0.55	1.52
37	电子计算机主机	0.6 ~ 0.7	0.8	0.75
38	电子计算机外围设备	0.4 ~ 0.5	0.5	1.73
39	试验设备（电热为主）	0.2 ~ 0.4	0.8	0.75
40	试验设备（仪表为主）	0.15 ~ 0.2	0.7	1.02

（续）

序号	用电设备组名称	需要系数 K_d	功率因数 $\cos\varphi$	$\tan\varphi$
41	排气台	0.5 ~ 0.6	0.9	0.48
42	老炼台	0.6 ~ 0.7	0.7	1.02
43	陶瓷隧道窑	0.8 ~ 0.9	0.95	0.33
44	拉单晶炉	0.7 ~ 0.75	0.9	0.48
45	真空浸渍设备	0.7	0.95	0.33
46	赋能腐蚀设备	0.6	0.93	0.4
47	生产厂房及办公室、阅览室、实验室照明	0.8 ~ 1	1.0	0
48	变配电所、仓库照明	0.5 ~ 0.7	1.0	0
49	宿舍（生活区）照明	0.6 ~ 0.8	1.0	0
50	室外照明、应急照明	1	1.0	0

注：1. 当设备组总台数 $n = 1 \sim 2$ 时，可取 $K_d = 1$；而 $1 \sim 2$ 台电动机为 $P_{30} = P_N / \eta$，式中 P_N 为电动机额定容量，η 为电动机额定效率。

　　2. 此处照明的 $\cos\varphi$ 和 $\tan\varphi$ 值，均按白炽灯照明计。若为荧光灯照明，应取 $\cos\varphi = 0.9$，$\tan\varphi = 0.48$。若为高压汞灯、钠灯照明，应取 $\cos\varphi = 0.5$，$\tan\varphi = 1.73$。

2. 无功计算负荷（单位为 kvar）的计算公式

$$Q_{30} = P_{30} \tan\varphi \tag{2-2}$$

式中　　$\tan\varphi$——对应于用电设备组功率因数 $\cos\varphi$ 的正切值，参看表 2-1。

3. 视在计算负荷（单位为 kV·A）的计算公式

$$S_{30} = \frac{P_{30}}{\cos\varphi} \tag{2-3}$$

4. 计算电流（单位为 A）的计算公式

$$I_{30} = \frac{S_{30}}{\sqrt{3} U_N} \tag{2-4}$$

式中　　U_N——用电设备组的额定电压（单位为 kV）。

（二）多组用电设备计算负荷的计算公式

1. 有功计算负荷（单位为 kW）的计算公式

$$P_{30} = K_{\Sigma \cdot p} \Sigma P_{30 \cdot i} \tag{2-5}$$

式中　　$\Sigma P_{30 \cdot i}$——所有设备组有功计算负荷 P_{30} 之和；

　　　　$K_{\Sigma \cdot p}$——有功负荷同时系数，可取 0.85 ~ 0.95。

2. 无功计算负荷（单位为 kvar）的计算公式

$$Q_{30} = K_{\Sigma \cdot q} \Sigma Q_{30 \cdot i} \tag{2-6}$$

式中　　$\Sigma Q_{30 \cdot i}$——所有设备组无功计算负荷 Q_{30} 之和；

　　　　$K_{\Sigma \cdot q}$——无功负荷同时系数，可取 0.9 ~ 0.97。

3. 视在计算负荷（单位为 kV·A）的计算公式

$$S_{30} = \sqrt{P_{30}^2 + Q_{30}^2} \tag{2-7}$$

4. 计算电流（单位为 A）的计算公式

$$I_{30} = \frac{S_{30}}{\sqrt{3}\,U_N} \tag{2-8}$$

（三）用电设备负荷计算表（按需要系数法）

按需要系数法确定用电设备计算负荷的计算表示例，如表2-2所示。

表2-2　用电设备计算负荷计算表（按需要系数法）

序号	用电设备名称	台数 n	设备容量 P_e/kW		需要系数 K_d	$\cos\varphi$	$\tan\varphi$	计算负荷			
			铭牌值	换算值				$\frac{P_{30}}{kW}$	$\frac{Q_{30}}{kvar}$	$\frac{S_{30}}{kV \cdot A}$	$\frac{I_{30}}{A}$
1	切削机床	52	200	200	0.2	0.5	1.73	40	69.2		
2	通风机	4	5	5	0.8	0.8	0.75	4	3		
3	起重机	1	5.1 ($\varepsilon=15\%$)	3.95	0.15	0.5	1.73	0.59	1.02		
4	点焊机	3	10.5 ($\varepsilon=65\%$)	8.47	0.35	0.6	1.33	2.96	3.94		
总计		60	220.6	217.4	—	—	—	47.55	77.16		
			取 $K_{\Sigma \cdot p}=0.90$ $K_{\Sigma \cdot q}=0.95$			—	—	42.8	73.3	84.9	129

三、按二项式法确定计算负荷

（一）单组用电设备计算负荷的计算公式

1. 有功计算负荷（单位为 kW）的计算公式

$$P_{30} = bP_e + cP_x \tag{2-9}$$

式中　P_e——用电设备组的设备容量（参看式2-1中 P_e 的说明），单位为 kW；

　　　P_x——用电设备组中容量最大的 x 台的设备容量，单位为 kW，x 值参看表2-3；

　　　b、c——二项式系数，参看表2-3。

表2-3　用电设备组的二项式系数和功率因数参考值

序号	用电设备组名称	二项式系数		最大容量设备台数 x	$\cos\varphi$	$\tan\varphi$
		b	c			
1	小批生产的金属冷加工机床电动机	0.14	0.4	5	0.5	1.73
2	大批生产的金属冷加工机床电动机	0.14	0.5	5	0.5	1.73
3	小批生产的金属热加工机床电动机	0.24	0.4	5	0.6	1.33
4	大批生产的金属热加工机床电动机	0.26	0.5	5	0.65	1.17
5	通风机、水泵、空气压缩机及电动发电机组	0.65	0.25	5	0.8	0.75
6	非连锁的连续运输机械及铸造车间整砂机械	0.4	0.4	5	0.75	0.88
7	连锁的连续运输机械及铸造车间整砂机械	0.6	0.2	5	0.75	0.88
8	锅炉房和机加工、机修、装配等类车间的起重机（$\varepsilon=25\%$）	0.06	0.2	3	0.5	1.73
9	铸造车间的起重机（$\varepsilon=25\%$）	0.09	0.3	3	0.5	1.73
10	自动连续装料的电阻炉设备	0.7	0.3	2	0.95	0.33
11	实验室用小型电热设备（电阻炉、干燥箱等）	0.7	0	—	1.0	0

注：当设备台数 $n<2x$ 时，宜取 $x=n/2$（按"四舍五入"修约规则取整数）。当 $n=1\sim2$ 时，$P_{30}=P_N$；而对电动机，则 $P_{30}=P_N/\eta$，这里的 P_N 为电动机额定容量，η 为电动机额定效率。计算多组计算负荷时，系数 b、c、x 不变。

2. 无功计算负荷（单位为 kvar）的计算公式

$$Q_{30} = P_{30} \tan\varphi \tag{2-10}$$

式中　$\tan\varphi$——对应于用电设备组功率因数 $\cos\varphi$ 的正切值，参看表2-3。

3. 视在计算负荷（单位为 kV·A）的计算公式

$$S_{30} = \frac{P_{30}}{\cos\varphi} \tag{2-11}$$

4. 计算电流（单位为 A）的计算公式

$$I_{30} = \frac{S_{30}}{\sqrt{3}\,U_{N}} \tag{2-12}$$

（二）多组用电设备计算负荷的计算公式

1. 有功计算负荷（单位为 kW）的计算公式

$$P_{30} = \Sigma(bP_{e})_{i} + (cP_{x})_{\max} \tag{2-13}$$

式中　$\Sigma(bP_{e})_{i}$——各组有功负荷平均值之和；

　　　$(cP_{x})_{\max}$——各组中最大的一个有功负荷附加值。

2. 无功计算负荷（单位为 kvar）的计算公式

$$Q_{30} = \Sigma(bP_{e}\tan\varphi)_{i} + (cP_{x})_{\max}\tan\varphi_{\max} \tag{2-14}$$

式中　$\Sigma(bP_{e}\tan\varphi)_{i}$——各组无功负荷平均值之和；

　　　$\tan\varphi_{\max}$——$(cP_{x})_{\max}$ 的那一组设备的功率因数 $\cos\varphi$ 对应的正切值。

3. 视在计算负荷（单位为 kV·A）的计算公式

$$S_{30} = \sqrt{P_{30}^{2} + Q_{30}^{2}} \tag{2-15}$$

4. 计算电流（单位为 A）的计算公式

$$I_{30} = \frac{S_{30}}{\sqrt{3}\,U_{N}} \tag{2-16}$$

（三）用电设备负荷计算表（按二项式法）

按二项式法确定用电设备计算负荷的计算表示例，如表2-4所示。

表2-4　用电设备计算负荷计算表（按二项式法）

序号	设备名称	设备台数		设备容量/kW				$\cos\varphi$	$\tan\varphi$	计算负荷			
		n	x	P_e		P_x	b/c			$\dfrac{P_{30}}{kW}$	$\dfrac{Q_{30}}{kvar}$	$\dfrac{S_{30}}{kV\cdot A}$	$\dfrac{I_{30}}{A}$
				铭牌值	换算值								
1	切削机床	52	5	200	200	36.5	0.14/0.4	0.5	1.73	28 + 14.6	48.4 + 25.3	—	—
2	通风机	4	5	5	5	5	0.65/0.25	0.8	0.75	3.25 + 1.25	2.44 + 0.938	—	—
3	行车	1	3	5.1 ($\varepsilon=15\%$)	3.95	3.95	0.06/0.2	0.5	1.73	0.237 + 0.79	0.41 + 1.37	—	—
4	点焊机	3	—	10.5 ($\varepsilon=65\%$)	8.47	0	0.35/0	0.6	1.33	2.96 + 0	3.94 + 0	—	—
总计		60	—	由于机床组的附加负荷最大，因此总的计算负荷按机床组处于最大负荷时计算				—	—	49	80.5	94	143

四、单相负荷的计算

（一）单相负荷接于相电压时等效三相负荷的计算

单相设备的等效三相计算负荷按下式计算：

$$P_{30 \cdot eq} = 3P_{30 \cdot m\varphi} \tag{2-17}$$

式中　$P_{30 \cdot m\varphi}$——三相中负荷最大的一个单相的单相计算负荷，此单相计算负荷可按需要系数法求得。

（二）单相设备接于线电压时等效三相负荷的计算

单相设备接于三相线电压时的等效三相计算负荷按下式计算：

$$P_{30 \cdot eq} = \sqrt{3}P_{30 \cdot \varphi} \tag{2-18}$$

式中　$P_{30 \cdot \varphi}$——接于线电压的单相设备的计算负荷，亦按需要系数法求得。

（三）单相设备分别接于相电压和线电压时等效三相负荷的计算

首先将接于线电压的负荷换算为相电压的负荷，再按需要系数法进行各个单相计算。最后选取最大负荷相的单相计算负荷乘以 3 即得等效三相计算负荷。具体计算方法可参看刘介才编著的《工厂供电》教材[2,3]或其他设计手册[4,5,6,9]，限于篇幅，此略。

第二节　车间和工厂计算负荷的确定

车间和工厂的计算负荷，通常采用需要系数法来确定。作为近似的负荷估算，亦可采用单位产品耗电量法、单位面积耗电量法或单位用电指标法。如果采用从负荷端向供电端方向逐级计算，则需计入线路和变压器的功率损耗。

一、按需要系数法确定计算负荷

1. 有功计算负荷（单位为 kW）的计算公式

$$P_{30} = K_d P_e \tag{2-19}$$

式中　P_e——车间或工厂用电设备总容量（不含备用设备容量），单位为 kW；

K_d——车间或工厂的需要系数，参看表 2-5 和表 2-6。

2. 无功计算负荷（单位为 kvar）的计算公式

$$Q_{30} = P_{30} \tan\varphi \tag{2-20}$$

式中　$\tan\varphi$——对应于车间或工厂平均功率因数 $\cos\varphi$ 的正切值，参看表 2-5 和表 2-6。

表 2-5　车间的需要系数和功率因数参考值

序号	车间名称	需要系数 K_d	功率因数 $\cos\varphi$	$\tan\varphi$
1	机加工（金工）车间	0.2 ~ 0.25	0.6	1.33
2	工具车间	0.28 ~ 0.32	0.65	1.17
3	机修车间	0.2 ~ 0.25	0.6	1.33
4	电修车间	0.3 ~ 0.35	0.65	1.17
5	木工车间	0.25 ~ 0.35	0.65	1.17
6	焊接车间	0.25 ~ 0.3	0.45	1.98
7	热处理车间	0.4 ~ 0.6	0.7	1.02
8	电镀车间	0.4 ~ 0.6	0.85	0.62
9	电解车间	0.7 ~ 0.8	0.8	0.75

（续）

序号	车间名称	需要系数 K_d	功率因数 $\cos\varphi$	$\tan\varphi$
10	发电机车间	0.25 ~ 0.3	0.6	1.33
11	变压器车间	0.2 ~ 0.4	0.65	1.17
12	开关设备车间	0.25 ~ 0.3	0.7	1.02
13	电容器车间	0.35 ~ 0.4	0.98	0.2
14	绝缘材料车间	0.4 ~ 0.5	0.8	0.75
15	漆包线车间	0.75 ~ 0.8	0.9	0.48
16	电磁线车间	0.65 ~ 0.7	0.8	0.75
17	绕线车间	0.5 ~ 0.55	0.87	0.57
18	压延车间	0.4 ~ 0.5	0.78	0.8
19	铸钢车间（不包括电弧炉）	0.3 ~ 0.4	0.65	1.17
20	铸铁车间	0.35 ~ 0.4	0.7	1.02
21	锻压车间（不包括水泵）	0.2 ~ 0.3	0.6	1.33
22	煤气站	0.5 ~ 0.7	0.65	1.17
23	氧气站	0.75 ~ 0.85	0.8	0.75
24	压缩空气站	0.7 ~ 0.85	0.75	0.88
25	乙炔站	0.7	0.9	0.48
26	水泵站	0.5 ~ 0.65	0.8	0.75
27	冷冻站	0.7	0.75	0.88
28	污水处理站	0.75 ~ 0.8	0.75	0.88
29	中心试验室	0.4 ~ 0.6	0.8	0.75
30	锅炉房	0.65 ~ 0.75	0.8	0.75
31	仓库	0.25 ~ 0.4	0.85	0.62

表2-6　工厂的需要系数、功率因数和年最大有功负荷利用小时参考值

序号	工厂类别	需要系数 K_d	功率因数 $\cos\varphi$	$\tan\varphi$	年最大有功负荷利用小时（T_{max}）
1	汽轮机制造厂	0.38	0.88	0.54	5000
2	锅炉制造厂	0.27	0.73	0.94	4500
3	柴油机制造厂	0.32	0.74	0.91	4500
4	重型机械制造厂	0.35	0.79	0.78	3700
5	重型机床制造厂	0.32	0.71	0.99	3700
6	机床制造厂	0.2	0.65	1.17	3200
7	石油机械制造厂	0.45	0.78	0.8	3500
8	量具刃具制造厂	0.26	0.6	1.33	3800
9	工具制造厂	0.34	0.65	1.17	3800
10	电机制造厂	0.33	0.65	1.17	3000
11	电器开关制造厂	0.35	0.75	0.88	3400
12	电线电缆制造厂	0.35	0.73	0.94	3500
13	仪器仪表制造厂	0.37	0.81	0.72	3500
14	滚珠轴承制造厂	0.28	0.70	1.02	5800

3. 视在计算负荷（单位为 kV·A）的计算公式

$$S_{30} = \frac{P_{30}}{\cos\varphi} \tag{2-21}$$

4. 计算电流（单位为 A）的计算公式

$$I_{30} = \frac{S_{30}}{\sqrt{3}\,U_N} \tag{2-22}$$

式中　U_N——车间或工厂的用电设备配电电压，单位为 kV。

二、按单位产品耗电量法估算计算负荷

1. 有功计算负荷（单位为 kW）的计算公式

$$P_{30} = \frac{Aa}{T_{max}} \tag{2-23}$$

式中　a——单位产品耗电量，单位为 kW·h/单位产品；

　　A——年产量；

　　T_{max}——年最大有功负荷利用小时，参看表 2-6。

2. 无功计算负荷、视在计算负荷和计算电流的计算公式

分别同式（2-20）、式（2-21）和式（2-22）。

三、按单位面积耗电量法估算计算负荷

1. 有功计算负荷（单位为 kW）的计算公式

$$P_{30} = Bb \times 10^{-3} \tag{2-24}$$

式中　b——单位面积耗电量（负荷密度），单位为 W/m²；

　　B——建筑面积，单位为 m²。

2. 无功计算负荷、视在计算负荷和计算电流的计算公式

亦分别同式（2-20）、式（2-21）和式（2-22）。

此法又称"负荷密度法"，主要适用于住宅建筑及其他民用建筑的计算负荷估算。

表 2-7 为住宅建筑及其他民用建筑的负荷密度指标，供参考。

表 2-7　住宅建筑及其他民用建筑负荷密度指标

建　筑　类　别		负荷密度/W·m⁻²	建　筑　类　别		负荷密度/W·m⁻²
	基本型	50	体育建筑		40 ~ 70
住宅建筑	提高型	75	剧场建筑		50 ~ 80
	先进型	100	医疗建筑		40 ~ 70
公寓建筑		30 ~ 50	教学建筑	大专院校	20 ~ 40
旅馆建筑		40 ~ 70		中小学校	12 ~ 20
办公建筑		30 ~ 70	展览建筑		50 ~ 80
商业建筑	一　　般	40 ~ 80	演播室		250 ~ 500
	大中型	60 ~ 120	汽车库		8 ~ 15

注：本表资料取自《工业与民用配电设计手册》第 3 版[9]。

四、按逐级计算法确定车间和工厂的计算负荷

（一）逐级计算法简介

如图 2-1 所示，低压配电线 WL2 首端的计算负荷 $P_{30.4}$（以有功负荷为例），应为 WL2 末端即用电设备组的计算负荷 $P_{30.5}$ 加上该线路的功率损耗 ΔP_{WL2}。高压配电线 WL1 首端的计算负荷 $P_{30.2}$，则应为车间变压器 T 低压侧的计算负荷 $P_{30.3}$ 加上车间变压器 T 的功率损耗 ΔP_T 和高压配电线 WL1 的功率损耗 ΔP_{WL1}。而工厂总的计算负荷 $P_{30.1}$，则应为所有高压配电出线首端计算负荷之和，再乘以一个同时系数（又称参差系数）K_Σ。此系数可视出线多少选取，一般 $K_{\Sigma p} = 0.8 \sim 0.95$，$K_{\Sigma q} = 0.9 \sim 0.97$。

（二）电力线路功率损耗的计算

1. 有功功率损耗（单位为 kW）的计算公式

$$\Delta P_{WL} = 3I_{30}^2 R_{WL} \times 10^{-3} \qquad (2\text{-}25)$$

式中　I_{30}——线路的计算电流，单位为 A；

　　　R_{WL}——线路每相的电阻，单位为 Ω，可由导线或电缆单位长度电阻值（单位为 Ω/km）乘以线路长度（单位为 km）求得。

表 8-33 ～ 表 8-36 和表 8-39 列有部分导线和电缆的单位长度电阻值。

2. 无功功率损耗（单位为 kvar）的计算公式

$$\Delta Q_{WL} = 3I_{30}^2 X_{WL} \times 10^{-3} \qquad (2\text{-}26)$$

式中　X_{WL}——线路每相的电抗（单位为 Ω），可由导线或电缆单位长度电抗值（单位为 Ω/km）乘以线路长度（单位为 km）求得。

表 8-33 ～ 表 8-36 和表 8-39 列有部分导线和电缆的单位长度电抗值。

对于中小工厂来说，由于其高、低压配电线路一般都不长，其功率损耗相对较小，因此一般略去不计。

（三）电力变压器功率损耗的计算

1. 有功功率损耗（单位为 kW）的计算公式

$$\Delta P_T \approx \Delta P_0 + \Delta P_k \beta^2 \qquad (2\text{-}27)$$

式中　ΔP_0——变压器的空载损耗，单位为 kW；

　　　ΔP_k——变压器的短路损耗（负载损耗），单位为 kW；

　　　β——变压器的负荷率，$\beta = S_{30}/S_N$，这里的 S_{30} 为变压器计算负荷（单位为 kV·A），S_N 为变压器额定容量（单位为 kV·A）。

对于 6～10kV 的新型低损耗配电变压器，如 S9、SC9 等系列，其有功功率损耗可按下列简化公式计算：

$$\Delta P_T \approx 0.01 S_{30} \qquad (2\text{-}28)$$

2. 无功功率损耗（单位为 kvar）的计算公式

$$\Delta Q_T \approx \left(\frac{I_0\%}{100} + \frac{U_k\%}{100} \beta^2 \right) S_N \qquad (2\text{-}29)$$

式中　$I_0\%$——变压器空载电流百分值；

　　　$U_k\%$——变压器短路电压（阻抗电压）百分值。

对于 6～10kV 的新型低损耗配电变压器，如 S9、SC9 等系列，其无功功率损耗可按下列简化公式计算：

$$\Delta Q_T \approx 0.05 S_{30} \qquad (2\text{-}30)$$

后面第三章第四节的表 3-1、表 3-2 和表 3-3 分别列有 S9、SC9 和 S11-M·R 系列配电变压器的主要技术数据，供参考。

（四）工厂电力负荷计算表

采用用电设备组负荷数据逐级计算工厂电力负荷的负荷计算表示例，如表 2-8 所示。

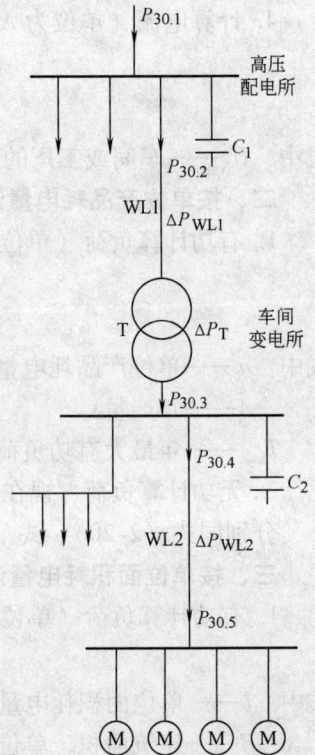

图 2-1　逐级计算法说明图
（以有功负荷为例）

表 2-8　工厂电力负荷计算表（采用用电设备组负荷数据逐级计算示例）

序号	用电设备组和变配电所	设备容量 kW	需要系数 K_d	$\cos\varphi$	$\tan\varphi$	计算负荷 P_{30} kW	Q_{30} kvar	S_{30} kV·A	I_{30} A	S9 型变压器 容量 kV·A	负荷率（%）
I	金属切削机床	420	0.2	0.5	1.73	84	145				
	通风机	50	0.7	0.8	0.75	35	26.3			—	
	起重机	14（$\varepsilon=25\%$）	0.15	0.5	1.73	2.1	3.6				
	共计（380V）	484	—	0.57	—	121.1	174.9	213	324		
II	金属切削机床	75	0.2	0.5	1.73	15	26				
	电热设备	300	0.7	1	0	210	0			—	
	通风机	165	0.75	0.8	0.75	124	93				
	共计（380V）	540	—	0.95	—	349	119	369	560		
No.1	变电所（I+II）										
	动力	1024				470	294				
	照明	38	0.8	1.0	0	30	0				
	共计（380V）	1062				500	294	—	—		
	计入 $K_{\Sigma\cdot p}=0.8$　$K_{\Sigma\cdot q}=0.85$	—				400	250				
	低压电容器补偿	—				—	−60				
	补偿后总计	1062		0.9		400	190	443	673	500	88.6
	变压器损耗					4	22				
	高压侧（10kV）负荷	1062		0.89		404	212	456	26.3		
No.2	变电所（……）	…	…	…	…	…	…	…	…	1000	83.1
	高压侧（10kV）负荷	1540	—	0.89		728	474	869	50		
No.3	变电所（……）	…	…	…	…	…	…	…	…	630	85.3
	高压侧（10kV）负荷	857	—	0.84		510	266	575	33		
全厂	高压配电所（No.1+No.2+No.3）	3459	—	0.87		1647	942	1897			
	高压电容器补偿					—	−180				
	工厂 10kV 侧总计	3459	—	0.91		1642	762	1810	105		

采用车间和宿舍区等负荷数据计算工厂电力负荷的负荷计算表示例，如表 2-9 所示。

表 2-9　工厂电力负荷计算表（采用车间和宿舍区等负荷数据计算示例）

序号	用电单位名称	负荷性质	设备容量 kW	需要系数 K_d	$\cos\varphi$	$\tan\varphi$	计算负荷 P_{30} kW	Q_{30} kvar	S_{30} kV·A	I_{30} A
1	××车间	动力	300	0.32	0.7	1.02	102.3	97.9	141.6	215
		照明	7	0.9	1.0	0				
2	××车间	动力	180	0.25	0.65	0.17	49.3	52.7	72.2	110
		照明	5	0.85	1.0	0				
…	……	…	…	…	…	…	…	…	…	…

（续）

序号	用电单位名称	负荷性质	设备容量 kW	需要系数 K_d	$\cos\varphi$	$\tan\varphi$	计算负荷 P_{30} kW	计算负荷 Q_{30} kvar	计算负荷 S_{30} kV·A	计算负荷 I_{30} A
9	××宿舍区	家电照明	260	0.45	0.8	0.75	117	87.8	146	222
10	以上合计		1700	—	0.73	—	723	680	—	—
11	380V 侧未补偿时总负荷（取 $K_{\Sigma\cdot p}=0.9, K_{\Sigma\cdot q}=0.93$）		1700	—	0.72	—	651	632	—	—
12	380V 侧无功补偿容量		—	—	—	—	—	−370	—	—
13	380V 侧补偿后总负荷		1700	—	0.93	—	651	262	702	1067
14	10/0.38kV 变压器损耗			—	—	—	7.02	35.1		
15	工厂 10kV 侧总负荷		1700		0.91		658	297	722	41.7

必须注意：各单位总的 P_{30} 和 Q_{30} 分别是各部分 P_{30} 和 Q_{30} 之和，而总的 S_{30} 则为总的 P_{30} 和 Q_{30} 的平方和的二次方根值，而 $\cos\varphi = P_{30}/S_{30}$。关于电容器补偿容量 Q_C 的计算，采用后面式 (2-31)。

第三节　无功功率补偿及其计算

按我国原电力工业部 1996 年颁布实施的《供电营业规则》规定："用户应在提高用电自然功率因数的基础上，按有关标准设计和安装无功补偿设备，并做到随其负荷和电压变动及时投入或切除，防止无功电力倒送。除电网有特殊要求的用户外，用户在当地供电企业规定的电网高峰负荷时的功率因数，应达到下列规定：100kV·A 及以上高压供电的用户，功率因数为 0.9 以上。其他电力用户和大、中型电力排灌站、趸购转售电企业，功率因数为 0.85 以上。农业用户，功率因数为 0.80。凡功率因数不能达到上述规定的新用户，供电企业可拒绝接电。对已送电的用户，供电企业应督促和帮助用户采取措施，提高功率因数。对在规定期限内仍未采取措施达到上述要求的用户，供电企业可中止或限制供电。"因此工厂的功率因数达不到上述要求时，必须增设无功功率的人工补偿装置。

一、无功功率的人工补偿装置

无功功率的人工补偿装置主要有同步补偿机和并联电容器两种。由于并联电容器具有安装简单、运行维护方便、有功损耗小以及组装灵活、扩容方便等优点，因此并联电容器在供电系统中应用最为普遍。

部分常用的并联电容器的主要技术数据如表 2-10 所示。

表 2-10　部分常用的并联电容器的主要技术数据

型　　号	额定电压/kV	额定容量/kvar	额定电容/μF	相　　数
BW0.4-12-3/1	0.4	12	240	3/1
BW0.4-13-3/1	0.4	13	259	3/1
BW0.4-14-3/1	0.4	14	280	3/1
BCMJ0.23-5-3	0.23	5	300	3
BCMJ0.23-10-3	0.23	10	600	3
BCMJ0.23-20-3	0.23	20	1200	3
BCMJ0.4-10-3	0.4	10	200	3
BCMJ0.4-12-3	0.4	12	240	3

（续）

型　　号	额定电压/kV	额定容量/kvar	额定电容/μF	相　　数
BCMJ0.4-14-3	0.4	14	280	3
BCMJ0.4-16-3	0.4	16	320	3
BKMJ0.4-12-3	0.4	12	240	3
BKMJ0.4-15-3	0.4	15	300	3
BKMJ0.4-20-3	0.4	20	400	3
BKMJ0.4-25-3	0.4	25	500	3
BWF6.3-22-1	6.3	22	1.76	1
BWF6.3-25-1	6.3	25	2.0	1
BWF6.3-30-1	6.3	30	2.4	1
BWF6.3-40-1	6.3	40	3.2	1
BWF6.3-50-1	6.3	50	4.0	1
BWF6.3-100-1	6.3	100	8.0	1
BWF6.3-120-1	6.3	120	9.63	1
BWF10.5-22-1	10.5	22	0.64	1
BWF10.5-25-1	10.5	25	0.72	1
BWF10.5-30-1	10.5	30	0.87	1
BWF10.5-40-1	10.5	40	1.15	1
BWF10.5-50-1	10.5	50	1.44	1
BWF10.5-100-1	10.5	100	2.89	1
BWF10.5-120-1	10.5	120	3.47	1
BWF11/$\sqrt{3}$-16-1W	11/$\sqrt{3}$	16	1.26	1
BWF11/$\sqrt{3}$-25-1W	11/$\sqrt{3}$	25	1.97	1
BWF11/$\sqrt{3}$-30-1W	11/$\sqrt{3}$	30	2.37	1
BWF11/$\sqrt{3}$-40-1W	11/$\sqrt{3}$	40	3.16	1
BWF11/$\sqrt{3}$-50-1W	11/$\sqrt{3}$	50	3.95	1
BWF11/$\sqrt{3}$-100-1W	11/$\sqrt{3}$	100	7.89	1
BWF11/$\sqrt{3}$-120-1W	11/$\sqrt{3}$	120	9.45	1

注：1. 表中并联电容器额定频率均为50Hz。

2. 并联电容器全型号的表示和含义：

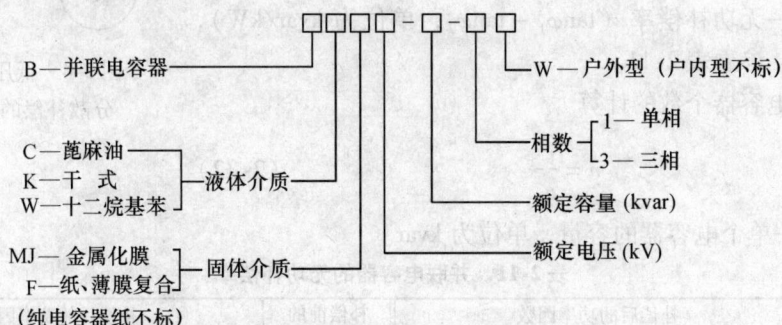

并联电容器的补偿方式，有以下三种：

1. 高压集中补偿　高压电容器集中装设在变配电所的高压电容器室内，与高压母线相联，如图2-2所示。其中电压互感器TV为电容器切除时放电用。按GB 50053—2013《20kV及以下变电所设计规范》规定：高压电容器组应采用中性点不接地的星形（丫形）接线。

2. 低压集中补偿　低压电容器集中装设在变电所的低压配电室或单独的低压电容器室内，与低压母线相联，如图2-3所示。低压电容器组一般采用三角形（△形）接线，但大容量低压电容器组也可采用星形（丫形）接线。利用白炽灯或专用的放电电阻放电。

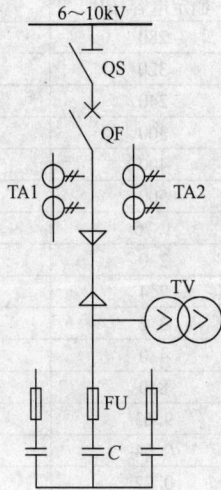

图 2-2 高压电容器集中补偿的接线图　　　图 2-3 低压电容器集中补偿的接线图

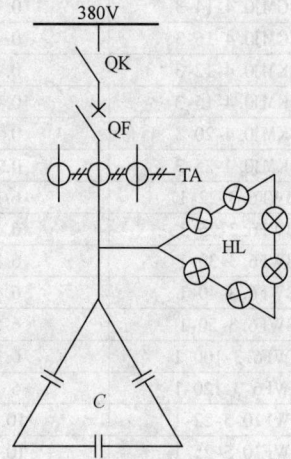

3. **低压分散补偿** 电容器分散装设在低压配电箱旁或与用电设备并联，如图 2-4 所示。低压电容器组一般采用三角形（△形）接线，直接利用用电设备（如感应电动机）本身的绕组放电。

二、并联电容器的选择计算

1. 无功功率补偿容量（单位为 kvar）的计算

$$Q_C = P_{30}(\tan\varphi_1 - \tan\varphi_2) = \Delta q_C P_{30} \qquad (2\text{-}31)$$

式中　P_{30}——工厂的有功计算负荷，单位为 kW；

$\tan\varphi_1$——对应于补偿前功率因数 $\cos\varphi_1$ 的正切；

$\tan\varphi_2$——对应于补偿后应达到的功率因数 $\cos\varphi_2$ 的正切；

Δq_C——无功补偿率（$\tan\varphi_1 - \tan\varphi_2$，单位为 kvar/kW），参看表 2-11。

2. 并联电容器个数的计算

图 2-4 低压电容器
分散补偿的接线图

$$n = \frac{Q_C}{q_C} \qquad (2\text{-}32)$$

式中　q_C——单个电容器的容量，单位为 kvar。

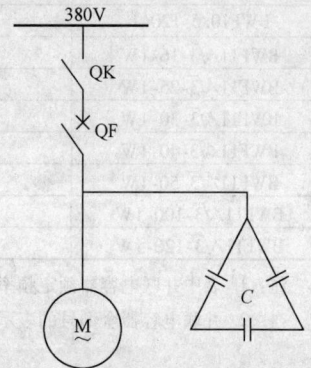

表 2-11　并联电容器的无功补偿率

补偿前的功率因数	补偿后的功率因数				补偿前的功率因数	补偿后的功率因数			
	0.85	0.90	0.95	1.00		0.85	0.90	0.95	1.00
0.60	0.713	0.849	1.004	1.333	0.76	0.235	0.371	0.526	0.85
0.62	0.646	0.782	0.937	1.266	0.78	0.182	0.318	0.473	0.80
0.64	0.581	0.717	0.872	1.206	0.80	0.130	0.266	0.421	0.75
0.66	0.518	0.654	0.809	1.138	0.82	0.078	0.214	0.369	0.69
0.68	0.458	0.594	0.749	1.078	0.84	0.026	0.162	0.317	0.64
0.70	0.400	0.536	0.691	1.020	0.86	—	0.109	0.264	0.59
0.72	0.344	0.480	0.635	0.964	0.88	—	0.056	0.211	0.54
0.74	0.289	0.425	0.580	0.909	0.90	—	0.000	0.155	0.48

注意：对于单相电容器，n 应取为 3 的整数倍，以便三相均衡分配。

三、高低压电容器柜（屏）的选择示例

1. GR-1 型高压电容器柜的选择　GR-1 型高压电容器柜有 01、02、03、04 等 4 种接线方案，如图 2-5 所示。

选择步骤：①根据所需无功补偿容量，选择一台或数台 01 号或 02 号电容器柜。②根据进线方向选择一台 03 号或 04 号放电互感器柜。

2. PGJ1 型低压无功功率自动补偿屏的选择　PGJ1 型低压无功功率自动补偿屏有 1、2、3、4 等 4 种接线方案，如图 2-6 所示。其中 1、2 屏为主屏，3、4 屏为辅屏。1、3 屏各有 6 条支路，电容器为 BW0.4-14-3 型，每屏共 84kvar，采用 6 步控制，每步投入 14kvar。2、4 屏各有 8 条支路，电容器亦为 BW0.4-14-3 型，每屏共 112kvar，采用 8 步控制，每步亦投入 14kvar。

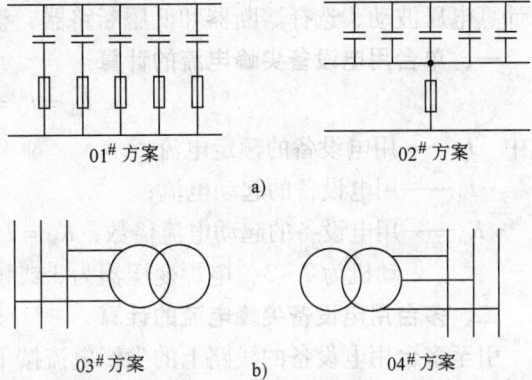

图 2-5　GR-1 型高压电容器柜的接线方案
a) 01、02 方案——电容器柜（只绘出一相接线）
b) 03、04 方案——放电互感器柜

选择步骤：①根据控制步数要求，选择一台 1 号或 2 号主屏（BW0.4-14-3 型）。②根据所需无功补偿容量再补充一台或数台 3 号或 4 号辅屏（BW0.4-14-3 型）。

四、无功补偿后总计算负荷的计算

供电系统中装设无功功率补偿装置以后，对前面线路和变压器的无功功率就进行了补偿，从而使前面线路和变压器的无功计算负荷、视在计算负荷和计算电流得以减小，功率因数得以提高。

例如图 2-1 所示车间变电所，设低压侧并联电容器组 C_2 的无功补偿容量 $Q_{C2} = 420$kvar，而在补偿前该变电所低压侧的有功计算负荷 $P_{30} = 880$kW，无功计算负荷 $Q_{30} = 750$kvar，视在计算负荷 $S_{30} = 1156$kV·A，计算电流 $I_{30} = 1757$A，功率因数 $\cos\varphi = 0.76$。现装设并联电容器 C_2 进行补偿后，变电所低压侧的有功计算负荷 P_{30} 不变，而无功计算负荷 $Q'_{30} = (750 - 420)$kvar = 330kvar，视在计算负荷 $S'_{30} = \sqrt{P_{30}^2 + Q_{30}'^2} = 940$kV·A，计算电流 $I'_{30} = S'_{30}/\sqrt{3}\,U_N = 1428$A，功率因数提高为 $\cos\varphi' = P_{30}/S'_{30} = 0.94$。在无功补偿前，该变电所主变压器 T 的容量应选 1250kV·A，才能满足负荷用电的需要；而采用无功补偿后，主变压器 T 的容量选为 1000kV·A 就足够了。同时由于计算电流的减小，使补偿点以前供电系统中各元件上的功率损耗也相应减小，因此无功补偿的经济效益十分可观。

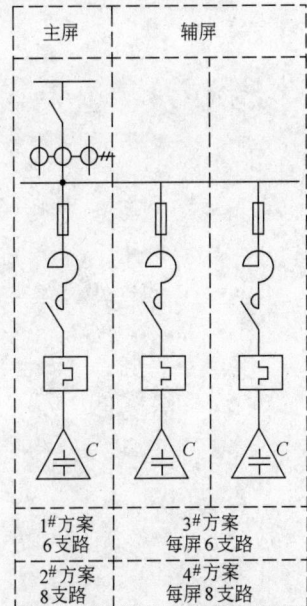

图 2-6　PGJ1 型低压无功功率
自动补偿屏的接线方案

第四节 尖峰电流的计算

尖峰电流是指持续 $1 \sim 2s$ 的短时最大负荷电流，例如电动机的起动电流等。尖峰电流用来计算电压波动、选择熔断器和低压断路器、整定继电保护装置等。

一、单台用电设备尖峰电流的计算

$$I_{pk} = I_{st} = K_{st} I_N \tag{2-33}$$

式中 I_N——用电设备的额定电流；

I_{st}——用电设备的起动电流；

K_{st}——用电设备的起动电流倍数，$K_{st} = I_{st}/I_N$；笼型电动机为 $5 \sim 7$，绕线转子异步电动机为 $2 \sim 3$，电焊变压器为 3 或稍大。

二、多台用电设备尖峰电流的计算

引至多台用电设备的线路上的尖峰电流按下式计算：

$$I_{pk} = K_{\Sigma} \sum_{i=1}^{n-1} I_{N \cdot i} + I_{st \cdot max} \tag{2-34}$$

或

$$I_{pk} = I_{30} + (I_{st} - I_N)_{max} \tag{2-35}$$

式中 $I_{st \cdot max}$——用电设备中起动电流与额定电流之差为最大的那台设备的起动电流；

$(I_{st} - I_N)_{max}$——上述设备的起动电流与额定电流之差（各台中的最大差值）；

$\sum_{i=1}^{n-1} I_{N \cdot i}$——除上述 $I_{st \cdot max}$ 那台设备外的 $n-1$ 台设备额定电流之和；

K_{Σ}——上述 $n-1$ 台设备运行的同时系数，视台数多少选取，一般为 $0.7 \sim 1$；

I_{30}——全部设备运行时线路上的计算电流。

第三章 变配电所及主变压器的选择

第一节 变配电所所址的选择

一、变配电所所址选择的一般原则

GB 50053—2013《20kV 及以下变电所设计规范》规定，选择工厂变配电所的所址，应根据下列要求并经技术、经济等因素综合分析和比较后择优确定：

1）宜接近负荷中心。

2）宜接近电源侧。

3）应方便进出线。

4）设备运输方便。

5）不应设在有剧烈振动或高温的场所。

6）不宜设在多尘或有腐蚀性物质的场所；当无法远离时，不应设在污染源盛行风向的下风侧，或采取有效的防护措施。

7）不应设在厕所、浴室、厨房或其他经常积水场所的正下方，也不宜与上述场所相贴邻。当贴邻时，相邻的隔墙应做无渗漏、无结露的防水处理。

8）当与有爆炸或有火灾危险的建筑物毗连时，变配电所的所址应符合现行国家标准 GB 50058—2014《爆炸危险环境电力装置设计规范》的有关规定。

9）不应设在地势低洼和可能积水的场所。

10）不宜设在对防电磁干扰有较高要求的设备机房的正上方、正下方或与其贴邻的场所；当需要设在上述场所时，应采取防电磁干扰的措施。

GB 50053—2013 还规定：

1）装有油浸变压器的车间内变电所，不应设在三、四级耐火等级的建筑物内；当设在二级耐火等级的建筑物内时，建筑物应采取局部防火措施。

2）在多层建筑物或高层建筑物的裙房中，不宜设置油浸变压器的变电所；当受条件限制必须设置时，应将油浸变压器的变电所设置在建筑物首层靠外墙的部位，且不得设置在人员密集场所的正上方、正下方、贴邻处以及疏散出口的两旁。高层主体建筑内不应设置油浸变压器的变电所。

3）在多层或高层建筑物的地下层设置非充油电气设备的变配电所时，应符合下列规定：①当有多层地下层时，不应设置在最底层；当只有地下一层时，应采取抬高地面和防止雨水、消防水等积水的措施；②应设置设备运输通道；③应根据工作环境要求加设机械通风、去湿设备或空气调节设备。

4）高层或超高层建筑物根据需要可以在避难层、设备层和屋顶设置变配电所，但应设置设备的垂直搬运及电缆敷设的措施。

5）露天或半露天的变电所，不应设置在下列场所：①有腐蚀性气体的场所；②挑檐为燃烧体或难燃体和耐火等级为四级的建筑物旁；③附近有棉、粮及其他易燃、易爆物品集中的露天堆场；④容易沉积可燃粉尘、可燃纤维、灰尘或导电尘埃且会严重影响变压器安全运行的场所。

二、负荷中心的确定方法

（一）利用以负荷圆表示的负荷指示图来判定负荷中心

在工厂总平面图上，按适当的比例 K（kW/mm^2）绘出各车间（建筑）及宿舍区的负荷圆。负荷圆的圆心一般选在车间或宿舍区的中央。负荷圆的半径（单位为 mm）为

$$r = \sqrt{\frac{P_{30}}{K\pi}} \qquad (3\text{-}1)$$

式中　P_{30}——车间（建筑）或宿舍区的计算负荷，单位为 kW。

利用以负荷圆表示的负荷指示图，如图 3-1 所示，可以大致地判定负荷中心的位置。

（二）利用负荷功率矩法确定负荷中心

在工厂平面图的下边和左侧，分别作一直角坐标的 x 轴和 y 轴，然后测出各车间（建筑）和宿舍区负荷点的坐标位置，例如 $P_1(x_1，y_1)$、$P_2(x_2，y_2)$、$P_3(x_3，y_3)$、…，如图 3-2 所示。而工厂的负荷中心假设在 $P(x，y)$，其中 $P = P_1 + P_2 + P_3 + \cdots = \Sigma P_i$。因此仿照力学中计算重心的力矩方程，可得负荷中心的坐标：

$$x = \frac{P_1x_1 + P_2x_2 + P_3x_3 + \cdots}{P_1 + P_2 + P_3 + \cdots} = \frac{\Sigma(P_ix_i)}{\Sigma P_i} \qquad (3\text{-}2)$$

$$y = \frac{P_1y_1 + P_2y_2 + P_3y_3 + \cdots}{P_1 + P_2 + P_3 + \cdots} = \frac{\Sigma(P_iy_i)}{\Sigma P_i} \qquad (3\text{-}3)$$

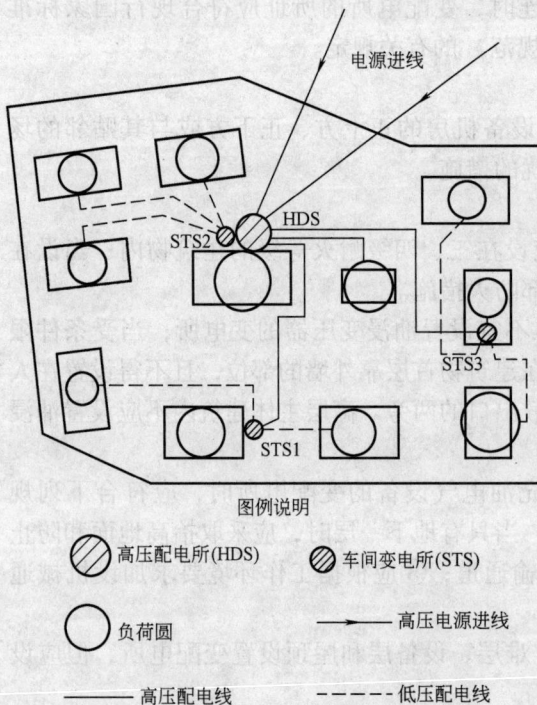

图 3-1　判定负荷中心的工厂负荷指示图
（负荷圆比例 $K = \times \times$ kW/mm^2）

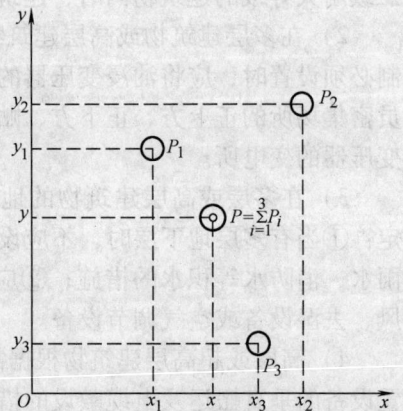

图 3-2　按负荷功率
矩法确定负荷中心

这里必须指出：负荷中心虽是选择变配电所位置的重要因素，但不是唯一因素。因此负荷中心的计算不必要求十分精确。变配电所的所址，必须全面分析比较后择优确定。

第二节　变配电所型式的选择

变配电所有屋内式和屋外式两大型式。屋内式运行维护方便，占地面积少。在选择工厂总变配电所型式时，应根据具体地理环境，因地制宜；技术经济合理时，应优先选用屋内式。

负荷较大的车间，宜设附设式或半露天式变电所。

负荷较大的多跨厂房及高层建筑内，宜设车间内变电所或组合式成套变电站。

负荷小而分散的工厂车间及生活区，或需远离有易燃易爆危险环境及有腐蚀性车间时，宜设独立变电所。如果屋外环境正常，亦可设露天变电所，有条件时亦可设户外箱式变电站。

工厂的生活区，当变压器容量在 315kV·A 及以下时，宜设杆上式变电台或高台式变电所。

第三节　变电所主变压器台数和容量的选择

一、变电所主变压器台数的选择

主变压器台数应根据负荷特点和经济运行要求进行选择。当符合下列条件之一时，宜装设两台及以上主变压器：

1）有大量一级负荷或二级负荷时；

2）季节性负荷变化较大时；

3）集中负荷较大，例如大于 1250kV·A 时。

其他情况下宜装设一台主变压器。

二、变电所主变压器容量的选择

1. 装有一台主变压器的变电所　主变压器容量 $S_{N·T}$ 应不小于总的计算负荷 S_{30}，即

$$S_{N·T} \geqslant S_{30} \tag{3-4}$$

2. 装有两台主变压器的变电所　每台主变压器容量 $S_{N·T}$ 不应小于总的计算负荷 S_{30} 的 60% ~ 70%，即

$$S_{N·T} \approx (0.6 \sim 0.7)S_{30} \tag{3-5}$$

同时每台主变压器容量 $S_{N·T}$ 不应小于全部一、二级负荷的计算负荷之和 $S_{30(I+II)}$，即

$$S_{N·T} \geqslant S_{30(I+II)} \tag{3-6}$$

3. 主变压器单台容量上限　单台 10(6)/0.4kV 的配电变压器容量一般不宜大于 1250kV·A。当用电设备容量较大、负荷集中且运行合理时，亦可选用 1600 ~ 2000kV·A 的变压器。生活区变电所的单台主变压器容量一般不宜大于 630kV·A。

变电所主变压器台数和容量的选择，还应结合变电所主接线方案的设计来综合考虑。

第四节　变电所主变压器型式和联结组别的选择

一、变电所主变压器型式的选择

一般正常环境的变电所，可选用油浸式变压器，且应优先选用 S9、S11 等系列变压器。

在多尘或有腐蚀性气体严重影响变压器安全运行的场所，应选用 S9-M、S11-M·R 等系列全密封式变压器。

多层或高层建筑内的变电所，宜选用 SC9 等系列环氧树脂浇注干式变压器或 SF₆ 充气型变压器。

多雷地区及土壤电阻率较高的山区，宜选用防雷型变压器。例如 SZ 等

图 3-3　Yzn11 联结的防雷变压器接线图

型变压器，其二次绕组采用曲折形（Z 形）联结。由于其二次绕组三个相均分成两半，而且错相联结，如图 3-3 所示。在雷电过电压波侵入时，其二次侧同一铁心柱上的两半绕组的两部分感应电动势正好相互抵消，因此不会在变压器低压侧配电线路上感应出危险的过电压，从而有利于防雷。

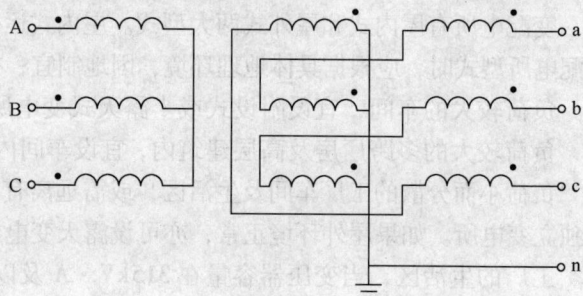

二、变电所主变压器联结组别的选择

三相负荷基本平衡，其低压中性线电流不超过其低压绕组额定电流25%、且供电系统谐波干扰不甚严重时，三相配电变压器的联结组可选 Yyn0。

当由单相不平衡负荷引起的中性线电流超过变压器低压绕组额定电流25%时，或供电系统中存在较大的"谐波源"、高次谐波电流比较突出时，三相配电变压器的联结组宜选 Dyn11。

表 3-1～表 3-3 分别列出 S9、SC9 和 S11-M·R 等系列配电变压器的主要技术数据，供参考。

表 3-1　S9 系列铜线配电变压器的主要技术数据

型　号	额定容量 /kV·A	额定电压/kV		联结组标号	损耗/W		空载电流 （％）	阻抗电压 （％）	参考价格 （万元/台）
		高　压	低　压		空载	负载			
S9-30/10（6）	30	11，10.5，10，6.3，6	0.4	Yyn0	130	600	2.1	4	1.70
S9-50/10（6）	50			Yyn0	170	870	2.0	4	2.13
				Dyn11	175	870	4.5	4	
S9-63/10（6）	63			Yyn0	200	1040	1.9	4	2.31
				Dyn11	210	1030	4.5	4	
S9-80/10（6）	80			Yyn0	240	1250	1.8	4	2.66
				Dyn11	250	1240	4.5	4	
S9-100/10（6）	100			Yyn0	290	1500	1.6	4	3.19
				Dyn11	300	1470	4.0	4	

（续）

型　号	额定容量 /kV·A	额定电压/kV		联结组 标号	损耗/W		空载电流 （%）	阻抗电压 （%）	参考价格 （万元/台）
		高　压	低　压		空载	负载			
S9-125/10（6）	125			Yyn0	340	1800	1.5	4	3.54
				Dyn11	360	1720	4.0	4	
S9-160/10（6）	160			Yyn0	400	2200	1.4	4	4.09
				Dyn11	430	2100	3.5	4	
S9-200/10（6）	200			Yyn0	480	2600	1.3	4	4.52
				Dyn11	500	2500	3.5	4	
S9-250/10（6）	250			Yyn0	560	3050	1.2	4	5.32
				Dyn11	600	2900	3.0	4	
S9-315/10（6）	315			Yyn0	670	3650	1.1	4	6.02
				Dyn11	720	3450	3.0	4	
S9-400/10（6）	400			Yyn0	800	4300	1.0	4	7.43
				Dyn11	870	4200	3.0	4	
S9-500/10（6）	500	11，10.5， 10，6.3， 6	0.4	Yyn0	960	5100	1.0	4	8.86
				Dyn11	1030	4950	3.0	4	
S9-630/10（6）	630			Yyn0	1200	6200	0.9	4.5	10.5
				Dyn11	1300	5800	3.0	5	
S9-800/10（6）	800			Yyn0	1400	7500	0.8	4.5	12.8
				Dyn11	1400	7500	2.5	5	
S9-1000/10（6）	1000			Yyn0	1700	10300	0.7	4.5	15.1
				Dyn11	1700	9200	1.7	5	
S9-1250/10（6）	1250			Yyn0	1950	12000	0.6	4.5	17.4
				Dyn11	2000	11000	2.5	5	
S9-1600/10（6）	1600			Yyn0	2400	14500	0.6	4.5	21.3
				Dyn11	2400	14000	2.5	6	
S9-2000/10（6）	2000			Yyn0	3000	18000	0.8	6	24.8
				Dyn11	3000	18000	0.8	6	
S9-2500/10（6）	2500			Yyn0	3500	25000	0.8	6	28.0
				Dyn11	3500	25000	0.8	6	

表 3-2　SC9 系列环氧树脂浇注干式铜线配电变压器的主要技术数据

型　号	额定容量 /kV·A	额定电压/kV		联结组 标号	损耗/W		空载电流 （%）	阻抗电压 （%）
		高　压	低　压		空载	负载		
SC9-30/10	30	11，10.5， 10，6.6， 6.3，6	0.4	Yyn0 Dyn11	200	560	2.8	4
SC9-50/10	50				260	860	2.4	
SC9-80/10	80				340	1140	2	
SC9-100/10	100				360	1440	2	

（续）

型 号	额定容量/kV·A	额定电压/kV		联结组标号	损耗/W		空载电流（%）	阻抗电压（%）
		高 压	低 压		空载	负载		
SC9-125/10	125				420	1580	1.6	
SC9-160/10	160				500	1980	1.6	
SC9-200/10	200				560	2240	1.6	
SC9-250/10	250				650	2410	1.6	
SC9-315/10	315				820	3100	1.4	4
SC9-400/10	400				900	3600	1.4	
SC9-500/10	500	11, 10.5,10, 6.6,6.3, 6	0.4	Yyn0Dyn11	1100	4300	1.4	
SC9-630/10	630				1200	5400	1.2	
					1100	5600	1.2	
SC9-800/10	800				1350	6600	1.2	
SC9-1000/10	1000				1550	7600	1	
SC9-1250/10	1250				2000	9100	1	6
SC9-1600/10	1600				2300	11000	1	
SC9-2000/10	2000				2700	13300	0.8	
SC9-2500/10	2500				3200	15800	0.8	

表3-3 S11-M·R系列卷铁心全密封铜线配电变压器的主要技术数据

型 号	额定容量/kV·A	额定电压/kV		联结组标号	损耗/W		空载电流（%）	阻抗电压（%）
		高 压	低 压		空载	负载		
S11-M·R-30	30				95	590	1.1	
S11-M·R-50	50				130	860	1.0	
S11-M·R-63	63				140	1030	0.95	
S11-M·R-80	80				175	1240	0.88	
S11-M·R-100	100				200	1480	0.85	
S11-M·R-125	125				235	1780	0.80	
S11-M·R-160	160	11, 10.5,10, 6.3,6	0.4	Yyn0Dyn11	280	2190	0.76	4
S11-M·R-200	200				335	2580	0.72	
S11-M·R-250	250				390	3030	0.70	
S11-M·R-315	315				470	3630	0.65	
S11-M·R-400	400				560	4280	0.60	
S11-M·R-500	500				670	5130	0.55	
S11-M·R-630	630				805	6180	0.52	4.5

注: 1. 以上三种变压器均为无励磁调压，高压分接头调压范围为±5%或±2×2.5%。

2. SC9系列变压器一般无外壳；可根据用户要求加装防护等级为IP20或IP23的防护外壳。

3. 变压器价格变动较大，设计时宜向厂家咨询或网上搜索。表3-1所列参考价格是考虑第十一章设计示例需要，列出供参考。

第四章 变配电所主接线方案的设计

第一节 变配电所主接线方案的设计原则与要求

变配电所的主接线，应根据变配电所在供电系统中的地位、进出线回路数、设备特点及负荷性质等因素综合分析确定，并应满足安全、可靠、灵活和经济等要求。

1. 安全性

1) 在高压断路器的电源侧及可能反馈电能的另一侧，必须装设高压隔离开关。

2) 在低压断路器的电源侧及可能反馈电能的另一侧，必须装设低压刀开关。

3) 在装设高压熔断器-负荷开关的出线柜母线侧，必须装设高压隔离开关。

4) 35kV 及以上的线路末端，应装设与隔离开关联锁的接地刀闸。

5) 变配电所高压母线上及架空线路末端，必须装设避雷器。装于母线上的避雷器，宜与电压互感器共用一组隔离开关。接于变压器引出线上的避雷器，不宜装设隔离开关。

2. 可靠性

1) 变配电所的主接线方案，必须与其负荷级别相适应。对一级负荷，应由两个电源供电。对二级负荷，应由两回路或一回 6kV 及以上专用架空线或电缆供电；其中采用电缆供电的，应采用两根电缆并联供电，且每根电缆应能承受 100% 的二级负荷。

2) 变配电所的非专用电源进线侧，应装设带短路保护的断路器或负荷开关-熔断器。当双电源供多个变配电所时，宜采用环网供电方式。

3) 对一般生产区的车间变电所，宜由工厂总变配电所采用放射式高压配电，以确保供电可靠性，但对辅助生产区及生活区的变电所，可采用树干式配电。

4) 变电所低压侧的总开关，宜采用低压断路器。当低压侧为单母线分段，且有自动切换电源要求时，低压总开关和低压母线分段开关，均应采用低压断路器。

5) 对于重要负荷，一般要求在正常供电电源之外，还要设置应急的备用电源。常用的备用电源有柴油发电机组（通常采用自起动型），其主接线如图 4-1 所示。对于重要的计算机系统等，则除了应设柴油发电机组外，还应增设交流"不间断电源" UPS 或"应急电源" EPS，如图 4-2 所示。但必须说明：UPS 为"在线式"自备电源，与重要负荷同一电源线路；当重要负荷的工作电源停电时，UPS 可不间断地给重要负荷供电。EPS 为"离线式"自备电源，其工作电源与重要负荷工作电源是分开的；当重要负荷的工作电源停电时，EPS 要经过短暂的切换时间才能恢复对重要负荷的供电。交流不间断电源（UPS）和应急电源（EPS）较之柴油发电机组，具有体积小、效率高、无噪声和振动、维护费用低，可靠性高等优点，但其容量较小，主要用于不允许停电的电子计算机中心、重要场所的监控中心及停电时间不超过 1.5s 的重要负荷等重要场所。

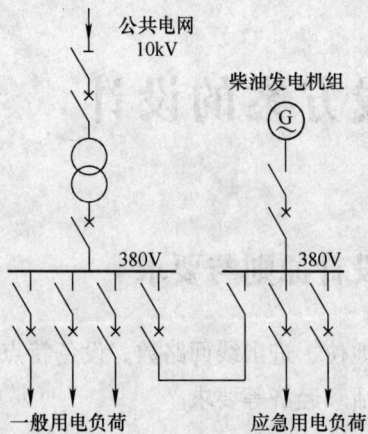

图 4-1   采用快速自起动型柴油发电机
组作自备电源的主接线图

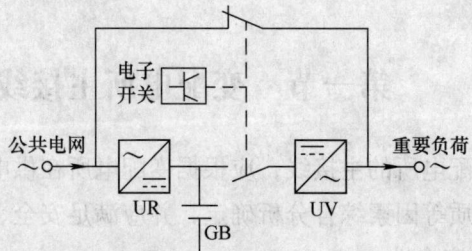

图 4-2   自备电源 UPS 或 EPS 的电气接线示意图
UR—整流器   UV—逆变器   GB—蓄电池组

3. 灵活性

1）变配电所的高低压母线，一般宜采用单母线或单母线分段接线。

2）35kV 及以上电源进线为双回路时，宜采用桥形接线或线路-变压器组接线。

3）需带负荷切换主变压器的变电所，高压侧应装设高压断路器或高压负荷开关。

4）变电所的主接线方案应与主变压器的经济运行要求相适应。

5）变配电所的主接线方案应考虑到今后可能的增容扩展，特别是出线柜要便于添置。

4. 经济性

1）变配电所的主接线方案在满足运行要求的前提下，应力求简单。变电所高压侧宜采用断路器较少或不用断路器的接线。

2）变配电所的电气设备应选用技术先进、经济适用的节能产品，不得选用国家明令淘汰的产品。

3）中小型工厂变电所，一般可采用高压少油断路器。在需频繁操作的场合及高层建筑内变电所，则宜采用真空断路器或 SF_6 断路器。

4）工厂的电源进线上应装设专用的计量柜，其中的电流、电压互感器只供计费的电能表用。

5）应考虑无功功率的人工补偿，使最大负荷时功率因数达到规定的要求（参看第二章第三节）。

第二节   变配电所主接线方案的技术经济指标

设计变配电所主接线，应按所选主变压器的台数和容量以及负荷对供电可靠性的要求，初步确定 2~3 个比较合理的主接线方案来进行技术经济比较，择其优者作为选定的变配电所主接线方案。

一、主接线方案的技术指标

1. 供电的安全性   主接线方案在确保运行维护和检修的安全方面的情况。

2. 供电的可靠性   主接线方案在与用电负荷对可靠性要求的适应性方面的情况。

3. 供电的电能质量　这主要是指电压质量，包括电压偏差、电压波动及高次谐波等方面的情况。

4. 运行的灵活性　指运行操作的灵便程度。

5. 扩展的适应性　指适应今后增容扩展的程度。

二、主接线方案的经济指标

1. 线路和设备的综合投资额　包括线路和设备本身的价格及其运输费、基建安装费、管理费等，其中安装费可参照《全国统一安装工程预算定额》第二册《电气设备安装工程》规定计算，运输费可按实际情况估算。在初步设计或方案设计中，通常是采用线路和设备本身的价格乘以一个大于1的系数作为线路和设备的综合投资额。表4-1为变配电所变压器和高压设备综合投资额估算表，供参考。

表 4-1　变配电所变压器和高压设备综合投资额估算

序号	设备名称	型号规格	单位	数量	设备价格		设备综合投资	
					单价	总金额	设备价倍数	总投资
1	电力变压器		台				约2	
2	高压开关柜	固定式	台				约1.5	
		手车式	台				约1.3	
3	高压计量柜		台				约1.5	
4	高压电容器柜		台				约1.4	
5	其他							

2. 变配电系统的年运行费　它包括线路和设备的折旧费、维修管理费和电能损耗费等。线路和设备的折旧费和维修管理费，通常都取为线路和设备综合投资的一个百分数，如表4-2所示。而电能损耗费，则根据线路和变压器的年电能损耗计算。总的年运行费即为以上线路和变配电设备的年折旧费、维修管理费与年能耗费之和。

表 4-2　变配电所变压器和高压设备及线路年运行费估算

序号	项　目		计　算　标　准		金额	备　注
1	变配电设备折旧费	主变压器	设备综合投资(元)			指高压开关柜和计量柜
			占综合投资百分数	约5%		
		配电设备	设备综合投资(元)			
			占综合投资百分数	约6%		
2	线路折旧费		线路综合投资(元)			指高压线路和电缆线路
			占综合投资百分数	约4%		
3	变配电设备维修管理费		设备综合投资(元)			
			占综合投资百分数	约6%		
4	线路维修管理费		线路综合投资(元)			
			占综合投资百分数	约5%		
5	主变压器能耗费		年电能损耗(kW·h)			
			电价(元/kW·h)			
6	线路能耗费		年电能损耗(kW·h)			
			电价(元/kW·h)			
	变配电所年运行费总计					

线路的年电能损耗（单位为 kW·h）按下式计算：

$$\Delta W_{a(WL)} = 3I_{30}^2 R_{WL} \tau \times 10^{-3} \tag{4-1}$$

式中　I_{30}——线路的计算电流，单位为 A；

　　　R_{WL}——线路每相的电阻，单位为 Ω；

　　　τ——年最大负荷损耗时间，单位为 h，用年最大有功负荷利用小时 T_{max} 去查图 4-3 所示 τ—T_{max} 关系曲线求得。

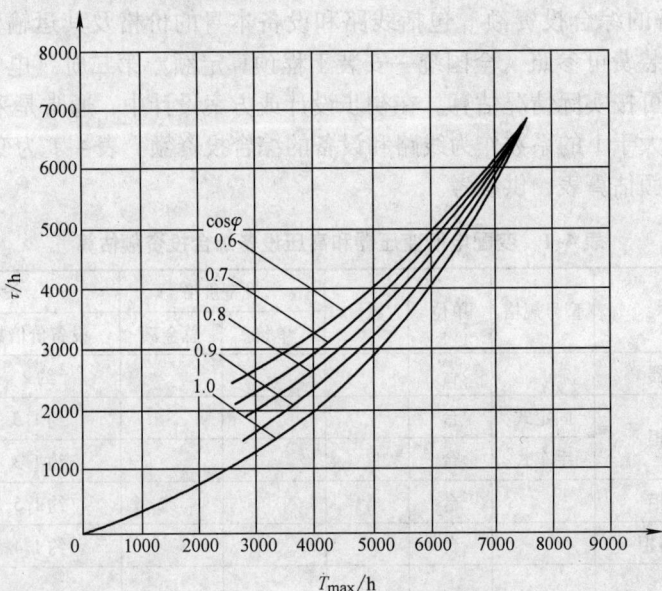

图 4-3　τ—T_{max} 关系曲线

变压器的年电能损耗（单位为 kW·h）按下式计算：

$$\Delta W_{a(T)} = \Delta p_0 \times 8760 + \Delta p_k \beta^2 \tau \tag{4-2}$$

式中　Δp_0——变压器的空载损耗，单位为 kW；

　　　Δp_k——变压器的短路损耗（又称阻抗损耗），单位为 kW；

　　　β——变压器的负荷率，即变压器的计算容量 S_{30} 与其额定容量 S_N 之比；

　　　τ——年最大负荷损耗时间（单位为 h），仍用年最大有功负荷利用小时 T_{max} 去查图 4-3 所示曲线求得。

3. 供电贴费（系统增容费）　指用户申请用电或增容时必须向供电部门一次性交纳的供电贴费。

《国家计委、国家经贸委关于调整供电贴费标准等问题的通知》（2000 年 744 号文）规定，供电贴费可在国家规定的收费标准范围内，根据本地区实际情况确定。

供电贴费按受电电压、供电方式及装接容量确定。例如上海地区以前规定的供电贴费标准为

380V 用户，按申请新装的视在容量计算，800 元/kV·A；

10kV 用户，按申请新装变压器容量计算，900 元/kV·A；

35kV 用户，按申请新装变压器容量计算，700 元/kV·A。

上述通知同时规定：凡没有规定供电贴费标准的地方，供电贴费由供用电双方协商确定。

通知还规定：有些用户和单位是应予免交供电贴费的，例如国家统一安置的移民户、特困户

及特别予以扶持的企业等，供电企业不得收取其供电贴费；如已非法收取的，应责令退还。

4. 线路的有色金属消耗量　指导线和电缆的有色金属（铜、铝）耗用的重量。

变配电所主接线方案进行经济指标比较时，假如方案 1 与方案 2 在综合投资额上，$Z_1 > Z_2$，而在年运行费上，$F_1 < F_2$，这种情况下，可计算资金回收年限 $N = (Z_1 - Z_2)/(F_2 - F_1)$。如果 $N \leqslant 5$ 年，则宜选方案 1；如果 $N > 5$ 年，则宜选方案 2。但主接线方案的最终确定，还要考虑技术指标，并结合工程实际。

第三节　变配电所主接线方案示例

一、高压主接线方案示例

（一）一路电源进线的 6～10kV 侧主接线方案

1. 由左侧电缆引入、右侧电缆引出的主接线方案（见表 4-3）

表 4-3　一路电源、左侧电缆引入的 6～10kV 主接线方案示例

柜列编号	No. 1	No. 2	No. 3	No. 4	No. 5	No. 6	…
柜名	进线柜	计量柜	互感器柜	出线柜	出线柜	出线柜	…
柜型及方案编号	GG-1A(F)-07	GG-1A(J)-02	GG-1A(F)-54	GG-1A(F)-03	GG-1A(F)-03	GG-1A(F)-03	…
主接线方案							
备注	如出线的负荷端可能有电源时，则出线柜应改用 GG-1A（F）-07 型。GG-1A（F）开关柜的一次线路方案和主要设备参看表 4-10、表 4-11，GG-1A（J）计量柜参看表 4-12、表 4-13						

2. 由右侧架空线引入、左侧电缆引出的主接线方案（见表 4-4）

表 4-4　一路电源、右侧架空线引入的 6～10kV 主接线方案示例

柜列编号	No. 6	No. 5	No. 4	No. 3	No. 2	No. 1
柜名	出线柜	出线柜	出线柜	计量柜	进线柜	互感器柜
柜型及方案编号	GG-1A(F)-03	GG-1A(F)-03	GG-1A(F)-03	GG-1A(J)-05	GG-1A(F)-11	GG-1A(F)-54
主接线方案						架空线引入

（二）两路电源进线的 6～10kV 侧主接线方案

1. 两路电缆进线、单母线分段的主接线方案（见表 4-5）

表 4-5 两路电缆进线、单母线分段的主接线方案示例

柜列编号	No. 1	No. 2	No. 3	No. 4	No. 5		No. 6	No. 7	No. 8	No. 9	…
柜名	出线柜	互感器柜	计量柜	1号进线柜	母线联络柜	间隔	2号进线柜	计量柜	互感器柜	出线柜	…
方案编号	07	54	(J)-01	07	07改	600mm	07	(J)-02	54	07	…
主接线方案											
备注	本方案均采用 GG-1A(F) 型高压开关柜和 GG-1A(J) 型计量柜（表4-10～表4-13）										

2. 一路电缆进线、一路架空进线、单母线分段的主接线方案（见表 4-6）

表 4-6 一路电缆进线、一路架空进线、单母线分段的主接线方案示例

柜列编号	No. 1	No. 2	No. 3	No. 4	No. 5		No. 6	No. 7	No. 8	No. 9	No. 10
柜名	出线柜	互感器柜	计量柜	1号进线柜	母线联络柜	间隔	架空进线柜	2号进线柜	计量柜	互感器柜	出线柜
方案编号	07	54	(J)-01	07	07改	600mm	113	11	(J)-02	54	07
主接线方案											
备注	本方案均采用 GG-1A(F) 型高压开关柜和 GG-1A(J) 型计量柜（表4-10～表4-13）										

（三）采用高压环网柜的主接线方案

1. **高压环网柜简介** 高压环网柜是为适应高压环形电网的运行要求而设计制造的专用开关柜。高压环网柜主要采用负荷开关加熔断器的组合方式，正常的电路通断操作由负荷开关进行，而短路保护则由具有高分断能力的熔断器来完成。这种主要由负荷开关加熔断器构成的环网柜，与通常采用高压断路器的开关柜相比，柜体的尺寸和重量明显减少，价格也大大降低。

高压环网柜中使用的负荷开关，一般为 SF_6 或真空负荷开关，具有通断负荷、隔离电源和接地三种功能；而且当熔断器非全相熔断时，其熔断指示的撞针弹出，启动负荷开关的脱扣机构，使负荷开关三极触头同时分闸，防止三相电路缺相运行。这种负荷开关较之一般负荷开关在结构上有较大的改进，技术指标也有较大的提高。

由于用电单位的 6~10kV 变配电所，负荷的通断操作比较频繁，而发生短路故障的机率一般很少，因此采用负荷开关-熔断器环网柜，较之采用一般高压断路器开关柜更为经济合理。机械行业标准 JBJ 6—1996《机械工厂电力设计规范》也规定：当双电源供电给多个变电所时，宜采用环网供电方式。

2. 6~10kV 双电源单环系统的环网接线示例（见表 4-7）

表 4-7　6~10kV 双电源单环系统的环网接线示例

柜列编号	No. 1	No. 2	No. 3	No. 4	No. 5	No. 6	No. 7	…
柜名	电源Ⅰ进线柜	电源Ⅰ出线柜	电源Ⅱ进线柜	电源Ⅱ出线柜	计量柜	电压互感器柜	用户出线柜	…
柜型方案								…
主接线方案								…
备注	高压环网柜的型号有多种,柜型方案可根据需要选择,此略							

二、低压主接线方案示例

1. 一台主变压器供电的低压侧主接线方案（见表 4-8）

表 4-8　一台主变压器供电的低压侧主接线方案示例

柜列编号	No. 1	No. 2	No. 3	No. 4	No. 5	No. 6	…
柜名	低压总柜	动力柜	动力柜	照明柜	照明柜	电容器柜	…
柜型及方案编号	PGL1-04 GGD1-09	PGL1-29 GGD1-39	PGL1-29 GGD1-39	PGL1-40 GGD1-35	PGL1-40 GGD1-35	PGJ1-01 GGJ1-01	…
主接线方案							…
备注	PGL1 型和 GGD 型低压柜的一次线路方案和主要设备参看表 4-20~23,PGJ1 型电容器柜参看图 2-6,GGJ1 型电容器柜参看表 4-22						

2. 两台主变压器供电的低压侧主接线方案（见表 4-9）

表 4-9 两台主变压器供电的低压侧主接线方案示例

柜列编号	No.1	No.2	No.3	No.4	No.5	No.6	No.7	No.8	No.9
柜名	1号总柜	动力	动力	补偿	母线联络	动力	动力	照明	2号总柜
方案编号	06	26	30	30	06	27	30	40	07
主接线方案									
备注	表中方案编号按照 PGL$\frac{1}{2}$型低压配电屏，参看表 4-20								

三、变配电所主接线方案示例

变配电所主接线方案的绘制方式有装置式和系统式两种。装置式主接线图，通常按高、低压配电装置分开绘制，其中高低压配电装置（柜、屏）的接线依其装设位置的相互关系顺序排列，如图 4-4 及表 4-3～表 4-9 中所示的所有主接线图。系统式主接线图，其中的所有元件均按其相互连接的先后顺序绘制，而不考虑其装设位置的相互关系，如图 4-5～图 4-7 所示。装置式电路图主要用于供电设计中，而系统式电路图则在供电设计和运行中均广泛应用。

（一）35kV 总降压变电所主接线方案示例

1. 35kV 总降压变电所 35kV 侧主接线图　其主接线图如图 4-4 所示（按装置式电路绘制）。

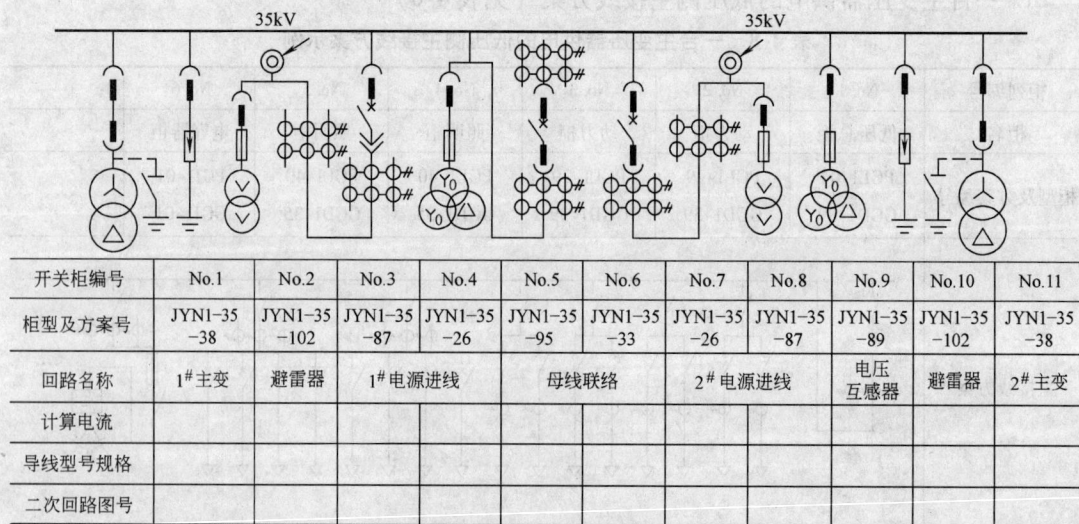

开关柜编号	No.1	No.2	No.3	No.4	No.5	No.6	No.7	No.8	No.9	No.10	No.11
柜型及方案号	JYN1-35 -38	JYN1-35 -102	JYN1-35 -87	JYN1-35 -26	JYN1-35 -95	JYN1-35 -33	JYN1-35 -26	JYN1-35 -87	JYN1-35 -89	JYN1-35 -102	JYN1-35 -38
回路名称	1#主变	避雷器	1#电源进线		母线联络		2#电源进线		电压互感器	避雷器	2#主变
计算电流											
导线型号规格											
二次回路图号											

图 4-4　35kV 总降压变电所 35kV 侧主接线方案示例

2. 35kV 总降压变电所主接线全图　如图 4-5 所示（按系统式电路绘制），其 35kV 侧主接线与图 4-4 所示主接线相同，只是绘制方式不同，但这里补绘了架空进线上装设的户外隔离开关、接地刀闸和避雷器等器件。

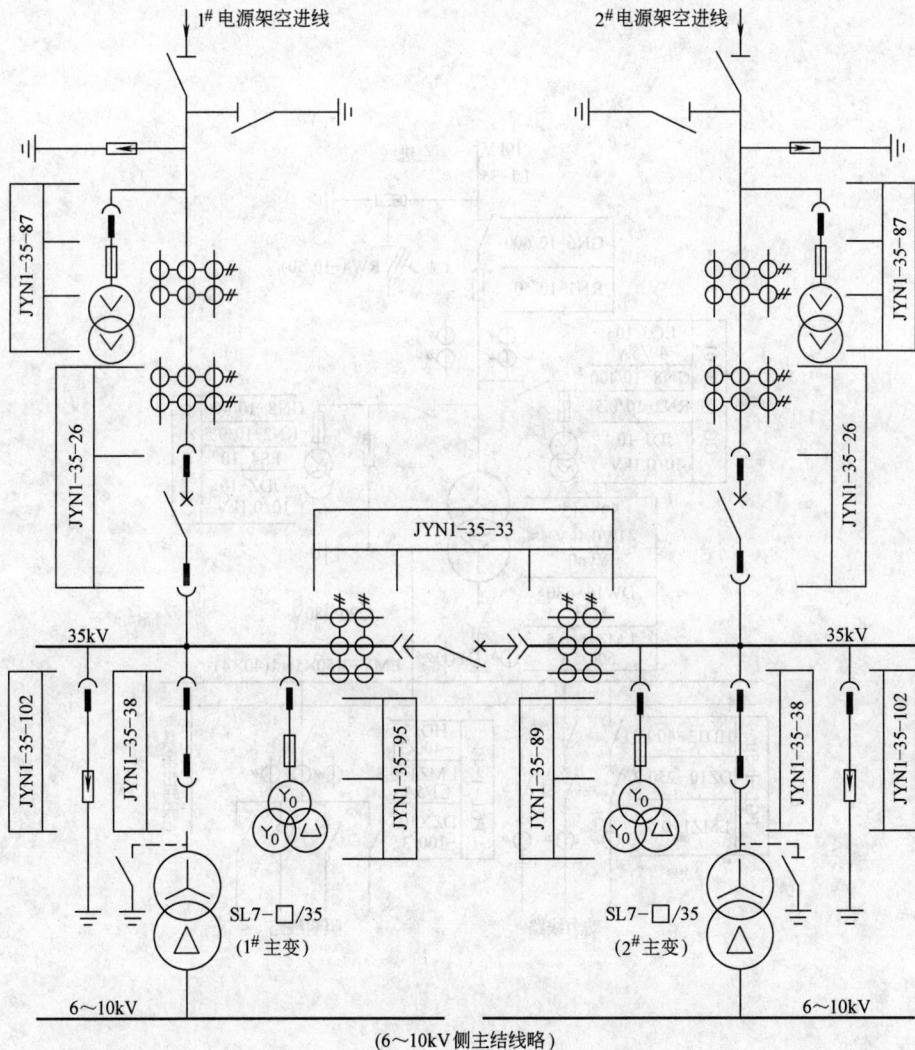

图 4-5　35kV 总降压变电所主接线方案示例

（二）10kV 降压变电所主接线方案示例

1. 装有一台主变压器的 10kV 降压变电所主接线图　其主接线图如图 4-6 所示。
2. 装有两台主变压器的 10kV 降压变电所主接线图　其主接线图如图 4-7 所示。
3. 附有柴油发电机组的 10kV 降压变电所主接线图　其主接线图如图 4-8 所示。

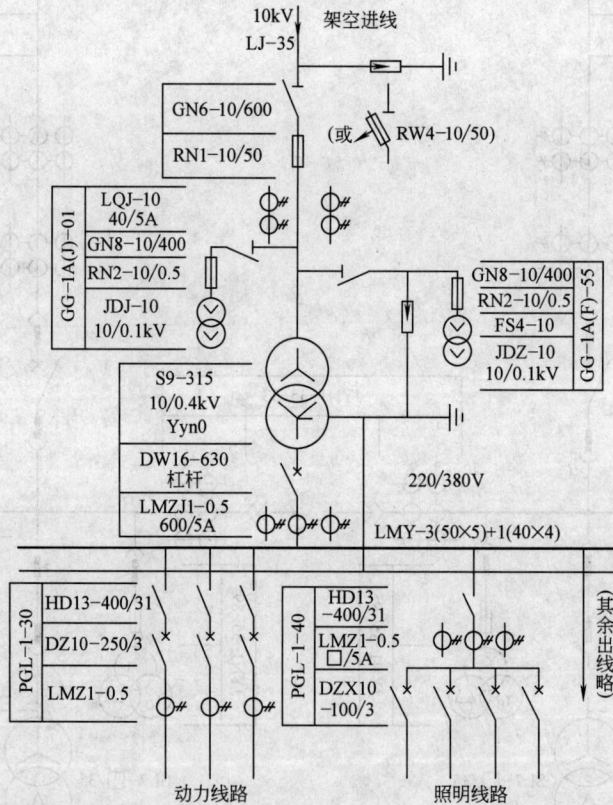

图 4-6　装有一台主变压器的 10kV 降压变电所主接线图

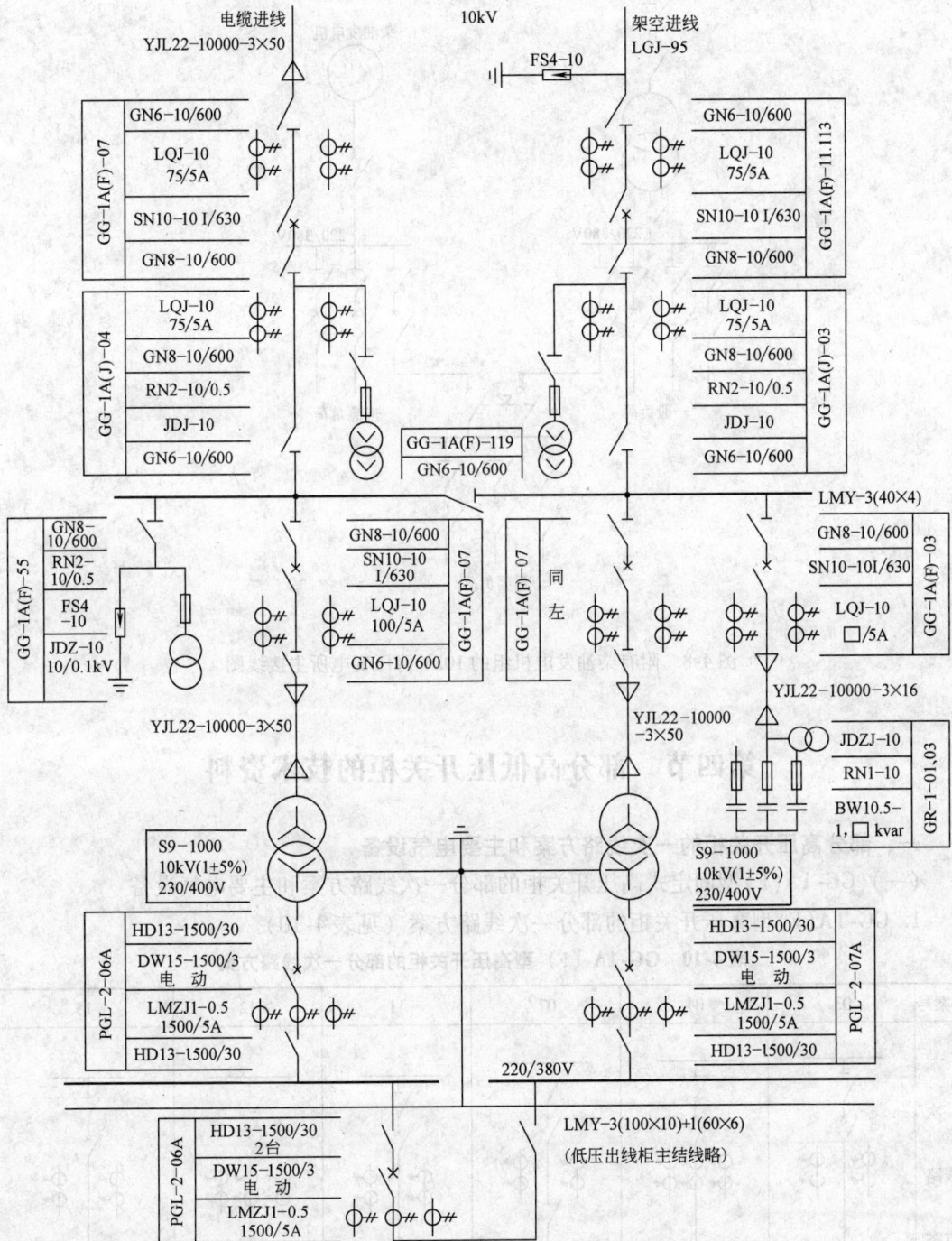

图 4-7　装有两台主变压器的 10kV 降压变电所主接线图

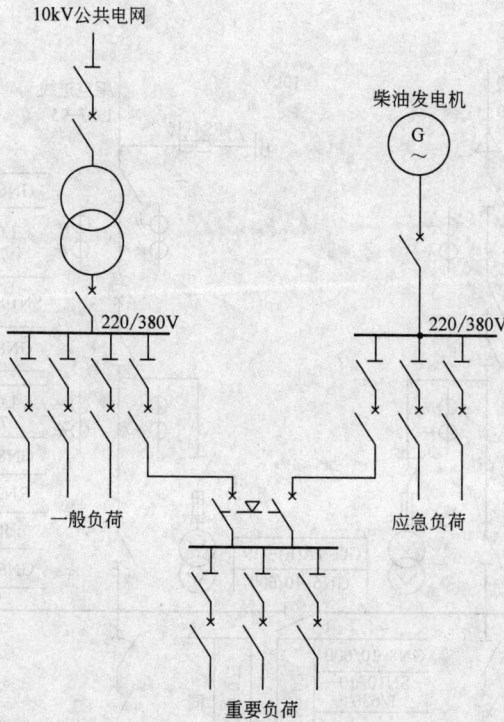

图 4-8　附有柴油发电机组的 10kV 降压变电所主接线图

第四节　部分高低压开关柜的技术资料

一、部分高压开关柜的一次线路方案和主要电气设备

（一）GG-1A（F）型固定式高压开关柜的部分一次线路方案和主要电气设备

1. GG-1A（F）型高压开关柜的部分一次线路方案（见表 4-10）

表 4-10　GG-1A（F）型高压开关柜的部分一次线路方案

方案号	03	04	07	11	12	15
一次线路方案						
用途	电缆出线		电缆进出	右联或左联		与 64165 配合使用

（续）

方案号	16	17	18	23	24	32
一次线路方案						
用途	同方案 15	进出线，右联		架空进出线		电缆出线
方案号	39	41	54	55	57	58
一次线路方案						
用途	电缆出线		互感器、避雷器柜		电缆进出并接互感器	
方案号	59	61	62	64	65	80
一次线路方案						
用途	同方案 57	左联或右联，并接互感器		与方案 15、16 配合使用		与方案 11、12 配合使用
方案号	96	106	107	113	119	122
一次线路方案						
用途	两路电缆进出	架空进出，左联或右联		架空进出	母线分段	左联或右联
备注	开关柜的价格，装真空断路器的柜价约比装少油断路器的柜价高出 1 万元。作为方案比较的粗略计算，这种开关柜的参考价可按每台 3～5 万元计（设计时可参考当时市场价）					

2. GG-1A(F)型高压开关柜的主要电气设备（见表4-11）

表 4-11　GG-1A（F）型高压开关柜的主要电气设备

名称	型号	主要技术数据
断路器	SN10-10 I	$U_N=10\text{kV}$，$I_N=630\text{A}$、1000A，$S_{oc}=300\text{MVA}$
	SN10-10 II	$U_N=10\text{kV}$，$I_N=1000\text{A}$，$S_{oc}=500\text{MVA}$
	SN10-10 III	$U_N=10\text{kV}$，$I_N=1250\text{A}$、2000A、3000A，$S_{oc}=750\text{MVA}$
	ZN4-10	$U_N=10\text{kV}$，$I_N=630\text{A}$、1000A，$S_{oc}=300\text{MVA}$
负荷开关	$FN\frac{2}{3}-10R$	$U_N=10\text{kV}$，$I_N=200\text{A}$
隔离开关	$GN\frac{6}{8}-10$（或 GN19-10）	$U_N=10\text{kV}$，$I_N=200\text{A}$、400A、600A、1000A
熔断器	$RN1-\frac{6}{10}$	$U_N=\frac{6}{10}\text{kV}$，$I_N=25\text{A}$、$50\text{A}$、$100\text{A}$
	$RN2-\frac{6}{10}$	$U_N=\frac{6}{10}\text{kV}$，$I_N=0.5\text{A}$
电流互感器	LA-10	$U_N=10\text{kV}$，$I_{1N}/I_{2N}=5\sim1000\text{A}/5\text{A}$
	LAJ-10（或 LQJ-10）	$U_N=10\text{kV}$，$I_{1N}/I_{2N}=20\sim800\text{A}/5\text{A}$
电压互感器	$JDZ-\frac{6}{10}$	$U_{1N}/U_{2N}=\frac{6}{10}\text{kV}/0.1\text{kV}$
	$JDZJ-\frac{6}{10}$	
避雷器	$FZ-\frac{6}{10}$	$U_N=\frac{6}{10}\text{kV}$（FCD 保护电机用）
	$FS-\frac{6}{10}$	
	$FCD-\frac{6}{10}$	
操作机构	CD10	电磁操作 SN10-10，操作电压 $\begin{cases}合~220\text{V}、110\text{V}\\分~220\text{V}、110\text{V}、48\text{V}、24\text{V}\end{cases}$
	CS2	手力操作 SN10-10I
	CS3T	手力操作 $FN\frac{2}{3}-10$（R）
	CS6-1	手力操作 $GN\frac{6}{8}-10T$
	CT8	弹簧储能操动 ZN4-10
外形尺寸：宽×深×高		方案122为苏州开关厂方案，柜宽500mm；其他方案一般为1200mm×1200mm×3100mm，架空线穿墙套管离地高度3.5m

（二）GG-1A(J)型高压计量柜的一次线路方案和主要电气设备

1. GG-1A(J)型高压计量柜的一次线路方案（见表4-12）

表 4-12 GG-1A（J）型高压计量柜的一次线路方案

一次线路方案号	01	02	03	04
（GG-1A-JL方案号）	JL-04	JL-03	JL-02	JL-01
一次线路方案				
备注				
一次线路方案号	05	06	07	08
（GG-1A-JL方案号）	JL-08	JL-07	JL-06	JL-05
一次线路方案				
备注	GG-1A-JL 为北京开关厂产品。计量柜可按每台 3.5 万元计或按 GG-1A 开关柜计价			

2. GG-1A(J)型高压计量柜的主要电气设备（见表 4-13） 柜的外形尺寸，与 GG-1A (F)开关柜相同。

表 4-13 GG-1A（J）型高压计量柜的主要电气设备

名称	高压隔离开关	手力操动机构	高压熔断器	电流互感器	电压互感器	三相有功电能表	三相无功电能表	三相三线电力定量器
型号	GN6-10 GN8-10	CS6-1 CS6-2	RN2-10	LQJ-10	JDZ-$\frac{6}{10}$ JDJ-10	DS864	DX863	DSK$\frac{1}{2}$ （需要时装）

（三）JYN2-10 型间隔移开式户内交流金属封闭高压开关柜的部分一次线路方案和主要电气设备

1. JYN2-10 型高压开关柜的部分一次线路方案（见表 4-14）

表4-14　JYN2-10型高压开关柜的部分一次线路方案

方案号	01	02	03	04	05	07	08
一次线路方案							
用途	电缆进、出线				电缆进出带计量	左、右联络	

方案号	09	10	12	20	24	26	30
一次线路方案							
用途	架空进线及联络		隔离及联络	电压互感器和避雷器	同方案20兼电缆进出线	所用变压器	电压互感器

方案号	31	32	33	34	35	36	37
一次线路方案							
用途	电缆进、出线		左、右联络		架空进线兼联络		隔离及联络

备注	1. 型号"JYN2-10",按GB/T 11022—1999规定,亦有作"JYN2-12"者(参看表5-12及有关说明) 2. 方案号01~12,额定电流为630A、800A;方案号24,额定电流为800A;方案号31~37,额定电流为1000A 3. 开关柜的价格,装真空断路器的柜价约比装少油断路器的柜价高出1万元。作为方案比较的粗略计算,开关柜参考价可按每台6~8万元计(设计时可参考当时市场价)

2. JYN2-10 型高压开关柜的主要电气设备（见表 4-15）

表 4-15　JYN2-10 型高压开关柜的主要电气设备

名称	型号	主要技术数据
断路器	SN10-10 $\begin{matrix}\text{I}\\\text{II}\\\text{III}\end{matrix}$ C	$\begin{matrix}630\text{A}\qquad\qquad 300\text{MV}\cdot\text{A}\\ U_\text{N}=10\text{kV},I_\text{N}=1000\text{A},S_{oc}=500\text{MV}\cdot\text{A}\\ 1250\text{A}\qquad\qquad 750\text{MV}\cdot\text{A}\end{matrix}$
	ZN□10/1000	$U_\text{N}=10\text{kV},I_\text{N}=1000\text{A},S_{oc}=300\text{MV}\cdot\text{A}$
操动机构	CD10 $\begin{matrix}\text{I}\\\text{II}\\\text{III}\end{matrix}$ C	$\begin{matrix}\text{I}\\\text{分别操动 SN10-10 II C}\\\text{III}\end{matrix}$
	CT□	操动 ZN□-10
电流互感器	LZZB6-10	$I_\text{1N}/I_\text{2N}=5\sim300\text{A}/5\text{A}$
	LZZQB6-10	$I_\text{1N}/I_\text{2N}=100\sim1500\text{A}/5\text{A}$
电压互感器	JDZ6-$\frac{6}{10}$	$U_\text{1N}/U_\text{2N}=\frac{6}{10}\text{kV}/0.1\text{kV}$
	JDZJ6-$\frac{6}{10}$	
高压熔断器	RN2-10	$I_\text{N}=0.5\text{A}$(保护电压互感器用)
	RN3-10	$I_\text{N}=50\text{、}75\text{、}200\text{A},S_{oc}=200\text{MV}\cdot\text{A}$
避雷器	FS2-$\frac{6}{10}$	$U_\text{N}=\frac{6}{10}\text{kV}$
	FCD3-$\frac{6}{10}$	$U_\text{N}=\frac{6}{10}\text{kV}$(保护电机用)
所用变压器	SCL-$\frac{6}{10}$	$S_\text{N}=30\text{kV}\cdot\text{A 或 }50\text{kV}\cdot\text{A}$
柜外形尺寸 宽×深×高		$840\text{mm}\times1500\text{mm}\times2200\text{mm}\left(\text{采用 SN10-10 }\frac{\text{I}}{\text{II}}\right),1000\text{mm}\times1500\text{mm}\times2200\text{mm}\left(\text{采用 SN10-10 III}\right)$

（四）JYN1-35 型间隔移开户内交流封闭式高压开关柜的部分一次线路方案和主要电气设备

1. JYN1-35 型高压开关柜的部分一次线路方案（见表 4-16）

表 4-16　JYN1-35 型高压开关柜的部分一次线路方案

方案号	03	04	06	07	09	10	11
一次线路方案							
用途	架空进出线						

（续）

方案号	14	15	17	18	20	21	22
一次线路方案							
用途				电缆进出线			
方案号	25	26	28	29	31	32	33
一次线路方案							
用途				左右联络			
方案号	36	37	38	43	44	50	51
一次线路方案							
用途	架空进出线兼联络		架空进出线			电缆进出线	
方案号	52	63	65	82	83	86	87
一次线路方案							
用途	左右联络	柜后架空进出线兼联络		电压互感器兼联络		电压互感器兼架空进出线及联络	

（续）

方案号	89	90	95	97	100	101	102
一次线路方案							
用途	电压互感器	电压互感器兼电缆进出	电压互感器兼架空进出及联络		所用变压器兼架空进出及联络	所用变压器	避雷器

方案号	103	105	106	108	109	111	112
一次线路方案							
用途	避雷器兼电缆进出线	避雷器兼联络		避雷器兼架空进出线及联络		避雷器兼电压互感器	

备注	1. 型号"JYN1-35"，按 GB/T 11022—1999 规定，亦有作"JYN-40.5"者（参看表 5-12 及有关说明） 2. 作为方案比较的粗略计算时，开关柜参考价可按每台 10～12 万元计（设计时可参考当时市场价）

2. JYN1-35 型高压开关柜的主要电气设备（见表 4-17）

表 4-17　JYN1-35 型高压开关柜的主要电气设备

名　称	型　号	主要技术数据
断路器	SN10-35	$U_N = 35kV$, $I_N = 1250A$, $I_{oc} = 20kA$
操动机构	CD10	合闸线圈 $\begin{cases} 110V(229A) \\ 220V(114A) \end{cases}$ 分闸线圈 $\begin{cases} 24V(22.6A), 48V(11.3A), \\ 110V(5A), 220V(2.5A) \end{cases}$
电流互感器	LCZ-35	$I_{1N}/I_{2N} = 20 \sim 1000A/5A$
电压互感器	JDJ2-35	$U_{1N}/U_{2N} = 35kV/0.1kV$
	JDJJ2-35	$\dfrac{35kV}{\sqrt{3}} \Big/ \dfrac{0.1kV}{\sqrt{3}} \Big/ \dfrac{0.1kV}{3}$

（续）

名　称	型　号	主要技术数据
熔断器	RN2-35	$U_N = 35kV, I_N = 0.5A, I_{oc} = 17kA$
	RW10-35/2	$U_N = 35kV, I_N = 2A, I_{oc} = 16.5kA$
避雷器	FZ-35	$U_N = 35kV$
	FYZ1-35	
所用变压器	S9-50/35	$U_{1N}/U_{2N} = 35kV/0.4kV, S_N = 50kV \cdot A$
柜外形尺寸　宽×深×高		$1818mm \times 2400mm \times 2925mm$

（五）KYN18A-12 型铠装移开式户内金属封闭高压开关柜的一次线路方案和主要技术参数

1. KYN18A-12 型高压开关柜的一次线路方案（见表 4-18）

表 4-18　KYN18A-12 型高压开关柜的一次线路方案

（续）

方案编号	24	25	26	27	28	29	30
一次线路图							

方案编号	31	32	33	34	35	36	101
一次线路图							

方案编号	102	103	104	105	106	107	108
一次线路图							

方案编号	109	110	111	112	113	114	115
一次线路图							

（续）

方案编号	116	117	118	119	JL1	JL2	
一次线路图							
备注	作为方案比较的粗略计算时,开关柜参考价可按每台 12 ~ 15 万元计(设计时可参考当时市场价)						

2. KYN18A-12 型高压开关柜的主要技术参数（见表4-19）

表4-19　KYN18A-12 型高压开关柜的主要技术参数

名称	单位	参数	名称	单位	参数
额定电压	kV	3.6、7.2、12	额定 1min 工频耐受电压	kV	42
所在系统额定电压	kV	3、6、10	外壳防护等级		IP4X
额定电流	A	630 ~ 3150	真空断路器		根据用户要求配用 ZN12-12、ZN65A-12 或 3AH-12 等型
额定开断电流	kA	31.5、40			
额定热稳定电流(4s)	kA	31.5、40			
额定动稳定电流	kA	80、100	外形尺寸	mm	$1775 \times \frac{900}{1000} \times 2130$
额定雷电冲击耐受电压	kV	75	重量	kg	900

二、部分低压开关柜的一次线路方案和主要电气设备

（一）PGL 型低压配电屏的部分一次线路方案和主要电气设备

1. PGL 型低压配电屏的部分一次线路方案（见表4-20）　其中有些方案因采用的电器规格不同又细分为 A、B 或 A、B、C、D、E 等型,详见有关手册。

表4-20　PGL 型低压配电屏的部分一次线路方案

方案号	01	02	03	04	05	06	07
一次线路方案							
用途	电缆受电		受电或配电架空受电或配电可与方案01配合组成电缆进线柜			架空受电或联络	

（续）

方案号	08	09	13	14	15	19	20
一次线路方案	备用线						
用途	受电或配电		联络及配电			配电	

方案号	21	22	25	26	27	28	29
一次线路方案							
用途				配 电			

方案号	30	34	35	37	38	40	41
一次线路方案							
用途			配 电			照明	动力及照明

2. PGL 型低压配电屏的主要电气设备（见表4-21）

表4-21 PGL型低压配电屏的主要电气设备

名 称	型 号 规 格	
	PGL1 型屏	PGL2 型屏
低压断路器	DW10 *	DW15
	DZ10 *	DZ20 或 DZX10
低压刀开关	HD13、HS13、HR3	
低压熔断器	RT0	

（续）

名　　称	型　号　规　格	
	PGL1 型屏	PGL2 型屏
接触器	CJ10 *	CJ20
电流互感器	LMZ1-0.5、LMZJ1-0.5	
电压互感器	JDG4-0.5	
备注	1. 标 * 号的几个产品先后被列为淘汰产品,可分别以相当的新产品代替,例如 DW10 可以 DW16 代替, DW16 既具有 DW10 使用维护简便和价廉的优点,又克服了 DW10 的一些缺陷,大大改善了技术性能 2. PGL 低压配电屏的外形尺寸(单位为 mm):深 600,高 2200,而宽有 400、600、800、1000 等 4 种	

（二）GGD 型低压开关柜的部分一次线路方案和主要电气设备

1. GGD 型低压开关柜的部分一次线路方案（见表 4-22）　根据柜内电器型号的不同, 又分 1、2、3 型;其中各种方案,又因电器规格不同,又细分 A、B、C 型。详见有关手册。

表 4-22　GGD 型低压开关柜的部分一次线路方案

方案号	02	03	04	05	06	07	08
一次 线路 方案							
用途	受电、配电		配电		配电		左右联络

方案号	09	10	12	13	18	22	23
一次 线路 方案							
用途	受电、配电			受电		联络、配电	联络

方案号	24	25	33	34	35	36	37
一次 线路 方案							
用途	配电、备用		配电				

（续）

方案号	39	42	43	44	46	47	50
一次线路方案							
用途	配电		电压互感器、配电		配电		

方案号	51	52	54	57	58	GGJ1-01	GGJ1-02
一次线路方案							
用途	配电		照明		供电动机	补偿主柜	补偿辅柜

2. GGD 型低压开关柜的主要电气设备（见表4-23）

表 4-23　GGD 型低压开关柜的主要电气设备

名　称		型　号　规　格		
		GGD1 柜	GGD2 柜	GGD3 柜
低压刀开关			$\frac{HD}{HS}$13B□-1500/30	
			$\frac{HD}{HS}$13B□-100~630/31	
刀熔开关			HR5-100~630/31	
隔离开关			2000A、2500A、3200A	
低压断路器		DW15-1600/3 电动		ME-630、2500、2505、3205 电动
		DW15-1000/3 电动		DWX15-400、630/3 电磁
		DW15-200、400、630/3 电磁		DZX10-200、400、630/3
接触器				B37、45、65、85、105、170
		CJ10、20-63、100、160、250、400、630/3		
电流互感器		LMZ1、2、3-0.66，□/5A		
电压互感器		JDG-0.5，380/100V		
外形尺寸	宽/mm	600、800、1000		800、1000、1200
	深/mm	600	600、800	600、800
	高/mm	2200		

第五章 短路计算及一次设备的选择

第一节 短路电流的计算

对一般工厂来说，电源方向的大型电力系统可看作是无限大容量的系统。无限大容量系统的基本特点是其母线电压可视为总维持不变。这里只介绍无限大容量系统中的短路计算。

一、短路计算的方法与步骤

（一）欧姆法（有名单位制法）

1. 绘计算电路图，选短路计算点 计算电路图上应将短路计算中需计入的所有电路元件的额定参数都表示出来，并将各个元件依次编号，如图 5-1 所示。

短路计算点应选择得使需要进行短路校验的电气元件有最大可能的短路电流通过。

2. 计算短路回路中各主要元件的阻抗

（1）电力系统的电抗（单位为 Ω，电阻不计）

$$X_s = \frac{U_c^2}{S_{oc}} \qquad (5-1)$$

图 5-1 短路计算电路示例

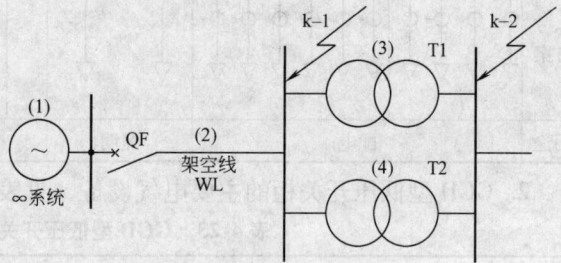

式中 U_c——短路计算点的计算电压（单位为 kV），取为比所在电网额定电压 U_N 高 5%，
　　　　即 $U_c = 1.05U_N$，如 0.4、3.15、6.3、10.5、37kV 等；

　　　　S_{oc}——电力系统出口断路器的断流容量，单位为 MV·A。

（2）电力线路的阻抗（单位为 Ω）

电阻 $\qquad\qquad\qquad\qquad R_{WL} = R_0 l \qquad\qquad\qquad\qquad\qquad\qquad (5-2)$

电抗 $\qquad\qquad\qquad\qquad X_{WL} = X_0 l \qquad\qquad\qquad\qquad\qquad\qquad (5-3)$

式中 l——线路长度，单位为 km；

　　　　R_0——线路单位长度电阻，单位为 Ω/km；

　　　　X_0——线路单位长度电抗，单位为 Ω/km。

R_0、X_0 可查有关手册，见表 8-36、表 8-37 及表 8-42，其中 X_0 亦可采用表 5-1 所示的电抗平均值。

表 5-1 电力线路单位长度电抗平均值

线路结构	单位长度电抗平均值/(Ω·km⁻¹)		
	35~110kV	6~10kV	220/380V
架空线路	0.40	0.35	0.32
电缆线路	0.12	0.08	0.066

（3）电力变压器的阻抗（单位为 Ω）

电阻

$$R_\mathrm{T} = \Delta P_\mathrm{k}\left(\frac{U_\mathrm{c}}{S_\mathrm{N}}\right)^2 \tag{5-4}$$

电抗

$$X_\mathrm{T} = \frac{U_\mathrm{k}\% \, U_\mathrm{c}^2}{100 S_\mathrm{N}} \times 10^3 \tag{5-5}$$

式中　ΔP_k——变压器的短路损耗（又称负载损耗），单位为 W；

$U_\mathrm{k}\%$——变压器的短路电压（又称阻抗电压）百分值；

S_N——变压器的额定容量，单位为 kV·A；

U_c——短路计算点的计算电压，单位为 kV。

ΔP_k、$U_\mathrm{k}\%$ 可查有关手册，如表 3-1 ~ 表 3-3 所示。

3. 绘短路回路等效电路，并计算总阻抗　对选定的短路计算点，绘短路回路等效电路，如图 5-2 所示。等效电路图上标注的元件阻抗值必须换算到短路计算点的电压。对电力系统电抗和变压器阻抗来说，其阻抗计算公式中的 U_c 采用短路计算点的计算电压即相当于已经换算。而线路的阻抗，则必须按下列公式进行换算：

电阻

$$R'_\mathrm{WL} = R_\mathrm{WL}\left(\frac{U'_\mathrm{c}}{U_\mathrm{c}}\right)^2 \tag{5-6}$$

电抗

$$X'_\mathrm{WL} = X_\mathrm{WL}\left(\frac{U'_\mathrm{c}}{U_\mathrm{c}}\right)^2 \tag{5-7}$$

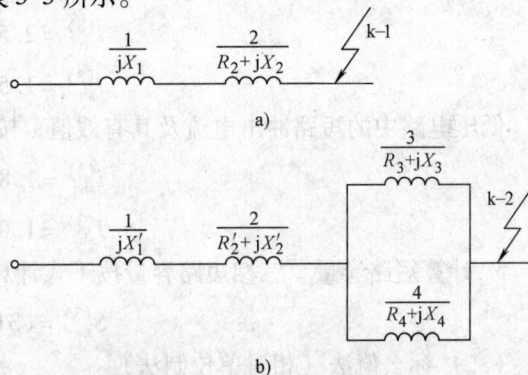

图 5-2　图 5-1 所示电路的短路等效电路

a）k – 1 点短路　b）k – 2 点短路

式中　R_WL、X_WL——在计算电压为 U_c（即 $1.05 U_\mathrm{N}$）的电网中的线路电阻和电抗值；

R'_WL、X'_WL——换算为短路计算点计算电压为 U'_c（即 $1.05 U'_\mathrm{N}$）的线路电阻和电抗值。

图 5-2 中对 k – 1 点的短路回路总阻抗为

总电阻

$$R_{\Sigma(k-1)} = R_2$$

总电抗

$$X_{\Sigma(k-1)} = X_1 + X_2$$

总阻抗

$$|Z_{\Sigma(k-1)}| = \sqrt{R_{\Sigma(k-1)}^2 + X_{\Sigma(k-1)}^2}$$

图 5-2 中对 k – 2 点的短路回路总阻抗为

总电阻

$$R_{\Sigma(k-2)} = R'_2 + R_3 /\!/ R_4 = R'_2 + \frac{R_3 R_4}{R_3 + R_4}$$

总电抗

$$X_{\Sigma(k-2)} = X'_1 + X'_2 + X_3 /\!/ X_4 = X'_1 + X'_2 + \frac{X_3 X_4}{X_3 + X_4}$$

总阻抗

$$|Z_{\Sigma(k-2)}| = \sqrt{R_{\Sigma(k-2)}^2 + X_{\Sigma(k-2)}^2}$$

4. 计算短路电流　分别对各短路计算点计算其三相短路电流周期分量 $I_\mathrm{k}^{(3)}$、短路次暂态短路电流 $I''^{(3)}$、短路稳态电流 $I_\infty^{(3)}$、短路冲击电流 $i_\mathrm{sh}^{(3)}$ 及短路后第一个周期的短路全电流有效值（又称短路冲击电流有效值）$I_\mathrm{sh}^{(3)}$。

三相短路电流周期分量有效值按下式计算：

$$I_k^{(3)} = \frac{U_c}{\sqrt{3}\,|Z_\Sigma|} = \frac{U_c}{\sqrt{3}\,\sqrt{R_\Sigma^2 + X_\Sigma^2}} \tag{5-8}$$

当 $R_\Sigma < X_\Sigma/3$ 时，可不计电阻 R_Σ，因此

$$I_k^{(3)} = \frac{U_c}{\sqrt{3}\,X_\Sigma} \tag{5-9}$$

在无限大容量系统中，存在下列关系：

$$I''^{(3)} = I_\infty^{(3)} = I_k^{(3)} \tag{5-10}$$

高压电路中的短路冲击电流及其有效值，按下列公式近似计算：

$$i_{sh}^{(3)} = 2.55 I''^{(3)} \tag{5-11}$$

$$I_{sh}^{(3)} = 1.51 I''^{(3)} \tag{5-12}$$

低压电路中的短路冲击电流及其有效值，按下列公式近似计算：

$$i_{sh}^{(3)} = 1.84 I''^{(3)} \tag{5-13}$$

$$I_{sh}^{(3)} = 1.09 I''^{(3)} \tag{5-14}$$

5. 计算短路容量　三相短路容量按下式计算：

$$S_k^{(3)} = \sqrt{3}\,U_c I_k^{(3)} \tag{5-15}$$

（二）标幺值法（相对单位制法）

1. 绘计算电路图，选短路计算点　与上述欧姆法相同。

2. 设定基准容量 S_d 和基准电压 U_d，并计算基准电流 I_d　一般设基准容量 $S_d = 100\mathrm{MVA}$，而设基准电压 $U_d = U_c$（短路计算电压，即 $1.05U_N$）。因此短路基准电流为

$$I_d = \frac{S_d}{\sqrt{3}\,U_d} = \frac{100\mathrm{MV \cdot A}}{\sqrt{3}\,U_c} \tag{5-16}$$

3. 计算短路回路中各主要元件的阻抗标幺值（一般只计电抗标幺值）

（1）电力系统的电抗标幺值

$$X_S^* = \frac{S_d}{S_{oc}} = \frac{100\mathrm{MV \cdot A}}{S_{oc}} \tag{5-17}$$

式中　S_{oc}——电力系统出口断路器的断流容量，单位为 $\mathrm{MV \cdot A}$。

（2）电力线路的电抗标幺值

$$X_{WL}^* = X_0 l \frac{S_d}{U_c^2} = X_0 l \frac{100\mathrm{MV \cdot A}}{U_c^2} \tag{5-18}$$

式中　U_c——线路所在电网的短路计算电压，单位为 kV，$U_c = 1.05U_N$。

采用标幺值计算时，无论短路计算点在哪里，线路的电抗标幺值不需换算。

（3）电力变压器的电抗标幺值

$$X_T^* = \frac{U_k\% S_d}{100 S_N} = \frac{U_k\%}{S_N} \tag{5-19}$$

式中　$U_k\%$——变压器的短路电压（又称阻抗电压）百分值；

　　　　S_N——变压器的额定容量（单位为 kV·A，但在此式应化为与 S_d 同单位 MV·A）。

4. 绘短路回路等效电路，并计算总阻抗（总电抗）标幺值　采用标幺值计算时，无论电路中有几个短路计算点，均只需绘一个等效电路，如图 5-3 所示。

图 5-3 中对 k－1 点的短路回路总电抗标幺值为

$$X^*_{\Sigma(k-1)} = X^*_1 + X^*_2$$

图 5-3 中对 k－2 点的短路回路总电抗标幺值为

$$X^*_{\Sigma(k-2)} = X^*_1 + X^*_2 + X^*_3 \parallel X^*_4$$

$$= X^*_1 + X^*_2 + \frac{X^*_3 X^*_4}{X^*_3 + X^*_4}$$

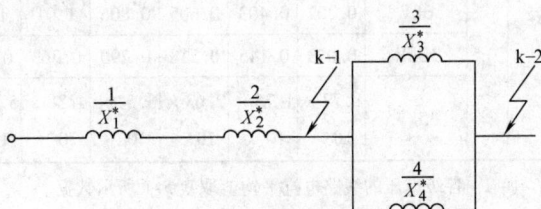

图 5-3　图 5-1 所示电路的短路
等效电路（标幺值法）

5. 计算短路电流　分别对各短路计算点计算各短路电流 $I_k^{(3)}$、$I''^{(3)}$、$I_\infty^{(3)}$、$i_{sh}^{(3)}$ 和 $I_{sh}^{(3)}$ 等。

$$I_k^{(3)} = \frac{I_d}{X^*_\Sigma} \tag{5-20}$$

其余短路电流的计算与上述欧姆法相同。

6. 计算短路容量

$$S_k^{(3)} = \frac{S_d}{X^*_\Sigma} = \frac{100 \text{MV} \cdot \text{A}}{X^*_\Sigma} \tag{5-21}$$

二、三相短路计算的实用数据

（一）三相短路回路中各主要元件的电抗值

1. 无限大容量电力系统的电抗值（见表 5-2）

表 5-2　无限大容量电力系统的电抗值

系统出口断路器断流容量/MV·A		100	200	250	300	350	400	500	750	1000
电力系统电抗/Ω	0.4kV	1.6×10^{-3}	8×10^{-4}	6.4×10^{-4}	5.33×10^{-4}	4.57×10^{-4}	4.0×10^{-4}	3.2×10^{-4}	2.13×10^{-4}	1.6×10^{-4}
	6.3kV	0.397	0.198	0.158	0.132	0.113	0.10	0.079	0.053	0.04
	10.5kV	1.103	0.551	0.441	0.368	0.315	0.276	0.221	0.147	0.11
	37kV	13.69	6.845	5.476	4.563	3.911	3.423	2.738	1.825	1.369
系统电抗标幺值（$S_d=100$MV·A）		1	0.5	0.4	0.333	0.286	0.25	0.2	0.133	0.1

2. 6～35kV 电力线路的电抗值（见表 5-3）

表 5-3　6～35kV 电力线路的电抗值

线路长度/km		1	2	3	4	5	6	7	8	9	10	12	14	16
电抗/Ω	架空线 6～10kV	0.35	0.70	1.05	1.40	1.75	2.10	2.45	2.80	3.15	3.50	4.20	4.90	5.60
	35kV	0.40	0.80	1.20	1.60	2.00	2.40	2.80	3.20	3.60	4.00	4.80	5.60	6.40
	电缆 6～10kV	0.08	0.16	0.24	0.32	0.40	0.48	0.56	0.64	0.72	0.80	0.96	1.12	1.28
	35kV	0.12	0.24	0.36	0.48	0.60	0.72	0.84	0.96	1.08	1.20	1.44	1.68	1.92

（续）

线路长度/km			1	2	3	4	5	6	7	8	9	10	12	14	16
电抗标幺值	架空线	6kV	0.88	1.76	2.65	3.53	4.41	5.29	6.17	7.05	7.99	8.82	10.6	12.3	14.1
		10kV	0.317	0.635	0.95	1.27	1.59	1.90	2.22	2.54	2.86	3.17	3.81	4.44	5.08
		35kV	0.029	0.058	0.088	0.117	0.146	0.175	0.205	0.234	0.263	0.292	0.351	0.409	0.467
	电缆	6kV	0.202	0.403	0.605	0.806	1.01	1.21	1.41	1.61	1.81	2.01	2.42	2.82	3.22
		10kV	0.073	0.145	0.218	0.290	0.363	0.435	0.508	0.580	0.653	0.726	0.870	1.02	1.16
		35kV	8.77×10^{-3}	1.75×10^{-2}	2.63×10^{-2}	3.51×10^{-2}	4.38×10^{-2}	5.26×10^{-2}	6.14×10^{-2}	7.01×10^{-2}	7.89×10^{-2}	8.77×10^{-2}	0.105	0.123	0.140

注：1. 各级电压的线路电抗平均值取表5-1所示数据。

2. 表中电抗标幺值的基准容量 $S_d = 100MV \cdot A$，基准电压 $U_d = U_c$（短路计算电压）。

3. 6~10/0.4kV变压器的电抗值见表5-4。

表5-4　6~10/0.4kV变压器的电抗值

变压器容量/kV·A	100		125		160		200		250		315		400		500	
短路电压(%)	4	4.5	4	4.5	4	4.5	4	4.5	4	4.5	4	4.5	4	4.5	4	4.5
电抗/mΩ(0.4kV)	64	72	51.2	57.6	40	45	32	36	25.6	28.8	20.3	22.9	16	18	12.8	14.4
电抗标幺值($S_d=100MV \cdot A$)	40	45	32	36	25	28.1	20	22.5	16	18	12.7	14.3	10	11.3	8	9

变压器容量/kV·A	630				800			1000			1250			1600		
短路电压(%)	4	4.5	5	6	4.5	5	6	4.5	5	6	4.5	5	6	4.5	5	6
电抗/mΩ(0.4kV)	10.2	11.4	12.7	15.2	9	10	12	7.2	8	9.6	5.76	6.4	7.68	4.5	5	6
电抗标幺值($S_d=100MV \cdot A$)	6.35	7.14	7.94	9.52	5.63	6.25	7.5	4.5	5	6	3.6	4	4.8	2.81	3.13	3.75

4. 35/6~10kV变压器的电抗值（见表5-5）

表5-5　35/6~10kV变压器的电抗值

变压器容量/kV·A		800	1000	1250	1600	2000	2500		3150	4000	5000	6300
短路电压(%)		6.5	6.5	6.5	6.5	6.5	6.5	7	7	7	7	7.5
电抗/Ω	6kV	3.22	2.58	2.06	1.61	1.29	1.03	1.11	0.88	0.69	0.56	0.47
	10kV	8.96	7.17	5.73	4.48	3.58	2.87	3.09	2.45	1.93	1.54	1.31
电抗标幺值($S_d=100MV \cdot A$)		8.13	6.5	5.2	4.06	3.25	2.6	2.8	2.2	1.75	1.4	1.19

（二）按总电抗标幺值计算的三相短路电流和短路容量值（见表5-6）

表5-6　按总电抗标幺值计算的三相短路电流和短路容量值（$S_d = 100MV \cdot A$）

总电抗标幺值	6kV 短路电流 kA			10kV 短路电流 kA			35kV 短路电流 kA			380V 短路电流 kA			三相短路容量 MV·A
X_Σ^*	$I_k^{(3)}$	$i_{sh}^{(3)}$	$I_{sh}^{(3)}$	$I_k^{(3)}$	$i_{sh}^{(3)}$	$I_{sh}^{(3)}$	$I_k^{(3)}$	$i_{sh}^{(3)}$	$I_{sh}^{(3)}$	$I_k^{(3)}$	$i_{sh}^{(3)}$	$I_{sh}^{(3)}$	MV·A
1.0	9.16	23.4	13.8	5.50	14.0	8.31	1.56	3.98	2.36	144	265	157	100
1.5	6.11	15.6	9.23	3.67	9.36	5.54	1.04	2.65	1.57	96.2	177	105	66.7
2.0	4.58	11.7	6.99	2.75	7.01	4.15	0.78	1.99	1.18	72.2	133	78.7	50

（续）

总电抗标幺值 X_Σ^*	6kV 短路电流 kA			10kV 短路电流 kA			35kV 短路电流 kA			380V 短路电流 kA			三相短路容量 MV·A
	$I_k^{(3)}$	$i_{sh}^{(3)}$	$I_{sh}^{(3)}$	$I_k^{(3)}$	$i_{sh}^{(3)}$	$I_{sh}^{(3)}$	$I_k^{(3)}$	$i_{sh}^{(3)}$	$I_{sh}^{(3)}$	$I_k^{(3)}$	$i_{sh}^{(3)}$	$I_{sh}^{(3)}$	
2.5	3.65	9.36	5.54	2.20	5.61	3.32	0.62	1.58	0.94	57.7	106	62.9	40
3.0	3.05	7.78	4.61	1.83	4.67	2.76	0.52	1.33	0.79	48.1	88.5	52.4	33.3
3.5	2.62	6.68	3.96	1.57	4.00	2.37	0.45	1.15	0.68	41.2	75.8	44.9	28.6
4.0	2.29	5.84	3.46	1.37	3.49	2.07	0.39	0.99	0.59	36.1	66.4	39.3	25
4.5	2.04	5.20	3.08	1.22	3.11	1.99	0.35	0.89	0.53	32.1	59.1	35.0	22.2
5.0	1.83	4.67	2.76	1.10	2.81	1.66	0.31	0.79	0.47	28.9	53.2	31.5	20
5.5	1.67	4.26	2.52	1.00	2.55	1.51	0.28	0.71	0.42	26.2	48.2	28.6	18.2
6.0	1.53	3.90	2.31	0.92	2.35	1.39	0.26	0.66	0.39	24.1	44.3	26.3	16.7
6.5	1.41	3.60	2.13	0.85	2.17	1.28	0.24	0.61	0.36	22.2	40.8	24.2	15.4
7.0	1.31	3.34	1.98	0.79	2.01	1.19	0.22	0.56	0.33	20.6	37.9	22.5	14.3
7.5	1.22	3.11	1.84	0.73	1.86	1.10	0.21	0.54	0.32	19.2	35.3	20.9	13.3
8.0	1.15	2.93	1.74	0.69	1.76	1.04	0.20	0.51	0.30	18.0	33.1	19.6	12.5
8.5	1.08	2.75	1.63	0.65	1.66	0.98	0.18	0.46	0.27	17.0	31.3	18.5	11.8
9.0	1.02	2.60	1.54	0.61	1.56	0.92	0.17	0.43	0.26	16.0	29.4	17.4	11.1
9.5	0.96	2.45	1.45	0.58	1.48	0.88	0.16	0.41	0.24	15.2	28.0	16.6	10.5
10	0.92	2.36	1.39	0.55	1.40	0.83	0.15	0.38	0.23	14.4	26.5	15.7	10
11	0.83	2.12	1.25	0.50	1.28	0.76	0.14	0.36	0.21	13.1	24.1	14.3	9.09
12	0.76	1.94	1.15	0.46	1.17	0.69	0.13	0.33	0.20	12.0	22.1	13.1	8.33
13	0.70	1.79	1.06	0.42	1.07	0.63	0.12	0.31	0.18	11.1	20.4	12.1	7.69
14	0.65	1.66	0.98	0.39	0.99	0.59	0.11	0.28	0.17	10.3	19.0	11.2	7.14
15	0.61	1.56	0.92	0.37	0.94	0.56	0.10	0.26	0.15	9.62	12.7	10.5	6.67

三、两相短路电流的计算

无限大容量电力系统中，两相短路电流周期分量有效值（单位为 kA）按下式计算：

$$I_k^{(2)} = \frac{\sqrt{3}}{2}I_k^{(3)} = 0.866I_k^{(3)} \tag{5-22}$$

式中　$I_k^{(3)}$——同一短路点的三相短路电流周期分量有效值，单位为 kA。

四、单相短路电流的计算

单相短路电流（单位为 kA）可按下式计算：

$$I_k^{(1)} = \frac{U_{c(\varphi)}}{|Z_{\Sigma(\varphi)}|} \tag{5-23}$$

式中　$U_{c(\varphi)}$——单相短路回路的计算电压，单位为 kV；

　$|Z_{\Sigma(\varphi)}|$——单相短路回路总的计算阻抗（单位为 Ω），$|Z_{\Sigma(\varphi)}| = \sqrt{R_{\Sigma(\varphi)}^2 + X_{\Sigma(\varphi)}^2}$。

表 5-7 ~ 表 5-10 为单相短路回路中主要元件的计算阻抗（即"相-零阻抗"）近似值，供设计计算参考。

表 5-7　R10 容量系列的 6 ~ 10/0.4kV 变压器低压侧单相短路电流的计算阻抗近似值

变压器容量 kV·A	Yyn0 联　　结		Dyn11 联　　结	
	计算电阻/mΩ	计算电抗/mΩ	计算电阻/mΩ	计算电抗/mΩ
100	125	178	31	54
125	105	145	26	44
160	93	129	19	35
200	78	108	15	28
250	61	88	11	24
315	46	70	8.5	18
400	35	58	6.3	15
500	23	45	4.9	12
630	16	35	4.0	11
800	14	26	3.0	8.5
1000	13	20	2.3	6.8
1250	11	16	1.8	5.5
1600	8.8	14	1.3	4.3

注：表中计算电阻和计算电抗值分别按其正序、负序和零序电阻和电抗值之和的 1/3 求得。

表 5-8　220/380V 三相架空线路单相短路的计算阻抗近似值

导线（线芯）额定截面积 mm²	计算电阻 mΩ·m⁻¹				计算电抗 mΩ·m⁻¹
	裸绞线（70℃）		绝缘导线（65℃）		
	铝	铜	铝	铜	
10	—	4.460	7.316	4.386	0.773
16	4.696	3.788	4.572	3.742	0.747
25	3.006	1.784	2.956	1.754	0.713
35	2.146	1.274	2.112	1.254	0.693
50	1.502	0.892	1.492	0.886	0.673
70	1.074	0.638	1.066	0.632	0.653
95	0.792	0.470	0.786	0.466	0.627
120	0.632	0.376	0.622	0.372	0.613
150	0.506	0.300	0.498	0.298	0.593
185	0.406	0.244	0.404	0.244	0.573

（计算电抗示意图：A　B　N　C，线距 A-B 为 400，B-N 为 600，N-C 为 400，线距单位：mm）

注：假设 N 线或 PEN 线与相线的截面、材料均同。

表 5-9 220/380V 三相绝缘子布线线路单相短路的计算阻抗近似值

绝缘导线线芯额定截面积 mm²	计算电阻 mΩ·m⁻¹ (65℃)		计算电抗 mΩ·m⁻¹ 相间距离/mm		
	铝	铜	70	100	150
1	73.16	45.42	0.697	0.741	0.791
1.5	48.77	28.95	0.673	0.716	0.767
2.5	29.26	17.37	0.645	0.685	0.737
4	18.29	10.86	0.611	0.655	0.707
6	12.19	7.238	0.585	0.631	0.681
10	7.316	4.386	0.547	0.591	0.643
16	4.572	3.742	0.515	0.561	0.611
25	2.956	1.754	0.489	0.533	0.583
35	2.112	1.254	0.467	0.513	0.563
50	1.492	0.886	0.443	0.489	0.537
70	1.066	0.632	0.423	0.469	0.517
95	0.786	0.466	0.397	0.443	0.493
120	0.622	0.372	0.383	0.429	0.478
150	0.498	0.298	0.369	0.413	0.464
185	0.404	0.244	0.355	0.399	0.448

注：假设 N 线或 PEN 线与相线的截面、材料均同。

表 5-10 220/380V 三相四线和五线穿钢管或穿塑料管布线

（管内含 PEN 线或 PE 线）单相短路计算阻抗近似值

绝缘导线线芯额定截面积 mm²	PEN(或 PE)线截面与相线相同			PEN(或 PE)线截面比相线小一级		
	计算电阻/(mΩ·m⁻¹)		计算电抗 mΩ·m⁻¹	计算电阻/(mΩ·m⁻¹)		计算电抗 mΩ·m⁻¹
	铝	铜		铝	铜	
1.5	49	29	0.32	61	37	0.32
2.5	29	17	0.29	39	23	0.29
4	18	11	0.28	24	14	0.28
6	12	7.2	0.26	15	9.0	0.27
10	7.3	4.2	0.26	10	5.8	0.26
16	4.5	2.7	0.25	6.0	3.6	0.25
25	2.9	1.8	0.23	3.8	2.2	0.24
35	2.1	1.3	0.22	2.4	1.5	0.23
50	1.5	0.9	0.21	1.8	1.1	0.22
70	1.1	0.6	0.21	1.3	0.8	0.21
95	0.8	0.5	0.21	0.9	0.6	0.21
120	0.6	0.4	0.20	0.7	0.5	0.20
150	0.5	0.3	0.20	0.6	0.4	0.20

第二节　一次设备的选择与校验

一、一次设备选择与校验的条件与项目

为了保证一次设备安全可靠地运行，必须按下列条件选择和校验：

1）按正常工作条件包括电压、电流、频率及开断电流等选择。

2）按短路条件包括动稳定和热稳定进行校验。

3）考虑电气设备运行的环境条件如温度、湿度、海拔以及有无防尘、防腐、防火、防爆等要求。

4）按各类设备的不同特点和要求如断路器的操作性能、互感器的二次负荷和准确度级等进行选择。

选择一次设备时应考虑和校验的项目如表 5-11 所示。

表 5-11　一次设备的选择和校验项目

一次设备名称	额定电压/V	额定电流/A	开断电流/kA	短路电流校验		环境条件	其　　他
				动稳定	热稳定		
高低压熔断器	√	√	√	✗	—	√	
高压隔离开关	√	√	—	√	√	√	操作性能
高压负荷开关	√	√	√	√	√	√	操作性能
高压断路器	√	√	√	√	√	√	操作性能
低压刀开关	√	√	√	✗	✗	√	操作性能
低压负荷开关	√	√	√	✗	✗	√	操作性能
低压断路器	√	√	√	✗	✗	√	操作性能
电流互感器	√	√	—	√	√	√	二次负荷，准确级
电压互感器	√	—	—	—	—	√	二次负荷，准确级
并联电容器	√	√	—	—	—	√	额定容量
母线	—	√	—	√	√	√	
电缆	√	√	—	—	√	√	
支柱绝缘子	√	—	—	√	—	√	
穿墙套管	√	√	—	√	√	√	

注：表中"√"表示为必须校验项目，"—"表示为不必校验项目，"✗"表示为一般可不校验项目。

二、按正常工作条件选择

1. 按工作电压选择　设备的额定电压 $U_{N.e}$ 一般不应小于所在系统的额定电压 U_N，即

$$U_{N.e} \geq U_N \tag{5-24}$$

必须说明：按 GB/T 11022—1999《高压开关设备和控制设备标准的共同技术要求》规定，高压设备的额定电压应按其允许的最高工作电压来标注，如表 5-12 所示。因此高压设备的额定电压（最高工作电压）$U_{N.e}$ 应不小于其所在系统的最高电压 U_{max}，即

$$U_{N.e} \geq U_{max} \tag{5-25}$$

表 5-12　系统的额定电压、最高电压及高压设备的额定电压

系统额定电压 U_N/kV	3	6	10	35	…
系统最高电压 U_{max}/kV	3.5	6.9	11.5	40.5	…
高压开关设备、互感器及支柱绝缘子额定电压 $U_{N \cdot e}$/kV	3.6	7.2	12	40.5	…
穿墙套管额定电压 $U_{N \cdot e}$/kV	—	6.9	11.5	40.5	…
熔断器额定电压 $U_{N \cdot e}$/kV	3.5	6.9	12	40.5	…

注：1. 表中"系统最高电压"，系指系统正常运行时，在任何时候、系统中任何一点可能出现的电压最高值，不包括系统的暂态和异常电压。

　　2. 表中"设备额定电压"，系为设备的最高工作电压，据 GB/T11022—1999《高压开关设备和控制设备标准的共同技术要求》规定，主要适用于新生产的一些高压设备。

2. **按工作电流选择**　设备的额定电流 $I_{N \cdot e}$ 不应小于所在电路的计算电流 I_{30}，即

$$I_{N \cdot e} \geqslant I_{30} \tag{5-26}$$

3. **按断流能力选择**　设备的额定开断电流 I_{oc} 或断流容量 S_{oc}，对分断短路电流的设备（如断路器）来说，不应小于它可能分断的最大短路电流有效值 $I_k^{(3)}$ 或短路容量 $S_k^{(3)}$，即

$$I_{oc} \geqslant I_k^{(3)} \tag{5-27}$$

或

$$S_{oc} \geqslant S_k^{(3)} \tag{5-28}$$

对于分断负荷电流的设备（如负荷开关）来说，则为

$$I_{oc} \geqslant I_{OL \cdot max} \tag{5-29}$$

式中　$I_{OL \cdot max}$——最大过负荷电流。

三、按短路条件校验

短路条件校验，就是校验电器和导体在短路时的动稳定和热稳定。

校验短路动稳定时，当短路计算点附近（隔有变压器者除外）接有较大容量（大于 $100kW^{[18]}$）的交流电动机或电动机组时，或按 GB50054—2011《低压配电设计规范》规定，短路计算点附近所接电动机组额定电流之和超过短路电流的 1% 时，应计入这些电动机在短路时反馈冲击电流的影响。

交流电动机短路时的反馈冲击电流 $i_{sh \cdot M}$ 可按下式计算：

$$i_{sh \cdot M} = CK_{sh \cdot M}I_{N \cdot M} \tag{5-30}$$

式中　$I_{N \cdot M}$——电动机的额定电流；

　　$K_{sh \cdot M}$——电动机的短路冲击系数，对 3~10kV 电动机可取为 1.4~1.6，对 380V 电动机则取为 1；

　　C——电动机的反馈冲击倍数，感应电动机取 6.5，同步电动机取 7.8，同步补偿机取 10.5。

由于交流电动机的短路反馈电流衰减极快，因此只在考虑短路冲击电流时才需计入其影响。

1. **隔离开关、负荷开关和断路器的短路稳定度校验**

（1）动稳定校验条件

$$i_{max} \geqslant i_{sh}^{(3)} \tag{5-31}$$

或　　　　　　　　　　　　　　　$$I_{max} \geq I_{sh}^{(3)} \qquad\qquad (5\text{-}32)$$

式中　i_{max}、I_{max}——开关的极限通过电流（又称动稳定电流）峰值和有效值，单位为 kA；

$i_{sh}^{(3)}$、$I_{sh}^{(3)}$——开关所在处的三相短路冲击电流瞬时值和有效值，单位为 kA。

（2）热稳定校验条件

$$I_t^2 t \geq I_{\infty}^{(3)2} t_{ima} \qquad\qquad (5\text{-}33)$$

式中　I_t——开关的热稳定电流有效值，单位为 kA；

t——开关的热稳定试验时间，单位为 s；

$I_{\infty}^{(3)}$——开关所在处的三相短路稳态电流，单位为 kA；

t_{ima}——短路发热假想时间，单位为 s。

短路发热假想时间 t_{ima} 一般按下式计算：

$$t_{ima} = t_k + 0.05\text{s}\left(\frac{I''}{I_{\infty}}\right)^2 \qquad\qquad (5\text{-}34)$$

在无限大容量系统中，由于 $I'' = I_{\infty}$，因此

$$t_{ima} = t_k + 0.05\text{s} \qquad\qquad (5\text{-}35)$$

式中　t_k——短路持续时间，采用该电路主保护的动作时间加对应的断路器全分闸时间。当 $t_k \geq 1\text{s}$ 时，$t_{ima} = t_k$。

低速断路器（如油断路器），其全分闸时间取 0.2s；高速断路器（如真空断路器），其全分闸时间取 0.1s。

2. 电流互感器的短路稳定度校验

（1）动稳定校验条件

$$i_{max} \geq i_{sh}^{(3)} \qquad\qquad (5\text{-}36)$$

或　　　　　　　　　　$$\sqrt{2}K_{es}I_{1N} \times 10^{-3} \geq i_{sh}^{(3)} \qquad\qquad (5\text{-}37)$$

式中　i_{max}——电流互感器的动稳定电流，单位为 kA；

I_{1N}——电流互感器的一次额定电流，单位为 A；

K_{es}——电流互感器的动稳定电流倍数（对 I_{1N}）。

（2）热稳定校验条件

$$I_t \geq I_{\infty}^{(3)}\sqrt{\frac{t_{ima}}{t}} \qquad\qquad (5\text{-}38)$$

或　　　　　　　　　　$$K_t I_{1N} \geq I_{\infty}^{(3)}\sqrt{\frac{t_{ima}}{t}} \qquad\qquad (5\text{-}39)$$

式中　I_t——电流互感器的热稳定电流，单位为 kA；

t——电流互感器的热稳定试验时间，单位为 s；

K_t——电流互感器的热稳定电流倍数（对 I_{1N}）。

3. 母线的短路稳定度校验

（1）动稳定校验条件

$$\sigma_{al} \geq \sigma_c \qquad\qquad (5\text{-}40)$$

式中　σ_{al}——母线材料的最大允许应力，硬铜 $\sigma_{al} = 140\text{MPa}$，硬铝 $\sigma_{al} = 70\text{MPa}$；

σ_c——母线通过 $i_{sh}^{(3)}$ 时所受到的最大计算应力，单位为 MPa。

上述最大计算应力按下式计算：

$$\sigma_{\mathrm{c}} = \frac{M}{W} \tag{5-41}$$

式中　M——母线通过 $i_{\mathrm{sh}}^{(3)}$ 时所受到的弯曲力矩，单位为 N·m；当母线的档数为 1 ~ 2 档时，$M = F^{(3)}l/8$；当档数多于 2 档时，$M = F^{(3)}l/10$；这里的 $F^{(3)} = \sqrt{3} i_{\mathrm{sh}}^{(3)2}$ · $(l/a) \times 10^{-7}$，单位为 N，其中 l 为档距，单位为 m，a 为平行母线间轴线间距离，单位为 m，$i_{\mathrm{sh}}^{(3)}$ 为通过母线的三相短路冲击电流，单位为 kA；

　　W——母线的截面系数，单位为 m³；当母线水平放置时，$W = b^2 h/6$，这里的 b 为母线截面的水平宽度，单位为 m，h 为母线截面的垂直高度，单位为 m。

（2）热稳定校验条件

$$A \geqslant A_{\min} = I_{\infty}^{(3)} \frac{\sqrt{t_{\mathrm{ima}}}}{C} \tag{5-42}$$

式中　A——母线截面积，单位为 mm²；

　　$A_{\min}$——满足短路热稳定条件的最大截面积，单位为 mm²；

　　C——母线材料的热稳定系数，参看表 5-13；

　　$I_{\infty}^{(3)}$——母线通过的三相短路稳态电流，单位为 A。

4. 电缆的短路热稳定度校验　电缆不校验短路动稳定度。电缆的短路热稳定度校验的条件仍采用式（5-41），式中 C 仍参看表 5-13。

表 5-13　导体或电缆长期允许工作温度和短路时的允许最高温度及相应的短路热稳定系数

导体种类	导体材质	长期允许工作温度/℃	短路允许最高温度/℃	短路热稳定系数 $C/(\mathrm{A}\sqrt{\mathrm{s}}/\mathrm{mm}^2)$
母线	铝	70	200	87
	铜	70	300	171
6kV 油浸纸绝缘电缆	铝	65	200	87
	铜	65	250	150
10kV 油浸纸绝缘电缆	铝	60	200	88
	铜	60	250	153
6 ~ 10kV 交联聚氯乙烯绝缘电缆	铝	90	200	77
	铜	90	250	137
聚氯乙烯绝缘电缆	铝	65	160	76
	铜	65	160	115

5. 支柱绝缘子的短路动稳定度校验

$$F_{\mathrm{al}} \geqslant F^{(3)} = \sqrt{3} i_{\mathrm{sh}}^{(3)2} \left(\frac{l}{a} \right) \times 10^{-7} \tag{5-43}$$

式中　$F^{(3)}$——三相短路冲击电流 $i_{\mathrm{sh}}^{(3)}$ 通过绝缘子所支持的导体时产生的作用力，单位为 N；

　　F_{al}——绝缘子的最大允许载荷，单位为 N，取为绝缘子抗弯破坏载荷的 60%。

6. 穿墙套管的短路稳定度校验

（1）动稳定校验条件　采用式（5-43）。

（2）热稳定校验条件　采用式（5-33）。

四、熔断器和熔体的选择校验

（一）保护线路的熔体电流规格的选择

1）熔体额定电流 $I_{N \cdot FE}$ 不得小于线路的计算电流 I_{30}，即

$$I_{N \cdot FE} \geq I_{30} \tag{5-44}$$

2）熔体额定电流 $I_{N \cdot FE}$ 应躲过线路的尖峰电流 I_{pk}，即

$$I_{N \cdot FE} \geq K I_{pk} \tag{5-45}$$

式中　　K——小于1的计算系数：对单台电动机来说，起动时间在3s以下（轻载起动），K = 0.25 ~ 0.4；起动时间在 3 ~ 8s，K = 0.35 ~ 0.5；起动时间在8s以上（重载起动）或频繁起动、反接制动，K = 0.5 ~ 0.6。对一般线路来说，按线路计算电流与尖峰电流比值情况，取 K = 0.5 ~ 1。

3）熔体额定电流 $I_{N \cdot FE}$ 还应与被保护线路的允许载流量 I_{al} 相配合，满足的条件为

$$I_{N \cdot FE} \leq K_{OL} I_{al} \tag{5-46}$$

式中　　K_{OL}——绝缘导线和电缆的允许短时过负荷系数。如熔断器只作短路保护时，对电缆和穿管绝缘导线，取2.5；对明敷绝缘导线，取1.5。如果熔断器兼作短路保护和过负荷保护时，取 K_{OL} = 1；如 $I_{N \cdot FE} \leq 25A$ 时，取 K_{OL} = 0.85。易燃易爆区域内线路，应取 K_{OL} = 0.8。

如果按式（5-44）和式（5-45）两个条件选择的 $I_{N \cdot FE}$，不满足式（5-46）的要求，则应改选熔断器或适当增大绝缘导线和电缆的线芯截面。

（二）保护电力变压器的熔体额定电流的选择

可按下式选择：

$$I_{N \cdot FE} = K I_{1N \cdot T} \tag{5-47}$$

式中　　K——系数，一般取为 1.5 ~ 2。

表5-14 列出 1000kV·A 及以下配电变压器配用 RN1 型和 RW4 型高压熔断器的规格表，供参考。

表5-14　配电变压器配用的高压熔断器规格

变压器容量/kV·A		100	125	160	200	250	315	400	500	630	800	1000
$I_{1N \cdot T}$/A	6kV	9.6	12	15.4	19.2	24	30.2	38.4	48	60.5	76.8	96
	10kV	5.8	7.2	9.3	11.6	14.4	18.2	23	29	36.5	46.2	58
RN1 型熔断器 $I_{N \cdot FU}/I_{N \cdot FE}$ (A)	6kV	20/20		75/30		75/40	75/50	75/75		100/100	200/150	
	10kV	20/15		20/20		50/30		50/40	50/50	100/75	100/100	
RW4 型熔断器 $I_{N \cdot FU}/I_{N \cdot FE}$ (A)	6kV	50/20		50/30		50/40	50/50	100/75		100/100	200/150	
	10kV	50/15		50/20		50/30		50/40	50/50	100/75	100/100	

（三）保护并联电容器的熔体额定电流选择

按 GB50227—2008《并联电容器装置设计规范》规定，保护并联电容器的熔体额定电流 $I_{N \cdot FE}$ 应按电容器额定电流 $I_{N \cdot C}$ 的 1.37 ~ 1.50 倍选择，即选择的条件为

$$I_{N \cdot FE} = (1.37 \sim 1.50)I_{N \cdot C} \tag{5-48}$$

（四）保护电压互感器的熔体额定电流选择

一般取 $I_{N \cdot FE} = 0.5A$，不必校验。

（五）熔断器的选择与校验

（1）熔断器额定电压 $U_{N \cdot FU}$　它应与所在线路的额定电压 U_N 相适应，即等于该系统的最高电压 $U_{max \cdot S}$：

$$U_{N \cdot FU} = U_{max \cdot S} \tag{5-49}$$

（2）熔断器额定电流 $I_{N \cdot FU}$　它应不小于它所装设的熔体额定电流 $I_{N \cdot FE}$，即

$$I_{N \cdot FU} \geq I_{N \cdot FE} \tag{5-50}$$

（3）熔断器断流能力的校验条件

1）对限流式熔断器

$$I_{oc} \geq I''^{(3)} \tag{5-51}$$

2）对非限流式熔断器

$$I_{oc} \geq I_{sh}^{(3)} \tag{5-52}$$

3）对跌开式熔断器

①断流上限　　　　　　$$I_{oc} \geq I_{sh}^{(3)} \tag{5-53}$$

②断流下限　　　　　　$$I_{oc \cdot min} \leq I_k^{(2)} \tag{5-54}$$

（4）熔断器保护灵敏度的检验条件

$$S_p = \frac{I_{k \cdot min}}{I_{N \cdot FE}} \geq K \tag{5-55}$$

式中　$I_{k \cdot min}$——熔断器保护线路末端在系统最小运行方式下的最小短路电流；对 TN 系统和 TT 系统，为线路末端的单相短路电流或单相接地故障电流；对 IT 系统和中性点不接地系统，为线路末端的两相短路电流；对保护变压器的熔断器来说，此 $I_{k \cdot min}$ 为变压器低压侧母线的两相短路电流折算到变压器高压侧之值；

K——满足灵敏度要求的最小比值，如表 5-15 所示。

表 5-15　检验熔断器保护灵敏度的最小比值 K

熔体额定电流		4 ~ 10A	16 ~ 32A	40 ~ 63A	80 ~ 200A	250 ~ 500A
熔断时间	5s	4.5	5	5	6	7
	0.4s	8	9	10	11	—

注：表中 K 值适用于符合 IEC 标准的一些新型熔断器如 RT12、RT14、RT15、NT 等型熔断器。对于老型号熔断器，可取 $K = 4 \sim 7$，即近似地按表中熔断时间为 5s 的熔断器来取值。

五、低压断路器的选择校验

（一）低压断路器过电流脱扣器的选择和整定

1）脱扣器额定电流 $I_{N \cdot OR}$ 应不小于所在线路的计算电流 I_{30}，即

$$I_{N \cdot OR} \geq I_{30} \tag{5-56}$$

2）瞬时和短延时过电流脱扣器的动作电流（脱扣电流）I_{op} 应躲过线路的尖峰电流 I_{pk}，即

$$I_{op} \geq K_{rel} I_{pk} \tag{5-57}$$

式中　K_{rel}——可靠系数：①瞬时过电流脱扣器，按 GB50055—2011《通用用电设备配电设计规范》规定，应取 $K_{rel} = 2 \sim 2.5$；②短延时过电流脱扣器（延时不宜小于 0.1s），可取 $K_{rel} = 1$。

3）长延时过电流脱扣器的动作电流 $I_{op(l)}$ 应躲过线路的最大负荷即计算电流 I_{30}，即

$$I_{op(l)} \geq K_{rel} I_{30} \tag{5-58}$$

式中　K_{rel}——可靠系数，可取 1.1。

4）低压断路器过电流脱扣器的动作电流 I_{op} 还应与被保护线路的允许载流量 I_{al} 相配合，满足的条件为

$$I_{op} \leq K_{OL} I_{al} \tag{5-59}$$

式中　K_{OL}——绝缘导线和电缆的允许短时过负荷系数。对瞬时和短延时的过电流脱扣器，一般取 4.5。对长延时过电流脱扣器，作短路保护时，取 1.1；只作过负荷保护时，取 1。易燃易爆区域内的线路，应取 $K_{OL} = 0.8$。

如果不满足以上配合要求时，则应改选脱扣器动作电流，或者适当增大导线或电缆的线芯截面。

（二）低压断路器的选择与校验

1）断路器的额定电压 $U_{N \cdot QF}$ 应不低于所在线路的额定电压 U_{N1}，即

$$U_{N \cdot QF} \geq U_{N} \tag{5-60}$$

2）断路器的额定电流 $I_{N \cdot QF}$ 应不小于它所装设的脱扣器额定电流 $I_{N \cdot OR}$，即

$$I_{N \cdot QF} \geq I_{N \cdot OR} \tag{5-61}$$

3）断路器断流能力的校验条件

①对动作时间在 0.02s 及以下的塑壳式断路器（DZ 型）为　　　$I_{oc} \geq I_{sh}^{(3)} \tag{5-62}$

或　　　　　　　　　　　　　　　　　$i_{oc} \geq i_{sh}^{(3)} \tag{5-63}$

②对动作时间在 0.02s 以上的万能式断路器（DW 型）为　　　$I_{oc} \geq I_{k}^{(3)} \tag{5-64}$

或　　　　　　　　　　　　　　　　　$i_{oc} \geq \sqrt{2} I_{k}^{(3)} \tag{5-65}$

4）断路器过电流脱扣器保护灵敏度的检验条件

$$S_{p} = \frac{I_{k \cdot min}}{I_{op}} \geq K \tag{5-66}$$

式中　$I_{k \cdot min}$——保护线路末端在系统最小运行方式下的单相短路电流（对 TN 系统和 TT 系统）或两相短路电流（对 IT 系统）；

　　　K——满足灵敏度要求的最小比值，一般取 1.3。

六、电流互感器的选择校验

电流互感器应按装设地点条件及额定电压、一次电流、二次电流（一般为 5A）、准确度级等进行选择，并校验其短路动稳定和热稳定。

电流互感器满足准确度级要求的条件决定于二次负荷，即必须满足条件

$$S_{2N} \geqslant S_2 \tag{5-67}$$

式中 S_{2N}——电流互感器对应于某准确度级的二次负荷，单位为 V·A；

S_2——电流互感器的二次负荷，单位为 V·A。

电流互感器的二次负荷 S_2 按下式计算：

$$S_2 = \sum S_i + I_{2N}^2 (R_{WL} + R_{XC}) \tag{5-68}$$

式中 $\sum S_i$——互感器二次侧所接仪表、继电器电流线圈功率损耗（单位为 V·A）之和；

R_{WL}——互感器二次回路导线的电阻，单位为 Ω；

R_{XC}——互感器二次回路接头的接触电阻，可近似地取为 0.1Ω；

I_{2N}——互感器的额定二次电流，一般为 5A。

互感器二次回路导线电阻可按下式计算：

$$R_{WL} = \frac{l}{\gamma A} \tag{5-69}$$

式中 l——对应于互感器二次回路导线电阻的导线计算长度（单位为 m）：互感器二次接线为Y联结时，$l = l_1$（这里 l_1 为从互感器到仪表、继电器的单向接线平均长度）；二次为 V 联结时，$l = \sqrt{3} l_1$；二次为一相式接线时，$l = 2l_1$；

A——二次回路导线的截面积，单位为 mm^2；

γ——二次回路导线的电导率，铜线 $\gamma = 53 m/(\Omega \cdot mm^2)$，铝线 $\gamma = 32 m/(\Omega \cdot mm^2)$。

七、电压互感器的选择校验

电压互感器应按装设地点条件及一次电压、二次电压（一般为 100V）、准确度级等进行选择。

电压互感器满足准确度级要求的条件也决定于二次负荷，即前面的式（5-67）。其二次负荷按下式计算：

$$S_2 = \sqrt{(\sum P_u)^2 + (\sum Q_u)^2} \tag{5-70}$$

式中 $\sum P_u$——互感器二次侧所接仪表、继电器电压线圈的有功损耗之和；

$\sum Q_u$——互感器二次侧所接仪表、继电器电压线圈的无功损耗之和。

八、一次设备选择校验表

工厂变配电所一次设备选择校验表的格式示例，如表 5-16 所示。

表 5-16 一次设备选择校验表（示例）

选择校验项目		电 压	电 流	断流能力	动稳定度	热稳定度	…
装置地点条件	参数	U_N	I_{30}	$I_k^{(3)}$	$i_{sh}^{(3)}$	$I_{oc}^{(3)2} t_{ima}$	…
	数据	10kV	350A	2.47kA	6.3kA	$2.47^2 \times 0.75 = 4.58$	…
设备型号规格	参　数	U_N	I_N	I_{oc}	i_{max}	$I_t^2 t$	…
	高压断路器 SN10-10I/630	10kV	630A	16kA	40kA	$16^2 \times 2 = 512$	…
	高压隔离开关 GN19-10/400	10kV	400A	—	31.5kA	$12.5^2 \times 4 = 625$	…
	电流互感器 LQJ-10	10kV	400/5A	—	$160 \times \sqrt{2} \times 0.4kA = 90.5kA$	$(75 \times 0.4)^2 \times 1 = 900$	…
		⋮	⋮	⋮	⋮	⋮	⋮

第三节　部分一次设备的技术数据

一、部分高压开关电器的主要技术数据

1. 部分高压断路器的主要技术数据（见表5-17）

表 5-17　部分高压断路器的主要技术数据

类别	型号	额定电压 /kV	额定电流 /A	额定开断电流 /kA	额定断流容量 /MV·A	极限通过电流峰值 /kA	热稳定电流 /kA	固有分闸时间 /s（不大于）	合闸时间 /s（不大于）	配用操动机构型式
少油断路器	SN10-10 I	10	630	16	300	40	16(2s)	0.06	0.20	CS2、CS15、CD10、CD14、CT7、CT8、CT9 等
			1000							
	SN10-10 II		1000	31.5	500	80	31.5(2s)			
	SN10-10 III		1250							
			2000	43.3	750	130	43.3(4s)			
			3000							
	SN10-35 SN10-35C	35	1000	16	1000	40	16(4s)	0.06	0.25	CD10、CT7、CT10 等
	SW3-35		630	6.6	400	17	6.6(4s)	0.06	0.12	液压型
			1000	16.5	1000	42	16.5(4s)		0.16	
			1500	24.8	1500	63	24.8(4s)			
真空断路器	ZN2-10	10 (12)	630	11.6	200	30	11.6(4s)	0.05	0.20	CD10、CT19 等
	ZN3-10		630	8.7	150	22	8.7(4s)		0.15	
	ZN4-10 ZN4-10C		630	17.3	300	30	17.3(4s)		0.20	
			1000			44				
	ZN5-10		630	20		50	20(2s)		0.10	
			1000							
			1250	25		63	25(2s)			
	ZN12-12		1250	31.5		80	31.5(4s)		0.075	
			1600							
			2000							
	ZN28A-12		630	12.5		31.5	12.5(4s)		0.10	
			1000	20		50	20(4s)			
			1250							
	ZN28G-12		630 ～1250	20		50	20(4s)	0.06		
			630 ～1600	25		63	25(4s)		0.08	
			1250 ～2500	31.5		80	31.5(4s)			
			1600 ～3150	40		100	40(4s)			

（续）

类别	型号	额定电压/kV	额定电流/A	额定开断电流/kA	额定断流容量/MV·A	极限通过电流峰值/kA	热稳定电流/kA	固有分闸时间/s（不大于）	合闸时间/s（不大于）	配用操动机构型式
真空断路器	ZN12-35	35（40.5）	1250 1600 2000 2500	25,31.5		63,80	25,31.5（4s）	0.075	0.09	专用 CT
	ZW7-40.5		1600 2000	25,31.5			25,31.5（4s）	0.035～0.06	0.20	CT 或 CD
SF₆ 断路器	LN2-10	10	1250	25		63	25（4s）			CT12-Ⅰ
	LN2-35	35	1250	16		40	16（4s）	0.06	0.15	CT12-Ⅱ
	LW16-35		1600	25（重合闸）31.5（单分）		63	25（4s）			CT10

备注：
1. 断路器型号中字母含义：S—少油断路器（D—多油）；N—户内式；W—户外式；Z—真空；L—六氟化硫（SF₆）；C—手车用。
2. 操动机构型号中字母含义：C—操动机构；S—手力型；D—电磁型；T—弹簧储能型

2. 部分高压隔离开关的主要技术数据（见表5-18）

表 5-18　部分高压隔离开关的主要技术数据

类别	型　　号	额定电压/kV	额定电流/A	动稳定电流峰值/kA	4s 热稳定电流/kA
户内式隔离开关	GN19-10/400 GN19-10C₁/400 GN19-10C₂/400 GN19-10C₃/400		400	31.5	12.5
	GN19-10/630 GN19-10C₁/630 GN19-10C₂/630 GN19-10C₃/630		630	50	20
	GN19-10/1000 GN19-10C₁/1000 GN19-10C₂/1000 GN19-10C₃/1000	10	1000	80	31.5
	GN₈⁶-10T/200		200	25.5	10（5s）
	GN₈⁶-10T/400		400	40	14（5s）
	GN₈⁶-10T/600		600	52	20（5s）
	GN₈⁶-10T/1000		1000	75	30（5s）
带接地开关的隔离开关	GN19-10D/400		400	31.5	12.5
	GN19-10D/630	10	630	50	20
	GN19-10D/1000		1000	80	31.5
	GN19-10D/1250		1250	100	40

（续）

类别	型　号	额定电压/kV	额定电流/A	动稳定电流峰值/kA	4s 热稳定电流/kA
户外式隔离开关	GW4-40.5	35 (40.5)	630～4000	50～125	20～50
备注	型号含义：G—隔离开关；N—户内式；W—户外式 GN19-10 型—平装型；GN19-10C 型—穿墙型； GN19-10C$_1$ 型—闸刀转动侧装套管绝缘子； GN19-10C$_2$ 型—静触头侧装套管绝缘子； GN19-10C$_3$ 型—闸刀转动侧和静触头侧均装套管绝缘子； GN19-10D 型—带接地闸刀的隔离开关				

二、部分低压开关电器的主要技术数据

1. 部分低压万能式断路器的主要技术数据（见表 5-19）

表 5-19　部分低压万能式断路器的主要技术数据

型　号	脱扣器额定电流/A	长延时动作整定电流/A	短延时动作整定电流/A	瞬时动作整定电流/A	单相接地短路动作电流/A	分断能力 电流/kA	cosφ
DW15-200	100	64～100	300～1000	300～1000 800～2000	—	20	0.35
	150	96～150	—	—			
	200	128～200	600～2000	600～2000 1600～4000			
DW15-400	200	128～200	600～2000	600～2000 1600～4000	—	25	0.35
	300	192～300	—	—			
	400	256～400	1200～4000	1200～4000 3200～8000			
DW15-600	300	192～300	900～3000	900～3000 1400～6000	—	30	0.35
	400	256～400	1200～4000	1200～4000 3200～8000			
	600	384～600	1800～6000	1800～6000 4800～12000			
DW15-1000	600	420～600	1800～6000	6000～12000	—	40 (短延时 30)	0.35
	800	560～800	2400～8000	8000～16000			
	1000	700～1000	3000～10000	10000～20000			
DW15-1500	1500	1050～1500	4500～15000	15000～30000	—		

（续）

型号	脱扣器额定电流/A	长延时动作整定电流/A	短延时动作整定电流/A	瞬时动作整定电流/A	单相接地短路动作电流/A	分断能力 电流/kA	cosφ
DW15-2500	1500	1050~1500	4500~9000	10500~21000	—	60（短延时40）	0.2（短延时0.25）
	2000	1400~2000	6000~12000	14000~28000			
	2500	1750~2500	7500~15000	17500~35000			
DW15-4000	2500	1750~2500	7500~15000	17500~35000	—	80（短延时60）	0.2
	3000	2100~3000	9000~18000	21000~42000			
	4000	2800~4000	12000~24000	28000~56000			
DWX15-200	100	64~100	—	1000	—	50	0.25
	150	96~150		1500			
	200	128~200		2000			
DWX15-400	200	128~200	—	2000	—	50	0.25
	300	192~300		3000			
	400	256~400		4000			
DWX15-600	300	192~300	—	3000	—	70	0.25
	400	256~400		4000			
	600	384~600		6000			
DW16-630	100	64~100	—	300~600	50	30（380V）20（660V）	0.25（380V）0.3（660V）
	160	102~160		480~960	80		
	200	128~200		600~1200	100		
	250	160~250		750~1500	125		
	315	202~315		945~1890	158		
	400	256~400		1200~2400	200		
	630	403~630		1890~3780	315		
DW16-2000	800	512~800	—	2400~4800	400	50	—
	1000	640~1000		3000~6000	500		
	1600	1024~1600		4800~9600	800		
	2000	1280~2000		6000~12000	1000		
DW16-4000	2500	1400~2500	—	7500~15000	1250	80	—
	3200	2048~3200		9600~19200	1600		
	4000	2560~4000		12000~24000	2000		
ME630	630	200~400 350~630	3000~5000 5000~8000	1000~2000 1500~3000 2000~4000 4000~8000	—	50	0.25

（续）

型　号	脱扣器额定电流/A	长延时动作整定电流/A	短延时动作整定电流/A	瞬时动作整定电流/A	单相接地短路动作电流/A	分断能力	
						电流/kA	$\cos\varphi$
ME800	800	200～400 350～630 500～800	3000～5000 5000～8000	1500～3000 2000～4000 4000～8000	—	50	0.25
ME1000	1000	350～630 500～1000	3000～5000 5000～8000	1500～3000 2000～4000 4000～8000	—	50	0.25
ME1250	1250	500～1000 750～1250	3000～5000 5000～8000	2000～4000 4000～8000	—	50	0.25
ME1600	1600	500～1000 900～1600	3000～5000 5000～8000	4000～8000	—	50	0.25
ME1605	1900	900～1900	5000～8000 7000～12000	4000～8000 6000～12000	—	50	0.25
ME2000	2000	500～1000 1000～2000	5000～8000 7000～12000	4000～8000 6000～12000	—	80	0.2
ME2500	2500	1500～2500	7000～12000 8000～12000	6000～12000	—	80	0.2
ME2505	2900	1000～2000 1900～2900	7000～12000 8000～12000	6000～12000 8000～16000	—	80	0.2
ME3200	3200	—	—	8000～16000	—	80	0.2
ME3205	3900			10000～20000	—	80	0.2
ME4000	4000			10000～20000	—	80	0.2
ME4005	5000			10000～20000	—	80	0.2
备注	1. 型号中字母含义（引进技术生产的 ME 产品除外）； 　　D—低压断路器；W—万能式（又称框架式）； 　　X—限流型 2. 断路器的额定电压：DW15 和 DWX15，直流 220V，交流 380、660、1140V；DW16，交流 400、690V；ME，交流 380、660V						

2. 部分低压塑料外壳式断路器的主要技术数据（见表 5-20）

表 5-20　部分低压塑料外壳式断路器的主要技术数据

型　　号	额定电压/V	脱扣器额定电流/A	瞬时脱扣电流倍数		分断能力		
			配电用	电动机保护用	代号	电流/A	$\cos\varphi$
DZ20-100/3		16,20,32,40,50,63,80,100	10	12	Y	18000	
					J	35000	
					G	100000	
DZ20-200/3（DZ-20-225/3）		100,125,160,180,200（225）	5~10	8~12	Y	25000	
					J	42000	
					G	100000	
DZ20-400/3		200,250,315,350,400	5~10	12	Y	30000	
					J	42000	
					G	100000	
DZ20-630/3	380	500,630	5~10	—	Y	30000	
					J	42000	
					G	—	
DZ20-1250/3		630,700,800,1000,1250	4~7		Y	50000	
					J	—	
					G	—	
DZX10-100/3		60,80,100	10	—		30000	0.3
DZX10-200/3		100,120	5~10	—		40000	0.3
		140,170,200	3~10	—			
DZX10-400/3		200,250	5~10	—		50000	0.25
		300,350,400	3~10	—			
DZX10-630/3		400,500,630	3~10	—		60000	0.25
备注		1. 型号中字母含义：D—低压断路器；Z—塑壳式（装置式）；X—限流型 2. 分断能力代号：Y——一般型；J—较高型；G—最高型					

3. 部分低压刀开关的主要技术数据（见表 5-21）

表 5-21　部分低压刀开关的主要技术数据

型号	极数	额定电流 I_N/A	开断电流(380V,$\cos\varphi=0.7$)
HD13-□/□1	2,3	100,200,400,600,1000	I_N
HD13-□/□1			
HD13-□/□0	2,3	100,200,400,600,1000,1500	$0.3I_N$
HD13-□/□0		100,200,400,600,1000	
HD14-□/31	3	100,200,400,600	I_N
HD14-□/30			$0.3I_N$

备注

1. 型号的含义：

HD— 单投刀开关　　　□□-□/□□
HS— 双投刀开关

0— 不装灭弧室
1— 装灭弧室

13— 中央正面杠杆操作
14— 侧面手柄式

1— 单极
2— 双极
3— 三极
额定电流/A

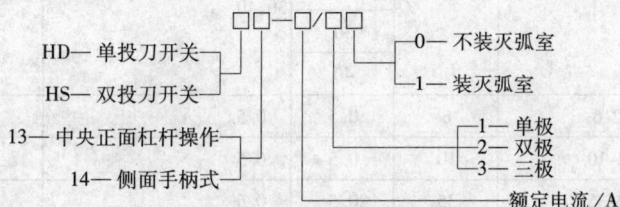

2. 额定电压：380V

4. 部分低压熔断器式刀开关（刀熔开关）的主要技术数据（见表 5-22）

表 5-22 部分低压熔断器式刀开关（刀熔开关）的主要技术数据

型　号	额定电压/V	额定电流/A	熔体额定电流/A	分断能力			额定熔断短路电流	
				电流/A	电压倍数	cosφ	电流/A	cosφ
HR5-100	380	100	4,6,10,16,20,25,32,35,40,50,63,80,100	800	1.1	0.35	50000	0.25
HR5-200		200	80,100,125,160,200	1200				
HR5-400		400	125,160,200,224,250,300,315,355,400	2400				
HR5-630		630	315,355,400,425,500,630	3780				
HR5-100	660	100	同 380V HR5-100	300	1.1	0.65	—	—
HR5-200		200	同 380V HR5-200	600				
HR5-400		400	同 380V HR5-400	1200				
HR5-630		630	同 380V HR5-630	1890				

三、部分高低压熔断器的主要技术数据

1. 部分高压熔断器的主要技术数据（见表 5-23）

表 5-23 部分高压熔断器的主要技术数据

类别	型　号	额定电压/kV	额定电流/A	熔体电流/A	分合负荷电流/A	断流容量/MV·A	
						上限	下限
户内高压限流熔断器	RN1-6（RN1-10）	6	25	2,3,5,7.5,10,15,20,25,30,40,50,60,75,100	—	200	—
			50				
			100				
	RN1-10	10	25		—	200	—
			50				
			100				
	RN1-35	35	7.5	2,3,5,7.5,10,15,20,30,40	—	200	—
			10				
			20				
			30				
			40				
	RN2-6	6	0.5	0.5	—	1000	—
	RN2-10	10	0.5	0.5	—	1000	—
	RN2-35	35	0.5	0.5	—	1000	—

（续）

类别	型　号	额定电压/kV	额定电流/A	熔体电流/A	分合负荷电流/A	断流容量/MV·A 上限	断流容量/MV·A 下限
户外高压跌落式熔断器	RW4-10/50	10	50	2,3,5,…	—	75	10
	RW4-10/100		100			100	30
	RW4-10/200		200			100	30
	RW5-35/50	35	50	2,3,5,…		200	15
	RW5-35/100		100			400	20
	RW5-35/200		200			800	30
	RW10-10(F)/50	10	50	2,3,5,…	50	200	40
	RW10-10(F)/100		100		100		
	RW10-10(F)/200		200		200		
户外高压限流熔断器	RW10-35/0.5	35	0.5	0.5	—	2000	—
	RXW0-35/0.5		0.5	0.5	—	1000	—
	RW10-35/2	35	2	2	—	600	—
	RW10-35/3		3	3			
	RW10-35/5		5	5			
	RW10-35/7.5		7.5	7.5			
	RW10-35/10		10	10			
	RXW0-35/2	35	2	2	—	200	—
	RXW0-35/3		3	3			
	RXW0-35/5		5	5			
备注	1. 型号中字母含义：R—高压熔断器；N—户内式；W—户外式；X—限流型；F—可通断负荷电流 2. RN2 和 RW10-35/0.5、RXW0-35/0.5 均用于保护电压互感器，其余用于保护电力线路或电力变压器						

2. 部分低压熔断器的主要技术数据（见表5-24）

表5-24　部分低压熔断器的主要技术数据

类别	型　号	额定电压/V	熔体电流/A	极限分断能力 电流/kA	极限分断能力 cosφ
低压有填料管式熔断器	RT0-50	380	5,10,15,20,30,40,50	50	0.1~0.2
	RT0-100		30,40,50,60,80,100		
	RT0-200		80,100,120,150,200		
	RT0-400		150,200,250,300,350,400		
	RT0-600		350,400,450,500,550,600		
	RT0-1000		700,800,900,1000		

（续）

类别	型　号	额定电压/V	熔体电流/A	极限分断能力	
				电流/kA	$\cos\varphi$
低压有填料管式熔断器	RT14-20	380	2,4,6,10,16,20	100	0.1~0.2
	RT14-32		2,4,6,10,16,20,25,32		
	RT14-63		10,16,20,25,32,40,50,63		
	gF1,aM1(16A)	500	2,4,6,8,10,12,16	50	0.15~0.25
	gF2,aM2(25A)		2,4,6,8,10,12,16,20,25		
	gF3,aM3(40A)		4,6,8,10,12,16,20,25,32,40		
	gF4,aM4(125A)		10,12,16,20,25,32,40,50,63,80,100,125		
低压高分断能力熔断器	NT00	500 660	4,6,10,16,20,25,32,35,40,50,63,80,100	120 (500V) 50 (660V)	—
		500	125,160		
	NT0	500 660	6,10,16,20,25,32,35,40,50,63,80,100		
		500	125,160		
	NT1	500 660	80,100,125,160,200		
		500	224,250		
	NT2	500 660	125,160,200,224,250,300,315		
		500	355,400		
	NT3	500 660	315,355,400,425		
		500	500,630		
	NT4	500	800,1000	100	(380V)
备注	型号中字母含义：R—低压熔断器；T—填料				

四、部分互感器的主要技术数据

1. 部分高压电流互感器的主要技术数据（见表5-25）

表5-25　部分高压电流互感器的主要技术数据

型　号	额定电压/kV	额定电流/A		额定二次负荷/Ω（$\cos\varphi=0.8$）			10%误差时一次电流倍数	1s热稳定倍数	动稳定倍数
		一次	二次	0.5	1	3			
LA-10	10	5~200	5	0.4	0.4	0.6	10 (3级)	90	160
		300,400						75	135
		500						60	110
		600~1000						50	90

（续）

型　号	额定电压/kV	额定电流/A		额定二次负荷/Ω (cosφ=0.8)			10%误差时一次电流倍数	1s热稳定倍数	动稳定倍数
		一次	二次	0.5	1	3			
LAJ-10	10	20~200	5	0.8	—	0.8 (D级)	15 (D级)	120	215
		300						100	180
		400						75	135
		500						60	110
		600,800						50	90
LQJ-10	10	5~100	5	0.4	0.4	0.6	6 (0.5,1级)	90	225
		150~400					10 (3级)	75	160
LCZ-35	35	20~600	5	2		2	10 (3级)	65	150
		800,1000						65	100
备注	型号中字母含义：L—电流互感器；A—穿墙式；Q—线圈式；C—瓷绝缘；J—加大容量（LAJ），树脂浇注（LQJ）；Z—浇注绝缘								

2. 部分低压电流互感器的主要技术数据（见表5-26）

表5-26　部分低压电流互感器的主要技术数据

型　号	额定电流/A		额定二次负荷/Ω (cosφ=0.8)			1s热稳定倍数	动稳定倍数
	一次	二次	0.5级	1级	3级		
LQK6-0.38，LQKB6-0.38	5~200		0.2	0.3	0.6	50	127.5
LMZ6-0.38，LMK6-0.38	300,400		0.2	0.3	—	—	—
LMZB6-0.38，LMKB6-0.38	300~800	5	0.4	0.6	1	—	—
LMZJ6-0.38，LMKJ6-0.38	300~800		0.4	0.6	—	—	—
	1000~3000		0.8	1.2	2	—	—
LMZ1-0.5	5~400		0.2	0.3	—	—	—
LMZJ1-0.5	5~800	5	0.4	0.6	—	—	—
LMZB1-0.5	5~800		0.4	0.6	1	—	—
LMZJ1-0.5	1000~3000		0.8	1.2	2	—	—
LMK1-0.5	5~400		0.2	0.3	—	—	—
LMKJ1-0.5	5~800	5	0.4	0.6	—	—	—
LMKB1-0.5	5~800		—	—	1	—	—
LQG-0.5，LQG1-0.5，LQG2-0.5	5~800	5	0.4	0.6	—	50	70~100
备注	1. 型号中字母含义：L—电流互感器；Q—线圈式；M—母线式；K—塑料外壳；Z—浇注绝缘；B—保护用；J—加大容量 2. 额定电压：380V 或 500V 3. 额定一次电流等级有：5，10，15，20，30，40，50，60，75，100，160，200，315，400，500，630，800，1000A，…						

3. 部分高低压电压互感器的主要技术数据（见表5-27）

表5-27　部分高低压电压互感器的主要技术数据

型　号	额定电压/V			额定容量/V·A（$\cos\varphi = 0.8$）			最大容量/V·A	联结组
	一次	二次	辅助	0.5级	1级	3级		
JDZ-6	6000	100	—	50	80	200	300	I/I-12
JDZ1-6	6000/$\sqrt{3}$	100/$\sqrt{3}$	—	50	80	200	400	
JDZ2-6	6000	100	—	50	80	200	400	
JDZ-10	10000	100	—	80	120	300	500	
JDZ1-10	10000/$\sqrt{3}$	100/$\sqrt{3}$	—	50	80	200	400	
JDZ2-10	10000	100	—	50	80	200	400	
JDZJ-6	6000/$\sqrt{3}$	100/$\sqrt{3}$	100/3	30	50	100	400	I/I/I-12-12
JDZB-6				50	80	200	400	
JDZJ-10	10000/$\sqrt{3}$	100/$\sqrt{3}$	100/3	40	60	150	300	
JDZB-10				50	80	200	400	
JDZ6-6 JDZJ6-6	6000/$\sqrt{3}$	100/$\sqrt{3}$	100/3	50	80	200	400	
JDZ6-10 JDZJ6-10	10000/$\sqrt{3}$	100/$\sqrt{3}$	100/3	50	80	200	400	
JDG-0.5	220,380,500	100		25	40	200	200	I/I-12
JDG1-0.5				15	25	50	120	
JDG4-0.5				15	25	50	100	
JDG6-0.38	380			15	25	60	100	

备注　型号中字母含义：J—电压互感器；D—单相；Z—浇注式；G—干式；J（末字母）—接地保护；B—带补偿线圈

五、6～10kV变电所高低压LMY型母线的常用尺寸

按88D264《电力变压器室布置》标准图集的规定，6～10kV变电所高低压LMY型硬铝母线的尺寸，如表5-28所示。

表5-28　6～10kV变电所高低压LMY型硬铝母线的常用尺寸　　　（单位：mm）

变压器容量/kV·A		200	250	315	400	500	630	800	1000	1250	1600
高压母线		40×4									
低压母线	相母线	40×4	50×5	60×6	80×6	80×8	100×8	120×10		2(100×10)	2(120×10)
	中性母线	40×4				50×5	60×6	80×6	80×8	80×10	

必须注意，按表5-28选择的母线尺寸，一般均满足短路动稳定和热稳定要求，因此不必再进行短路校验。但对于高压配电所及35kV或以上的变电所，则不能采用此表的母线尺寸，而应按发热条件进行选择，并校验其短路稳定度。

第六章 继电保护及二次回路的选择

第一节 继电保护装置的选择与整定

一、对继电保护装置的基本要求

1. 可靠性 指保护装置在该动作时就动作，不拒动；而在不该动作时不误动。不拒动显示其信赖性，不误动显示其安全性，即可靠性含有信赖性和安全性。为此，继电保护装置应简单可靠，使用的元件和接点应尽量少，接线应力求简单，运行维护方便，在能够满足要求的前提下宜采用最简单的保护。

2. 选择性 指故障时首先由故障元件（线路或设备）本身的保护装置来切除故障。当故障元件本身的保护拒动时，则应由相邻元件的保护来切除故障。为此，对相邻元件有配合的保护要求，前后两级保护之间的灵敏性和动作时间应相互配合。

3. 灵敏性 指保护装置对其保护范围内故障的一种反应性能。当保护范围内发生的最轻微的故障，保护装置也能可靠地反应动作，说明保护装置的灵敏性好。为此，保护装置应具有必要的灵敏系数。

4. 速动性 指保护装置应能尽快地切除故障，以提高系统的稳定性，减轻故障设备和线路的损坏程度。当需要加速切除短路故障时，可允许保护装置无选择性地动作，但应利用自动重合闸装置（ARD）或备用电源自动投入装置（APD），以缩短停电时间和缩小停电范围。

二、继电保护的灵敏系数

保护装置的灵敏系数应按下式计算：

$$S_p = \frac{I_{k \cdot min}}{I_{op \cdot 1}} \tag{6-1}$$

式中 $I_{k \cdot min}$——继电保护的保护区内在电力系统最小运行方式下的最小短路电流，单位为 A；

$I_{op \cdot 1}$——继电保护的动作电流 I_{op} 换算到一次电路的值，单位为 A。

GB/T 50062—2008《电力装置的继电保护和自动装置设计规范》关于继电保护的最小灵敏系数的部分规定，如表 6-1 所示。

表 6-1 部分继电保护装置的最小灵敏系数

保护分类	保护类型	组成元件	计算条件	最小灵敏系数
主保护	发电机、变压器、线路及电动机的纵差动保护	差电流元件	按被保护区末端金属性短路计算	1.5
主保护	变压器、线路及电动机的电流速断保护	电流元件	按保护装置安装处金属性短路计算	1.5

（续）

保护分类	保护类型	组成元件	计算条件	最小灵敏系数
主保护	电流保护和电压保护	电流元件和电压元件	按被保护区末端金属性短路计算	2
主保护	带方向的电流保护和电压保护	零序、负序方向元件	按被保护区末端金属性短路计算	电流和电压元件 1.3 ~ 1.5，零序或负序方向元件 1.5
远（近）后备保护	电流保护和电压保护	电流、电压和阻抗元件	按相邻电力设备和线路末端金属性短路计算	1.2（1.3）
		零序或负序方向元件		1.5（2）

三、电力变压器的保护

（一）电力变压器保护装置的配置要求

1. 瓦斯保护　800kV·A 及以上的油浸式变压器和 400kV·A 及以上的车间内油浸式变压器，均应装设瓦斯保护。当变压器油箱内由故障产生轻微瓦斯或油面下降时，瓦斯保护应瞬时动作于信号；当产生大量瓦斯时，瓦斯保护应动作于断开变压器各侧的断路器。当变压器安装处电源侧无断路器或短路开关时，瓦斯保护也可只动作于信号。

2. 纵联差动保护　10000kV·A 及以上的单独运行变压器和 6300kV·A 及以上的并列运行变压器，应装设纵联差动保护。6300kV·A 及以下单独运行的重要变压器，亦可装设纵联差动保护。

3. 过电流保护和电流速断保护　10000kV·A 以下的变压器，可装设过电流保护和电流速断保护。2000kV·A 及以上的变压器，当电流速断灵敏系数不符合要求时，宜改装纵联差动保护。

上述纵联差动保护、过电流保护和电流速断保护动作时，均应使变压器各侧的断路器跳闸。对 1600kV·A 及以下的变压器，一般采用 GL 型继电器兼作过电流保护和电流速断保护。

4. 过负荷保护　400kV·A 及以上变压器，当数台并列运行或单独运行并作为其他负荷的备用电源时，应根据可能过负荷的情况装设过负荷保护。过负荷保护采用单相式接线，带时限动作于信号。在无人值班变电所，过负荷保护可动作于跳闸或断开部分负荷。

5. 温度保护　所有干式变压器和 1000kV·A 及以上油浸式变压器，均装设有温度保护。当变压器绕组温度或上层油温超过规定值时，发出报警信号。

（二）变压器过电流保护的整定与检验

1. 过电流保护动作电流的整定计算公式

$$I_{op} = \frac{K_{rel}K_w}{K_{re}K_i}I_{L \cdot max} \tag{6-2}$$

式中　$I_{L \cdot max}$——变压器的最大负荷电流，可取为（1.5 ~ 3）I_{1N}，I_{1N} 为变压器的额定一次电流；

　　　K_{rel}——可靠系数，对定时限取 1.2，对反时限取 1.3；

K_w——接线系数，对相电流接线取 1，对相电流差接线取 $\sqrt{3}$；

K_{re}——继电器返回系数，一般为 0.8；

K_i——电流互感器的电流比。

必须注意：对 GL 型继电器，I_{op} 应整定为整数，且在 10A 以内。

2. 过电流保护动作时间的整定计算公式

$$t_1 \geqslant t_2 + \Delta t \tag{6-3}$$

式中　t_1——在变压器低压母线上发生三相短路时高压侧保护的动作时间；

t_2——变压器低压侧保护在低压母线上发生三相短路时的最长的一个动作时间；

Δt——前后两级保护的时间级差，对定时限取 0.5s，对反时限取 0.7s。

必须注意：对反时限过电流保护装置，由于 GL 型继电器的整定时间只能是"10 倍动作电流的动作时间"，因此整定时必须依据 GL 型继电器的动作特性曲线，以确定对应的实际动作时间，或由实际动作时间确定整定时间。

3. 过电流保护灵敏系数的检验公式

$$S_p = \frac{I_{k \cdot min}}{I_{op \cdot 1}} \geqslant 1.5 \tag{6-4}$$

式中　$I_{k \cdot min}$——在电力系统最小运行方式下，低压母线两相短路电流折算到变压器高压侧的值；

$I_{op \cdot 1}$——继电保护动作电流折算到一次侧即变压器高压侧的值。

如果过电流保护是作为后备保护，则其灵敏系数 $S_p \geqslant 1.2$ 即可。

（三）变压器电流速断保护的整定与检验

1. 电流速断保护动作电流（速断电流）的整定计算公式

$$I_{qb} = \frac{K_{rel} K_w}{K_i K_T} I_{k \cdot max} \tag{6-5}$$

式中　$I_{k \cdot max}$——变压器低压母线三相短路电流周期分量有效值；

K_{rel}——可靠系数，对 DL 继电器取 1.2~1.3，对 GL 继电器取 1.4~1.5；

K_w——接线系数，同式（6-2）；

K_i——电流互感器电流比；

K_T——变压器的电压比。

对 GL 型继电器，速断电流整定要用其对动作电流 I_{op} 的倍数即速断电流倍数 K_{qb} 来表示，$K_{qb} = I_{qb}/I_{op} = 2~8$。

2. 电流速断保护灵敏系数的检验公式

$$S_p = \frac{I_{k \cdot min}}{I_{qb \cdot 1}} \geqslant 2 \tag{6-6}$$

式中　$I_{k \cdot min}$——在电力系统最小运行方式下，变压器高压侧的两相短路电流；

$I_{qb \cdot 1}$——速断电流折算到一次侧即变压器高压侧的值。

如果 $S_p \geqslant 2$ 有困难时，可选 $S_p \geqslant 1.5$。

（四）变压器低压侧单相接地短路的整定与检验

1. 利用高压侧三相三继电器接线来实现低压侧单相接地短路保护时的整定计算

1）动作电流 I_{op} 的整定计算公式 同式（6-2）。

2）动作时间的整定计算公式 同式（6-3）。

3）保护灵敏系数的检验公式

$$S_p = \frac{I_{k \cdot min}}{I_{op \cdot 1}} \geq 1.5 \tag{6-7}$$

式中 $I_{k \cdot min}$——在电力系统最小运行方式下，低压干线末端的单相短路电流折算到变压器高压侧的值；

$I_{op \cdot 1}$——保护装置动作电流折算到一次侧即变压器高压侧的值。

2. 利用变压器低压侧接地中性线上装设的零序电流保护来实现低压侧单相接地保护的整定计算

（1）动作电流的整定计算公式

$$I_{op(o)} = \frac{K_{rel}K_{dsq}}{K_i}I_{2N} \tag{6-8}$$

式中 I_{2N}——变压器的额定二次电流；

K_{dsq}——变压器低压侧出现最大不平衡电流的不平衡系数，Yyn0 联结时取 0.25，Dyn11 联结时可取 0.35；

K_{rel}——可靠系数，一般取为 1.2 ~ 1.3；

K_i——零序电流互感器的电流比。

（2）动作时间的整定计算公式

$$t_{op} = 0.5 ~ 0.7s \tag{6-9}$$

（3）保护灵敏系数的检验公式 同式（6-7）。

（五）变压器过负荷保护的整定

1. 过负荷保护动作电流的整定计算公式

$$I_{op(OL)} = (1.2 ~ 1.25)\frac{I_{1N}}{K_i} \tag{6-10}$$

式中 I_{1N}——变压器额定一次电流；

K_i——电流互感器的电流比。

2. 过负荷保护动作时间的整定计算公式

$$t_{op(OL)} = 10 ~ 15s \tag{6-11}$$

（六）变压器的低电压起动的带时限过电流保护的整定与检验

当过电流保护的灵敏系数达不到式（6-4）的要求时，则可采用低电压起动（闭锁）的过电流保护装置。

1. 过电流保护装置动作电流的整定计算公式

$$I_{op} = \frac{K_{rel}K_w}{K_{re}K_i}I_{1N} \tag{6-12}$$

式中 I_{1N}——变压器的额定一次电流，其余符号含义同式（6-2）。

2. 低电压继电器动作电压的整定计算公式

$$U_{op} = \frac{U_{min}}{K_{rel}K_{re}K_u} \tag{6-13}$$

式中　$U_{\min}$——变压器运行中可能遇到的最低工作电压，一般取为 $(0.5 \sim 0.7)\,U_{1N}$，这里
　　　　　　U_{1N} 为变压器的额定一次电压；

　　　K_{rel}——可靠系数，可取 1.2；

　　　K_{re}——低电压继电器的返回系数，一般取 1.25；

　　　K_u——电压互感器的电压比。

3. 保护装置动作时间的整定计算公式　同式（6-3）。

4. 保护装置灵敏系数的检验公式

（1）过电流保护的灵敏系数检验公式　同式（6-4）。

（2）低电压起动的灵敏系数检验公式

$$S_{p(u)} = \frac{U_{op \cdot 1}}{U_{sp \cdot \max}} \geqslant 1.2 \tag{6-14}$$

式中　$U_{op \cdot 1}$——保护装置动作电压 U_{op} 折算到一次侧即变压器高压侧的值；

　　　$U_{sp \cdot \max}$——在过电流保护的保护区内发生最轻微的短路故障时（一般取低压母线的两相短路计算），低电压起动的过电流保护装置安装处的最大剩余电压（surplus voltage）。

　　关于变压器纵联差动保护，在一般中小工厂中很少采用，限于篇幅，从略。如需了解其整定计算方法，可参看有关设计手册。

四、电力线路的保护

（一）电力线路保护装置的配置要求

1. 相间短路保护　3~10kV 线路的相间短路保护装置应符合下列要求：

1）由电流继电器构成的保护装置，应接于两相电流互感器上，且同一网络的所有线路的同类保护均应装在相同的两相上。

2）后备保护应采用远后备方式，即线路的主保护或断路器拒动时，由电源方向的前一相邻线路或设备的保护来切除故障。

3）当线路短路使重要用户母线电压低于额定电压的 60% 时，以及线路导线截面过小、不允许带时限切除短路时，应瞬时切除故障。

4）当过电流保护的动作时限不大于 0.5~0.7s 时，且没有以上 3）款所列情况，或没有配合上的要求时，可不装设瞬动的电流速断保护。

5）对单侧电源的线路，可装设两段过电流保护：第一段为不带时限的电流速断保护，第二段为带时限的过电流保护。保护装置仅在线路的电源侧装设。

6）对双侧电源的线路，可装设带方向或不带方向的电流速断和过电流保护。对 1~2km 双侧电源的短线路，当采用上述保护不能满足选择性、灵敏性或速动性要求时，可采用带辅助导线的纵联差动保护作主保护，并装设带方向或不带方向的电流保护作后备保护。

7）对并列运行的平行线路，宜装设横联差动保护作为主保护，并应以接于两回线电流之和的电流保护，作为两回线同时运行的后备保护及一回线断开后的主保护及后备保护。

2. 单相接地故障保护　对 3~66kV 中性点非直接接地系统中的单相接地故障，应装设单相接地保护装置，并应符合下列要求：

1）在发电厂和变配电所母线上，应装设接地监视装置，动作于信号。

2）线路上宜装设有选择性的接地保护，也动作于信号。但当接地故障危及人身和设备

安全时，接地保护应动作于跳闸。

3）在出线回路数不多，或难以装设有选择性的单相接地保护时，可采用依次断开线路的方法，寻找故障线路。

3. 线路过负荷保护 对可能时常出现过负荷的电缆线路，应装设过负荷保护。保护装置宜带时限动作于信号。当过负荷可能危及设备安全时，可动作于跳闸。

（二）线路过电流保护的整定与检验

1. 过电流保护动作电流的整定计算公式

$$I_{op} = \frac{K_{rel} K_w}{K_{re} K_i} I_{L \cdot max} \tag{6-15}$$

式中 $I_{L \cdot max}$——线路的最大负荷电流，可取为 $(1.5 \sim 3) I_{30}$，I_{30} 为线路的计算电流；其他符号含义同式 (6-2)。

必须注意：对 GL 型继电器，I_{op} 应整定为整数，且在 10A 以内。

2. 过电流保护动作时间的整定计算公式

$$t_1 = t_2 + \Delta t \tag{6-16}$$

式中 t_1——在后一级保护所保护的线路首端发生三相短路时前一级保护的动作时间；

t_2——后一级保护中最长的一个动作时间；

Δt——前后两级保护的时间级差，对定时限取 0.5s，对反时限取 0.7s。

还必须注意：GL 型继电器的整定时间只能是"10 倍动作电流的动作时间"，如前式 (6-3) 后的说明所述。

3. 过电流保护灵敏系数的检验公式

$$S_p = \frac{I_{k \cdot min}}{I_{op \cdot 1}} \geqslant 1.5 \tag{6-17}$$

式中 $I_{k \cdot min}$——在电力系统最小运行方式下，被保护线路末端的两相短路电流；

$I_{op \cdot 1}$——动作电流折算到一次电路的值。

如果过电流保护是作为后备保护，则其灵敏系数 $S_p \geqslant 1.2$ 即可。

（三）线路电流速断保护的整定与检验

1. 电流速断保护动作电流（速断电流）的整定计算公式

$$I_{qb} = \frac{K_{rel} K_w}{K_i} I_{k \cdot max} \tag{6-18}$$

式中 $I_{k \cdot max}$——被保护线路末端的三相短路电流；其他符号含义同式 (6-5)。

对 GL 型继电器，速断电流整定用速断电流倍数 $K_{qb} = I_{qb}/I_{op} = 2 \sim 8$。

2. 电流速断保护灵敏系数的检验公式

$$S_p = \frac{I_{k \cdot min}}{I_{qb \cdot 1}} \geqslant 2 \tag{6-19}$$

式中 $I_{k \cdot min}$——在电力系统最小运行方式下，线路首端的两相短路电流；

$I_{qb \cdot 1}$——速断电流折算到一次电路的值。

如果 $S_p \geq 2$ 有困难时，可选 $S_p \geq 1.5$。

（四）线路单相接地保护的整定与检验

1. 单相接地保护动作电流的整定计算公式

$$I_{op(E)} = \frac{K_{rel}}{K_i} I_C \qquad (6\text{-}20)$$

式中　I_C——其他线路上发生单相接地时，在被保护线路上产生的接地电容电流，按下面式
　　　　　（6-21）所列近似公式计算；

　　　K_i——零序电流互感器的电流比；

　　K_{rel}——可靠系数；保护装置不带时限时，取为 4～5；保护装置带时限时，取为 1.5～
　　　　　2，这时接地保护的动作时间应比相间短路的过电流保护的动作时间大一个时
　　　　　间级差 Δt。

式（6-20）中的 I_C 可按下列近似公式计算（单位为 A）：

$$I_C \approx \frac{U_N l}{10} \qquad (6\text{-}21)$$

式中　U_N——线路额定电压，单位为 kV；

　　　l——被保护的电缆线路的长度，单位为 km；如果被保护线路为架空线路，则式中
　　　　　分母应改为 350。

2. 单相接地保护灵敏系数的检验公式

$$S_p = \frac{I_{C \cdot \Sigma} - I_C}{K_i I_{op(E)}} \geq 1.5 \qquad (6\text{-}22)$$

式中　$I_{C \cdot \Sigma}$——电压为 U_N 的电网（中性点非直接接地系统）的单相接地电容电流（单位
　　　　　为 A），按式（6-23）的近似公式计算；

　　　I_C——其他线路上发生单相接地时，在被保护线路上产生的电容电流，按式
　　　　　（6-21）计算。

式（6-22）中的 $I_{C \cdot \Sigma}$ 按下列近似公式计算（单位为 A）：

$$I_{C \cdot \Sigma} \approx \frac{U_N (l_{oh} + 35 l_{cab})}{350} \qquad (6\text{-}23)$$

式中　l_{oh}——同一电压 U_N 的具有电气联系的架空线路总长度，单位为 km；

　　　l_{cab}——同一电压 U_N 的具有电气联系的电缆线路总长度（单位为 km）；式中 U_N 的单
　　　　　位为 kV。

五、6～10kV 并联电容器的保护

（一）并联电容器保护装置的配置要求

1）对电容器组和断路器之间连接线的短路保护，可装设带有短时限的电流速断和过电
流保护，动作于跳闸。

2）对电容器内部故障及其引出线的短路保护，宜对每台电容器分别装设专用的熔断器。

3）电容器组的单相接地故障保护，可利用电容器组所连接的母线上的绝缘监察装置来

进行检视。如果电容器组所连接的母线有引出线时，也可装设有选择性的单相接地保护，动作于信号；当危及人身和设备安全时，应动作于跳闸。

4）对电容器组可能出现的过电压，应装设过电压保护，带时限动作于信号或跳闸。

5）如果电网中出现的高次谐波有可能导致电容器过负荷时，电容器组宜装设过负荷保护，带时限动作于信号或跳闸。

（二）电容器组过电流保护的整定与检验

1. 过电流保护动作电流的整定计算公式

$$I_{op} = \frac{K_{rel}K_w}{K_i}I_{N \cdot C} \tag{6-24}$$

式中 K_{rel}——保护装置的可靠系数，取 2 ~ 2.5；

K_w——接线系数，接于相电流时为 1，接于相电流差时为 $\sqrt{3}$；

K_i——电流互感器的电流比，考虑到电容器的合闸涌流，互感器的一次电流宜选为电容器额定电流的 2 倍左右；

$I_{N \cdot C}$——电容器组的额定电流。

2. 过电流保护动作时间的整定计算公式

$$t_{op} \leqslant 0.5s \tag{6-25}$$

3. 过电流保护灵敏系数的检验公式

$$S_p = \frac{K_w I_{k \cdot min}^{(2)}}{K_i I_{op}} \geqslant 1.5 \tag{6-26}$$

式中 $I_{k \cdot min}^{(2)}$——在电力系统最小运行方式下电容器组的两相短路电流；

I_{op}——过电流保护的动作电流，$K_i I_{op}/K_w$ 即将 I_{op} 折算至一次侧，变为 $I_{op \cdot 1}$。

（三）电容器组过电压保护的整定

过电压保护动作电压的整定计算公式为

$$U_{op} = \frac{1.1 U_N}{K_u} \tag{6-27}$$

式中 U_N——电容器组所连接母线的额定电压；

K_u——电压互感器的电压比。

（四）电容器保护用熔断器的熔体电流选择

按 GB 50227—2008《并联电容器装置设计规范》规定，熔体额定电流 $I_{N \cdot FE}$ 应按电容器额定电流 $I_{N \cdot C}$ 的 1.37 ~ 1.50 倍选择，即

$$I_{N \cdot FE} = (1.37 ~ 1.50)I_{N \cdot C} \tag{6-28}$$

六、继电保护接线方案示例

（一）10kV 电力变压器继电保护接线方案示例

图 6-1 为 10kV 电力变压器继电保护及相关控制和信号回路的原理图。变压器的过电流保护采用 GL-15 型继电器，它具有反时限动作特性和速断特性。

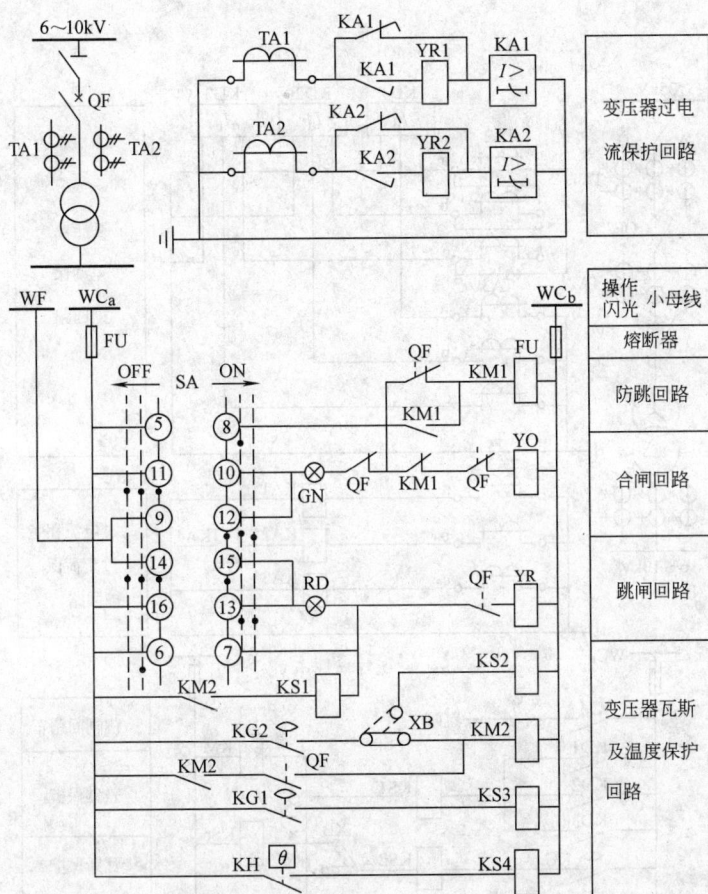

图 6-1　10kV 电力变压器继电保护原理图

KA1、KA2—电流继电器（GL-15）　　KM1、KM2—中间继电器（DZ50/22）　　KS1～KS4—信号继电器（DX-11）

KG1、KG2—瓦斯继电器　　KH—温度继电器　　RD—红色信号灯　　GN—绿色信号灯

SA—控制开关（LW2-Z-1a,4,6a,40,20/F8）　　FU—熔断器　　YO—合闸线圈

YR、YR1～YR2—跳闸线圈（操动机构内脱扣器）　　QF—高压断路器

XB—切换片　　WC$_a$、WC$_b$—操作（控制）小母线

WF—闪光信号小母线

（二）35kV 电力变压器继电保护接线方案示例

图 6-2 为 35kV 电力变压器继电保护原理图。电流互感器 TA1 与电流继电器 KA1～KA3、时间继电器 KT1、信号继电器 KS3 及中间继电器 KM 构成定时限过电流保护，动作于跳闸。其中 TA1$_b$ 并与电流继电器 KA4、时间继电器 KT2 及信号继电器 KS5 构成过负荷，延时给出信号。电流互感器 TA2、TA3 与差动继电器 KD1～KD3、信号继电器 KS1 及中间继电器 KM 构成纵联差动保护，瞬时动作于跳闸。瓦斯继电器 KG 与信号继电器 KS2、中间继电器 KM 构成重瓦斯保护，动作于跳闸；亦可通过切换片 XB，将重瓦斯保护动作于信号（通过接通信号继电器 KS6）。该原理图上未示出轻瓦斯保护。此外尚装设有低电压保护，延时动作于跳闸。

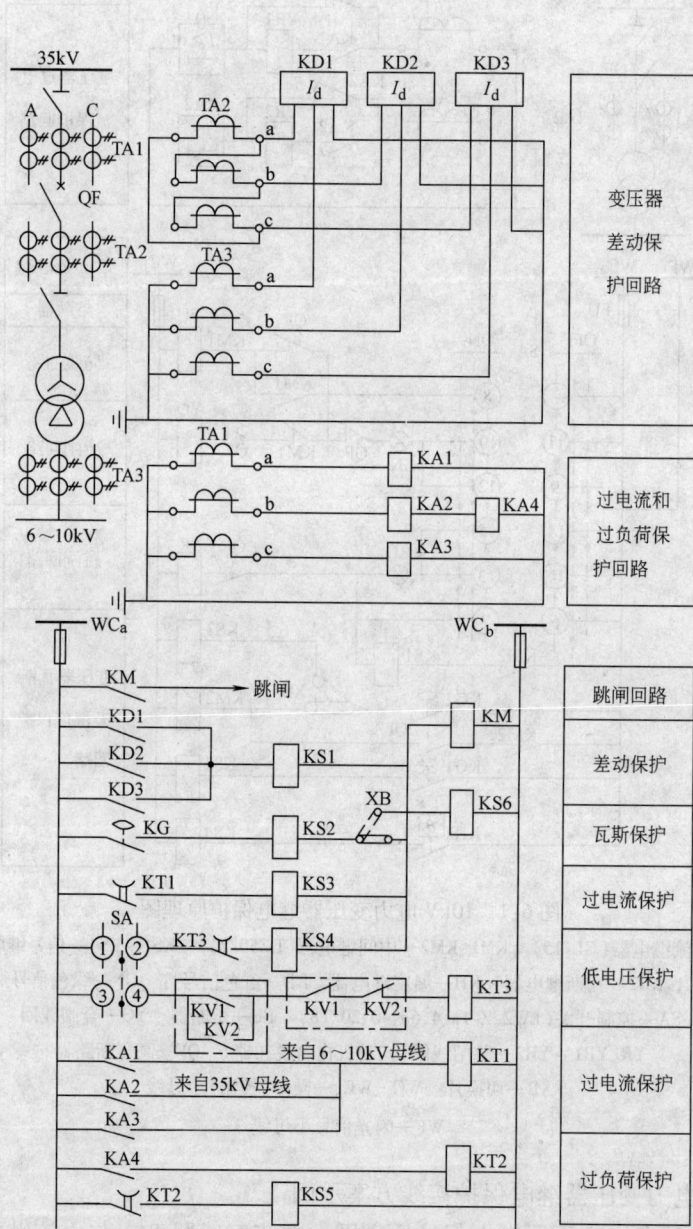

图 6-2 35kV 电力变压器继电保护原理图

KD1 ~ KD3—差动继电器（BCH-2） KA1 ~ KA4—电流继电器（DL-11） KV1 ~ KV2—低电压继电器（DJ-112）

KT1—时间继电器（DS-112） KT2、KT3—时间继电器（DS-113C） KS1 ~ KS4—信号继电器（DX-11，电流型）

KS5、KS6—信号继电器（DX-11，电压型） KM—中间继电器（DZB-12B）

KG—瓦斯继电器 SA—转换开关（LW2-111/F4） XB—切换片

WC$_a$、WC$_b$—操作（控制）小母线

（三）6 ~ 10kV 电力线路继电保护接线方案示例

1. 线路反时限过电流保护原理图（见图 6-3）

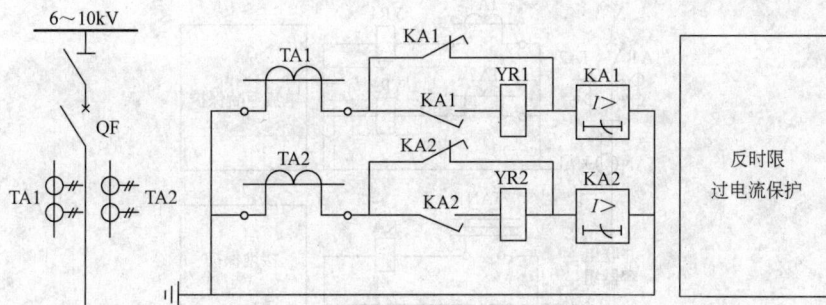

图6-3　线路反时限过电流保护原理图

KA1、KA2—电流继电器（GL-15）　　YR1、YR2—跳闸线圈（脱扣器）

TA1、TA2—电流互感器

2. 线路定时限过电流保护、电流速断保护及电缆单相接地保护原理图（见图6-4）

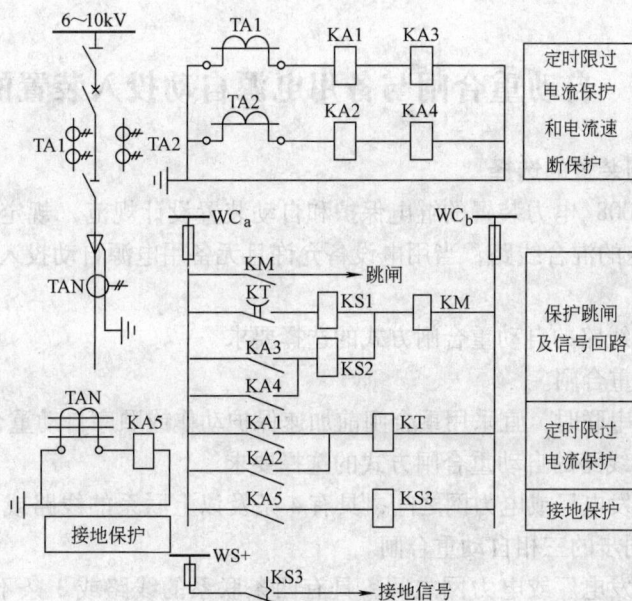

图6-4　电缆线路继电保护原理图

KA1～KA5—电流继电器（DL-11）　　KT—时间继电器（DS-112C）

KS1～KS3—信号继电器（DX-11）　　KM—中间继电器

TA1、TA2—电流互感器　　TAN—零序电流互感器

（四）6～10kV 并联电容器继电保护接线方案示例

图6-5 为 6～10kV 并联电容器继电保护原理图。其引入线上装有电流速断保护和单相接地保护。

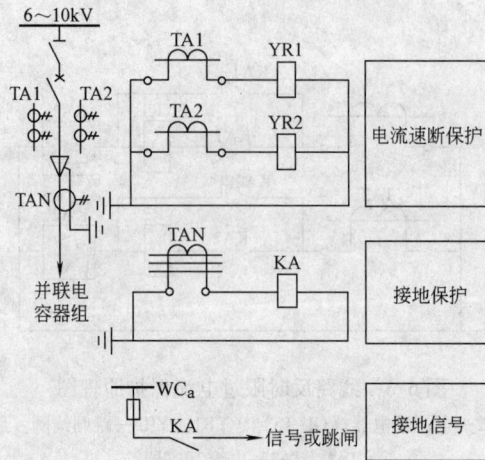

图 6-5　6～10kV 并联电容器继电保护原理图
YR1、YR2—脱扣器（操动机构自带）　KA—电流继电器（DL-11）
TA1、TA2—电流互感器　TAN—零序电流互感器

第二节　自动重合闸与备用电源自动投入装置的选择

一、自动重合闸装置的选择

GB/T 50062—2008《电力装置的继电保护和自动装置设计规范》规定，3kV 及以上的架空线路和电缆与架空的混合线路，当用电设备允许且无备用电源自动投入时，应装设自动重合闸装置（ARD）。

（一）单侧电源线路的自动重合闸方式的选择要求

1）应采用一次重合闸。

2）当几段线路串联时，宜采用重合闸前加速保护动作或顺序自动重合闸。

（二）双侧电源线路的自动重合闸方式的选择要求

1）并列运行的发电厂或电力网之间，具有 4 条及以上联系的线路或 3 条紧密联系的线路，可采用不检查同步的三相自动重合闸。

2）并列运行的发电厂或电力网之间，具有两条联系的线路或 3 条不紧密联系的线路，可采用下列重合闸方式：

① 当非同步合闸的最大冲击电流超过 GB/T 50062—2008 附表 A.0.1 中规定的允许值时，可采用同步检定和无电压检定的三相自动重合闸。

② 当非同步合闸的最大冲击电流不超过 GB/T 50062—2008 附表 A.0.1 中规定的允许值时，可采用不检查同步的三相自动重合闸。

③ 没有其他联系的并列运行双回线路，当不能采用非同步重合闸时，可采用检查另一回路有电流的三相自动重合闸。

3）双侧电源的单回线路，可采用下列重合闸方式：

① 可采用解列重合闸。

② 当水力发电厂条件许可时，可采用自同步重合闸。

③ 可采用一侧无电压检定，另一侧同步检定的三相自动重合闸。

（三）对自动重合闸装置的要求

1）自动重合闸装置可由保护装置或断路器的控制状态与位置不对应起动。

2）手动或通过遥控装置将断路器断开或将断路器投入故障线路上而随即由保护装置将其断开时，自动重合闸均不应动作。

3）在任何情况下，自动重合闸的动作次数应符合预先的规定。

4）当断路器处于不正常状态不允许实现自动重合闸时，应将自动重合闸装置闭锁。

二、备用电源自动投入装置的选择

GB/T 50062—2008 规定，下列情况应装设备用电源或备用设备的自动投入装置（APD）：

1）由双电源供电的变电所和配电所，其中一个电源经常断开作为备用时。

2）发电厂、变电所内有备用变压器时。

3）接有 Ⅰ 类负荷的由双电源供电的母线段。

4）含有 Ⅰ 类负荷的由双电源供电的成套装置。

5）某些重要机械的备用设备。

备用电源自动投入装置应符合下列要求：

1）应保证在工作电源断开后，才投入备用电源。

2）工作电源不论因何种原因断开时，备用电源自动投入均应延时动作。

3）手动断开工作电源时，不应起动备用电源自动投入装置。

4）保证备用电源自动投入装置只动作一次。

5）备用电源自动投入装置动作后，如投到故障上，应使保护加速动作并跳闸。

6）备用电源自动投入装置中，可设置工作电源的电流闭锁回路。

三、自动重合闸和备用电源自动投入的原理电路

（一）自动重合闸（ARD）原理电路（见图 6-6）

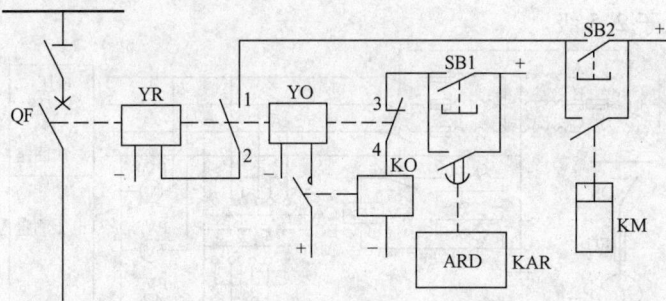

图 6-6　自动重合闸（ARD）原理电路

KAR—重合闸继电器　KO—合闸（ON）接触器　YO—合闸（ON）线圈　YR—跳闸线圈
KM—保护装置出口继电器　SB1、SB2—按钮　QF—线路断路器

手动合闸时，按下 SB1，使合闸接触器 KO 通电动作，其触点闭合，接通合闸线圈 YO，使断路器 QF 合闸。

手动跳闸时，按下 SB2，使跳闸线圈 YR 通电动作，使断路器 QF 跳闸。

当线路发生短路故障时，线路的保护装置出口继电器 KM 动作，其触点闭合，接通 YR 的跳闸回路（QF 的辅助触点 QF1-2 原已随 QF 的合闸而闭合），从而使断路器 QF 跳闸。与此同时，

重合闸继电器 KAR 经整定时间（一般为 0.5s）后动作，其触点闭合，再次接通合闸接触器 KO（QF 的辅助触点 QF3-4 已因 QF 自动跳闸而闭合），使断路器 QF 重新合闸。具体接线方案从略。

（二）备用电源自动投入（APD）原理电路（见图 6-7）

正常工作时，断路器 QF1 闭合，QF2 断开。

当工作电源 WL1 失电或因 WL1 线路发生故障而使断路器 QF1 自动跳闸时，QF1 的辅助触点 QF1-2 断开而 QF3-4 闭合。QF1-2 断开时，使时间继电器 KT 的延时断开触点延时断开。在 KT 触点尚未断开时，由于 QF3-4 的闭合，而使合闸接触器 KO 通电动作，接通备用电源线路 WL2 断路器 QF2 的合闸线圈 YO，使 QF2 合闸，投入备用电源 WL2，恢复供电。具体接线方案从略。

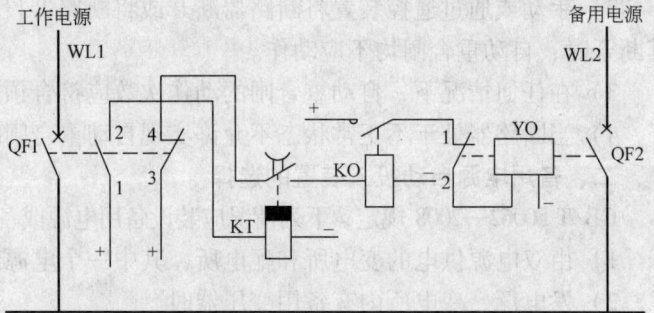

图 6-7　备用电源自动投入（APD）原理电路
KO—合闸（ON）接触器　YO—合闸（ON）线圈
KT—时间继电器　QF1—工作电源线路断路器
QF2—备用电源线路断路器

第三节　绝缘监察装置与电测量仪表的选择

一、绝缘监察装置的选择

中性点非直接接地系统中的变电所母线上，按 GB/T 50062—1992 规定，应装设接地监视装置，动作于信号。此接地监视装置即绝缘监察装置，其原理接线图如图 6-8 所示。其电压表的精确度不低于 2.5 级。

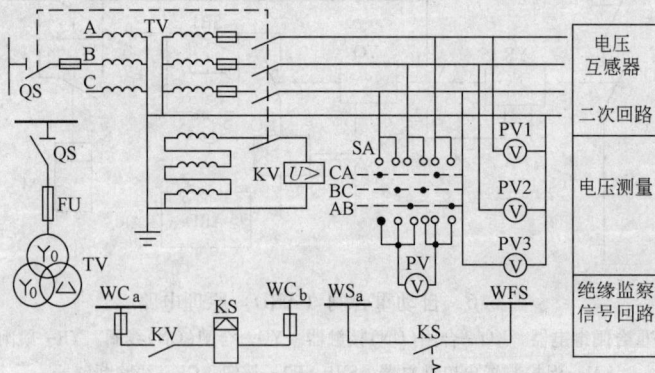

图 6-8　6~10kV 母线的电压测量和绝缘监察原理接线图
TV—电压互感器　QS—高压隔离开关及其辅助触点　SA—电压转换开关　PV1~PV3—电压表
KV—电压继电器　KS—信号继电器　WCa、WCb—控制小母线　WSa—信号小母线　WFS—预报信号小母线

二、电测量仪表与电能计量仪表的选择

（一）电测量仪表及互感器准确度等级的选择要求

1）常用电测量仪表的准确度等级要求　GB/T 50063—2008《电力装置的电测量仪表装置设计

规范》规定：交流回路指示仪表的准确度等级，不应低于2.5级；直流回路指示仪表的准确度等级，不应低于1.5级；接于电测量变送器二次侧仪表的准确度，不应低于1.0级。

2）常用测量仪表配用的互感器准确度等级要求 GB/T 50063—2008 规定：1.5级及2.5级的常用电测量仪表应配用不低于1.0级的互感器；电测量变送器应配用不低于0.5级的互感器。

（二）电测量仪表的测量范围和电流互感器电流比的选择

GB/T 50063—2008 规定：1）仪表的测量范围和电流互感器变比的选择，宜满足当电力装置回路以额定值的条件运行时，仪表的指示宜在标度尺的2/3处。2）对有可能过负荷运行的电力装置回路，仪表的测量范围宜留有适当过负荷的裕度。3）对重载起动的电动机和运行中有可能出现短时冲击电流的电力装置回路，宜采用具有过负荷标度尺的电流表。4）对有可能双向运行的电力装置回路，应采用具有双向标度尺的仪表。

（三）电能计量装置及互感器的准确度选择要求

电能计量装置及互感器的准确度不应低于表6-2的规定。

表6-2 电能计量装置及互感器的准确度要求

电能计量装置类别	准确度（级）			
	有功电能表	无功电能表	电压互感器	电流互感器
Ⅰ类	0.2	2.0	0.2	0.2
Ⅱ类	0.5	2.0	0.2	0.2
Ⅲ类	1.0	2.0	0.5	0.5
Ⅳ类	2.0	2.0	0.5	0.5
Ⅴ类	2.0	—	—	0.5

表6-2中的"电能计量装置类别"，按 GB/T 50063—2008 规定为：

1）Ⅰ类电能计量装置 指月平均用电量5000MW·h及以上或变压器容量为10MV·A及以上的高压计费用户，200MW及以上发电机或发电/电动机、发电企业上网电量、电网经营企业之间的电量交换点以及省级电网经营企业与其供电企业的供电关口计算点的电能计量装置。

2）Ⅱ类电能计量装置 指月平均用电量1000MW·h及以上或变压器容量为2MV·A及以上的高压计费用户，100MW及以上发电机或发电/电动机以及供电企业之间的电量交换点的电能计量装置。

3）Ⅲ类电能计量装置 指月平均用电量100MW·h及以上或负荷容量为315kV·A及以上的计费用户，100MW以下发电机、发电厂用电量、供电企业内部用于承包考核的计算点、考核有功电量平衡的110kV及以上电压等级的送电线路以及无功补偿装置的电能计量装置。

4）Ⅳ类电能计量装置 指负荷容量为315kV·A以下的计费用户，发供电企业内部经济技术指标分析以及考核用的电能计量装置。

5）Ⅴ类电能计量装置 指单相电力用户计费用的电能计量装置。

（四）变配电所测量和计量仪表接线方案示例

1）6～10kV高压线路测量和计量仪表的原理电路（见图6-9）。

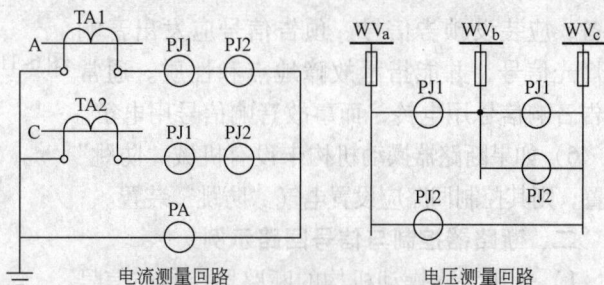

图6-9 6～10kV 高压线路测量和计量仪表的原理电路
PA—电流表 PJ1—三相有功电能表（DS2、DS862）
PJ2—三相无功电能表（DX2、DX863）

2）220/380V 低压线路测量和计量仪表的原理电路（见图 6-10）。

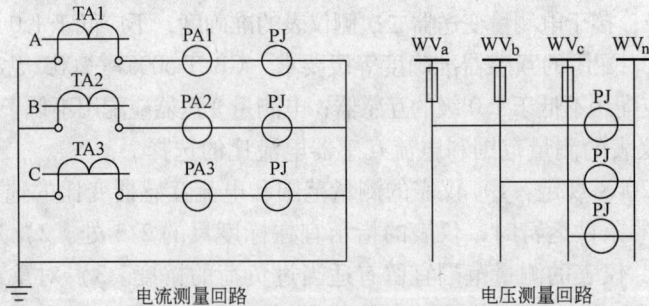

图 6-10　220/380V 低压线路测量和计量仪表的原理电路
PA1～PA3—电流表　PJ—三相四线有功电能表

第四节　断路器控制回路与信号装置的选择

一、对断路器控制回路和信号装置的要求

1）应能监视控制回路保护装置如熔断器及其跳、合闸回路的完好性，以保证断路器的正常工作，通常采用灯光监视的方式。

2）合闸或跳闸完成后，应能使其命令脉冲解除，即能切断合闸或跳闸的电源。

3）应能指示断路器正常合闸或跳闸的位置状态，并在自动合闸和自动跳闸时有明显的指示信号。通常用红、绿灯的平光来分别指示断路器在合闸和跳闸位置，而用红、绿灯的闪光来分别指示断路器的自动合闸和自动跳闸。

4）断路器的事故跳闸信号回路，应按"不对应原理"接线。当采用手力操动机构时，利用手力操动机构的辅助触点与断路器的辅助触点构成不对应关系，即操动机构在合闸位置而断路器已跳闸时，发出事故跳闸信号，绿灯闪光。当采用电磁操动机构或弹簧储能操动机构时，则利用控制开关的触点与断路器的辅助触点构成不对应关系，即控制开关在合闸位置而断路器已经跳闸时，发出事故跳闸信号，绿灯闪光。

5）对有可能出现不正常工作状态或故障的设备，应装设预告信号。预告信号应发出音响和灯光信号，并能指示故障地点和性质。通常预告音响信号用电铃，而事故音响信号用电笛。

6）如果断路器操动机构未设有机械"防跳"装置，则其控制回路应设置电气"防跳"装置。

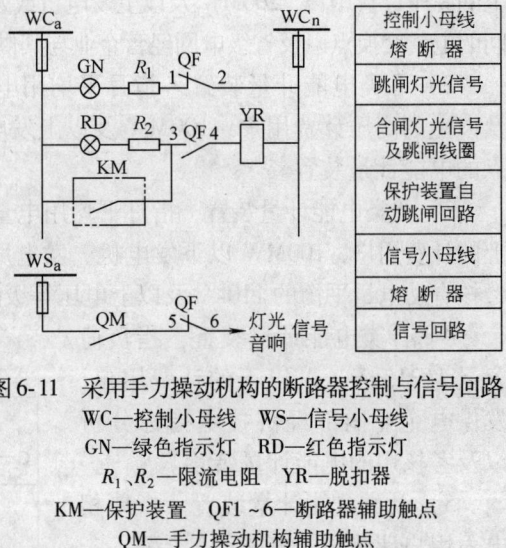

图 6-11　采用手力操动机构的断路器控制与信号回路
WC—控制小母线　WS—信号小母线
GN—绿色指示灯　RD—红色指示灯
R_1、R_2—限流电阻　YR—脱扣器
KM—保护装置　QF1～6—断路器辅助触点
QM—手力操动机构辅助触点

二、断路器控制与信号回路示例

1）采用手力操动机构的断路器控制与信号回路示例（见图 6-11）。

2）采用电磁操动机构的断路器控制与信号回路示例（见图 6-12）。

3）采用弹簧储能操动机构的断路器控制与信号回路示例（见图 6-13）。

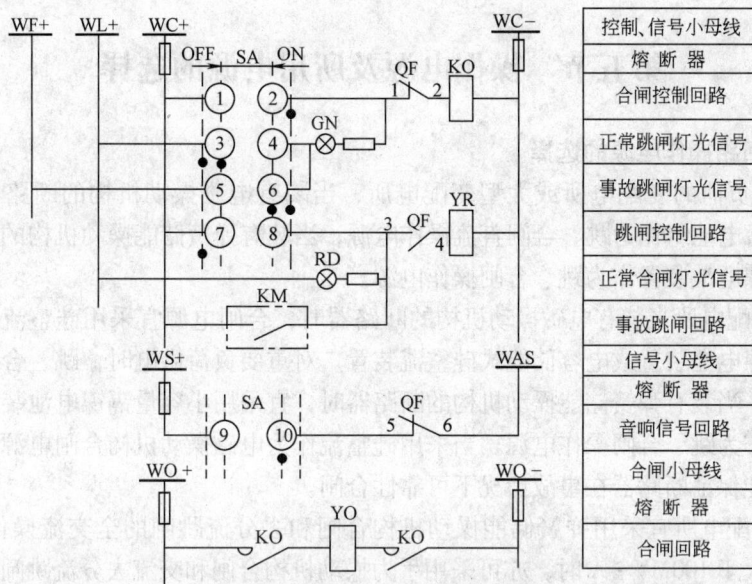

图 6-12 采用电磁操动机构的断路器控制与信号回路

WC—控制小母线 WL—灯光指示小母线 WF—闪光信号小母线 WS—信号小母线 WAS—事故音响小母线
WO—合闸小母线 SA—控制开关 KO—合闸接触器 YO—合闸线圈 YR—跳闸线圈 KM—保护装置
QF1~6—断路器辅助触点 GN—绿色指示灯 RD—红色指示灯 ON—合闸 OFF—跳闸
（箭头指向为 SA 的返回位置）

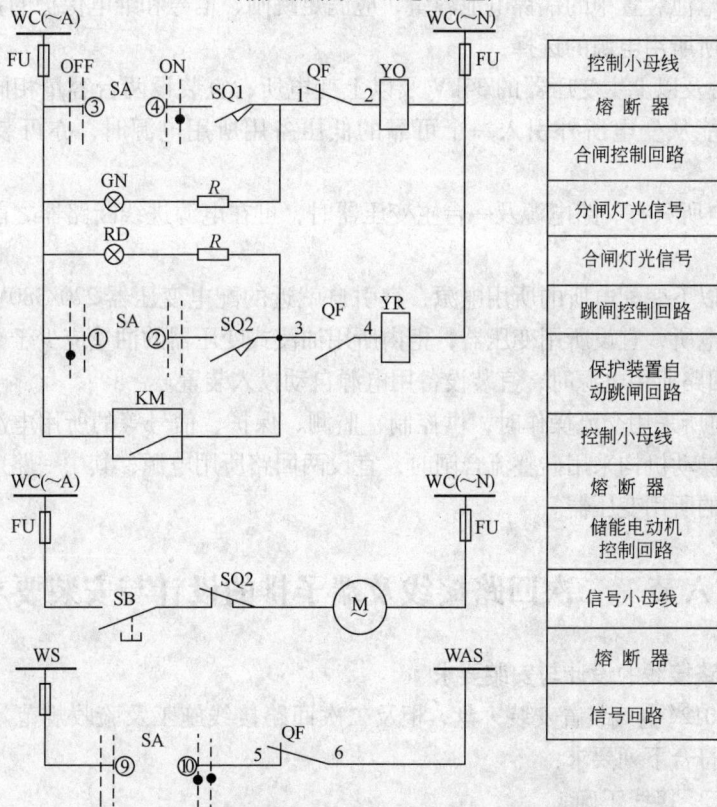

图 6-13 采用弹簧储能操动机构的断路器控制与信号回路

WC—控制小母线 WS—信号小母线 WAS—事故信号小母线 SA—控制开关 SB—按钮 RD—红色指示灯 GN—绿色
指示灯 YO—合闸线圈 YR—跳闸线圈 QF 的 1~6—断路器辅助触点 SQ1、SQ2—储能位置开关 M—储能电机

第五节　操作电源及所用电源的选择

一、二次回路操作电源的选择

1）供一级负荷的变配电所或大型变配电所，当装有电磁操动机构的断路器时，应采用220V或110V蓄电池组作为跳、合闸直流操作电源；当装有弹簧储能操动机构的断路器时，宜采用小容量镉镍电池装置作为跳、合闸操作电源。

2）中型变配电所当装有电磁操动机构的断路器时，合闸电源宜采用硅整流，跳闸电源可采用小容量镉镍电池装置或电容储能式硅整流装置。对重要负荷供电时，跳、合闸电源宜采用镉镍电池装置。当装有弹簧储能操动机构的断路器时，宜采用小容量镉镍电池装置或电容储能式硅整流装置作为跳、合闸操作电源。当采用硅整流作为电磁操动机构合闸电源时，应该校核整流合闸电流能保证断路器在事故情况下可靠性合闸。

3）小型变配电所宜采用弹簧储能操动机构合闸和去分流跳闸的全交流操作。如果10kV侧短路容量不大于100MV·A时，亦可采用手力操动机构合闸和交流去分流跳闸。

4）蓄电池组的容量，应满足下列要求：

①全所事故停电1h的放电容量。

②事故放电末期的最大冲击负荷容量。

小容量镉镍电池装置中的镉镍电池容量，应满足跳闸、信号和继电保护的要求。

二、变配电所所用电源的选择

1）在有两台及以上主变压器的35kV及以上变电所，宜装设两台容量相同互为备用的所用变压器。如果能从变电所外引入一个可靠的低压备用所用电源时，亦可装设一台所用变压器。

当35kV变电所只有一路电源及一台主变压器时，可在电源进线断路器之前装设一台所用变压器。

2）10kV及以下变配电所的所用电源，宜引自就近的配电变压器220/380V侧。重要的或规模较大的变配电所，宜设所用变压器，柜内所用油浸式变压器的油量应少于100kg。

3）当有两回路所用电源时，宜装设备用电源自动投入装置。

4）当变配电所采用交流操作时，供控制、监测、保护、信号等的所用电源，可引自电压互感器。当电磁操动机构采用硅整流合闸时，宜设两回路所用电源，其中一路应引自接在电源进线断路器之前的所用变压器。

第六节　二次回路接线及端子排的设计与安装要求

一、二次回路接线的设计与安装要求

GB50171—2012《电气装置安装·盘、柜及二次回路接线施工及验收规范》规定，二次回路的安装接线应符合下列要求：

1）按图施工，接线正确。

2）导线与电气元件间采用螺栓连接、插接、焊接或压接等，且均应牢固可靠。

3）盘、柜内的导线中间不应有接头，导线芯线应无损伤。

4）多股导线与端子、设备连接应压终端附件。

5）电缆芯线和所配导线的端部均应标明其回路编号；编号应正确，字迹清楚，且不易脱色。

6）配线应整齐、清晰、美观，导线绝缘应良好，无损伤。

7）每个接线端子的每侧接线宜为一根，不得超过两根；对于插接式端子，不同截面积的两根不得接在同一端子上；对于螺栓连接端子，当接两根导线时，中间应加平垫片。

8）盘、柜内的二次回路配线：电流回路应采用电压不低于 500V 的铜芯绝缘导线，其截面积不应小于 2.5mm^2；其他回路的铜芯绝缘导线截面积不应小于 1.5mm^2。

二、二次回路端子排的设计与安装要求

盘、柜内与盘、柜外二次回路的连接，同一盘、柜内各安装单位之间的连接，同一安装单位的一次设备与二次设备的连接，均应经过端子排。

GB 50171—2012 规定，端子排的设计与安装应符合下列要求：

1）端子排应无损坏，固定牢固，绝缘良好。

2）端子应有序号，端子排应便于更换且接线方便；离地高度宜大于 350mm。

3）强、弱电端子宜分开布置；当有困难时，应有明显标志并设空端子隔开，或设加强绝缘的隔板。

4）正、负电源之间以及经常带电的正电源与合闸或跳闸回路之间，宜以一个空端子隔开。

5）电流回路应经过试验端子；其他需断开的回路宜经特殊端子或试验端子。试验端子应接触良好。

6）潮湿环境宜采用防潮端子。

7）接线端子应与导线截面匹配，不应使用小端子配大截面导线。

8）二次回路的连接件（含端子接头）均应采用铜质制品；绝缘件（含端子绝缘件）应采用自熄性阻燃材料制品。

第七章 变配电所及柴油发电机房的布置与结构设计

第一节 变配电所的总体布置

一、变配电所总体布置方案的设计要求

1. 便于运行维护

1）有人值班的变配电所，宜设单独的值班室。值班室应尽量靠近高低压配电室，且有门与之直通。如果值班室靠近高压配电室有困难时，值班室可经走廊与高压配电室相通。值班室亦可与低压配电室合并，但放置工作桌的一面或一端，低压配电装置到墙的距离不应小于3m。

2）主变压器室应靠交通运输方便的马路侧。

3）条件许可时，可单独设工具材料室或维修室。

4）昼夜值班的独立变配电所，宜设休息室、厕所和上下水设施。

2. 保证运行安全

1）值班室内不得有高压设备。

2）值班室的门应朝外开。高低压配电室和电容器室的门应朝值班室开或朝外开，或双向开启。

3）油量为100kg及以上的电力变压器，应装设在单独的变压器室内。变压器室的大门应朝马路开；但应避免朝向露天仓库。在炎热地区，应避免朝西开门。

4）高层建筑物内，应采用干式电力变压器和无可燃油设备，或采用组合式成套变配电装置。

5）高压电容器柜一般应装设在单独的电容器室内。低压电容器柜可与低压配电屏同室布置，但电容器总容量较大时，宜装设在单独房间内。

6）所有带电部分离墙和离地的尺寸以及各室的维护操作通道的宽度，均应符合有关规范的要求，以确保运行安全。

3. 便于进出线

1）如为高压架空进线，则高压配电室宜位于进线侧。

2）考虑到变压器低压侧出线一般为裸母线，因此低压配电室宜靠近变压器室。

3）低压配电室的位置宜位于其低压架空出线侧。

4）电容器室宜与变压器室及相应电压等级的配电室相毗连，以便于进出线。

4. 节约土地和建筑费用

1）低压配电室可兼作值班室，但放置工作桌的一面或一端，低压配电装置离墙距离不得小于3m。

2）高压开关柜数量较少时，可与低压配电屏装设在同一室内，但高压柜与低压屏之间距离不得小于2m。此时值班室得另设。

3）周围环境正常的变电所，可采用露天或半露天式。如条件许可，亦可采用屋外成套变配电装置。

4）35kV 及以上的屋内变电所，宜双层布置，变压器室应设在底层。如采用单层布置，变压器宜露天或半露天安装。

5）高压配电所应尽量与邻近的车间变电所合建，以节约建筑费用。

5. 适应发展要求

1）变压器室应考虑到扩容时有更换大一级容量变压器的可能。

2）高低压配电室和电容器室，均应留有适当数量柜、屏的备用位置。

3）既要考虑到变配电所留有扩建的余地，又要考虑到不妨碍车间或工厂今后的发展。

二、变配电所总体布置方案示例

表 7-1 为 6～10kV 变配电所总体布置方案示例。这些方案中一般未示出休息室、备件库、维修间和厕所等。图 7-1 为一个 10（或 6）kV 配变电所的较完整的布置方案。

表 7-1　6～10kV 变配电所总体布置方案示例

序号	名称	型式	总体平面布置方案	序号	名称	型式	总体平面布置方案
1	高压配电所兼车间变电所	独立式		7	车间变电所	附设式	
2	高压配电所兼车间变电所	附设式		8	车间变电所	露天或半露天	
3	高压配电所兼车间变电所	露天或半露天式		9	车间变电所	附设式	
4	工厂变电所	独立式		10	车间变电所	露天半露天	
5	工厂变电所	附设式		11	车间变电所	附设式	
6	工厂变电所	露天或半露天		12	车间变电所	露天或半露天	

（续）

序号	名称	型式	总体平面布置方案	序号	名称	型式	总体平面布置方案
13	车间变电所	附设式		14	车间变电所	露天或半露天	
备注	1—变压器室或露天（半露天）变压器装置 2—高压配电室 3—低压配电室			4—值班室 5—高压电容器室 6—维修室或工具室 7—休息室			

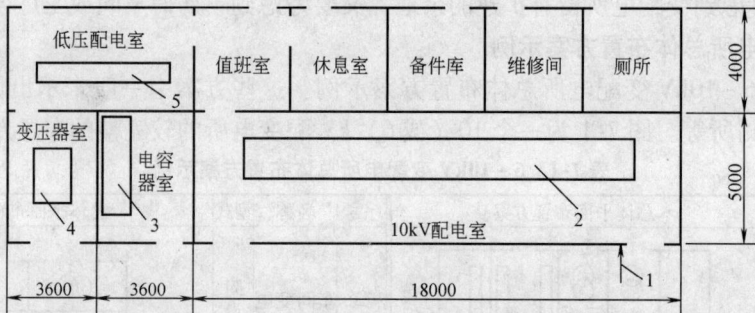

图 7-1　10（6）kV 配变电所平面布置方案

1—10(6)kV 电缆进线　2—高压开关柜　3—高压并联电容器补偿柜

4—10(6)/0.4kV 变压器　5—低压配电屏

图 7-2 为一个 35/10kV 总降压变电所的较完整的布置方案（单层布置）。

图 7-3 为一个接有两台主变压器的 35/10kV 总降压变电所的平、剖面图（双层布置）。

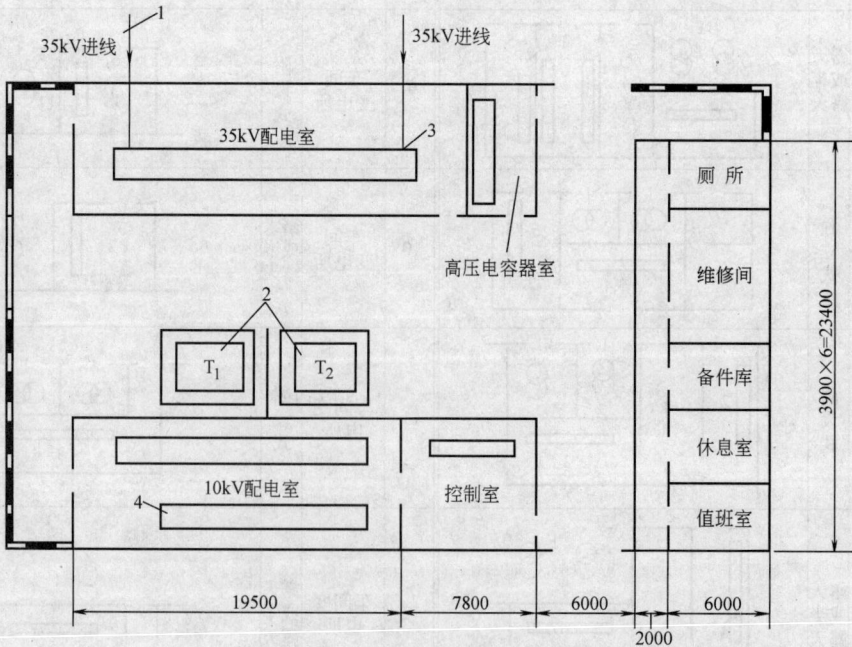

图 7-2　35/10kV 总降压变电所布置方案（单层布置）

1—35kV 架空进线　2—主变压器　3—35kV 高压开关柜　4—10kV 高压开关柜

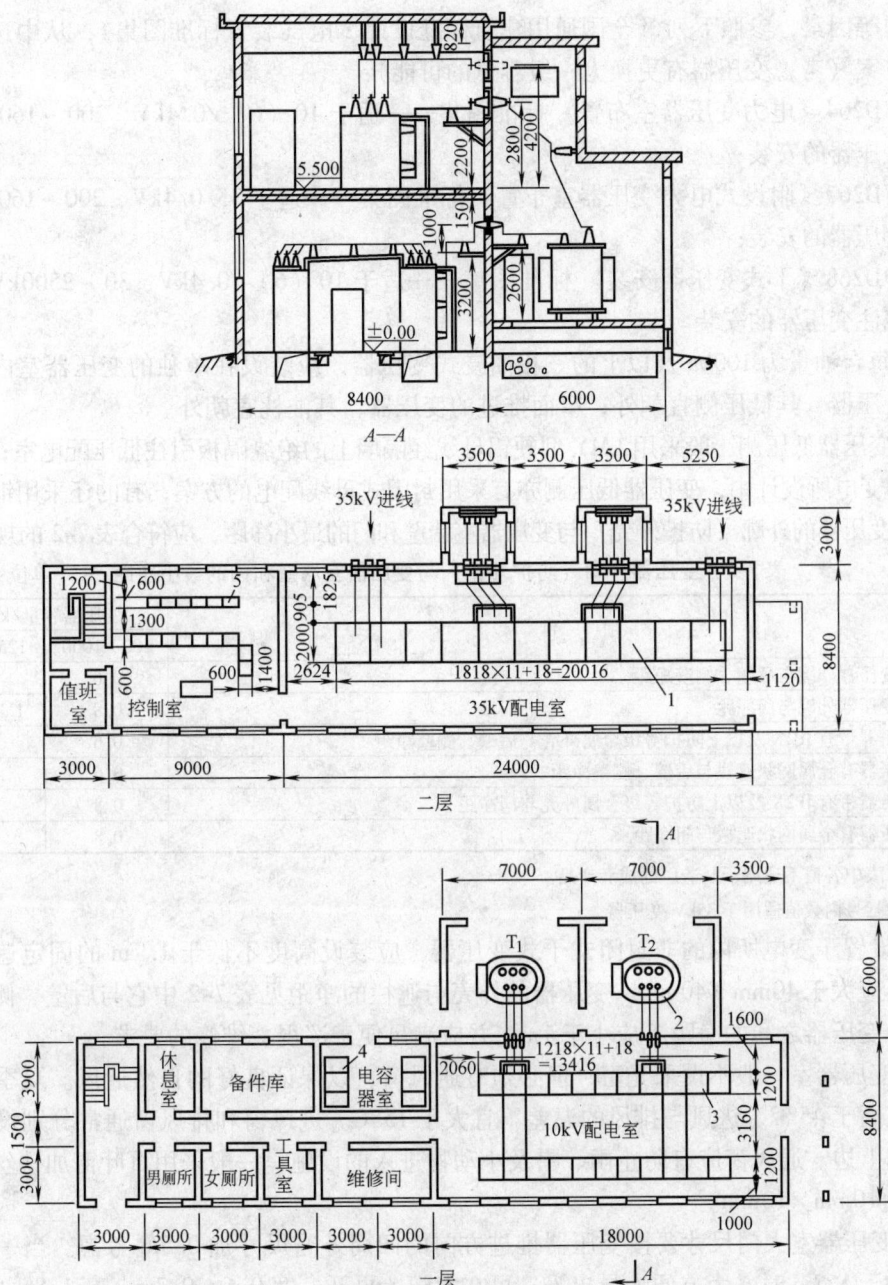

图 7-3　35/10kV 总降压变电所平、剖面图（双层布置）

1—JYN1-35 型高压开关柜　2—S9-6300/35 型变压器　3—GG-1A（F）型高压开关柜

4—GR-1 型 10kV 电容器柜

第二节　变配电所各室的具体布置与结构要求

一、变压器室的具体布置和结构要求

1）根据变压器的型式、容量、外形尺寸、推进方向、地面是否抬高以及进出线接线方案和方向等因素，参照下列《全国通用建筑标准设计·电气装置标准图集》，从中选择合适的布置方案（考虑变压器有更换大一级容量的可能）：

①88D264《电力变压器室布置》标准图集——适于10（6）/0.4kV、200～1600kV·A油浸式变压器的安装；

②97D267《附设式电力变压器室布置》标准图集——适于35/0.4kV、200～1600kV·A油浸式变压器的安装；

③99D268《干式变压器安装》标准图集——适于10（6）/0.4kV、30～2500kV·A环氧树脂浇注变压器的安装。

2）每台油量为100kg及以上的三相油浸式变压器，应装设在单独的变压器室内。宽面推进的变压器，其低压侧宜朝外；窄面推进的变压器，其油枕宜朝外。

3）变压器低压侧一般采用LMY型硬铝母线经隔墙上的绝缘隔板引往低压配电室；但在近年设计的变电所设计中，变压器低压侧亦有采用封闭式母线配电的方案，有的还采用铜母线。

4）变压器的外廓（防护外壳）与变压器室墙壁和门的最小净距，应符合表7-2的规定。

表7-2　变压器外廓（防护外壳）与变压器室墙壁和门的最小净距　　（单位：m）

项　　目	变压器容量/kV·A	
	100～1000	1250、1600
油浸式变压器外廓与后壁、侧壁净距	0.6	0.8
油浸式变压器外廓与门净距	0.8	1.0（1.2）
干式变压器带有IP2X及以上防护等级金属外壳与后壁、侧壁净距	0.6	0.8
干式变压器带有金属网状遮栏与后壁、侧壁净距	0.6	0.8
干式变压器带有IP2X及以上防护等级金属外壳与门净距	0.8	1.0
干式变压器有金属网状遮栏与门净距	0.8	1.0

注：1. 表中各值不适用于制造厂的成套产品。
　　2. 括号内数值适用于35kV变压器。

5）设置于变电所内的非封闭式干式变压器，应装设高度不低于1.7m的固定遮栏，遮栏网孔不应大于40mm×40mm。变压器的外壳与遮栏的净距见表7-2中它与后壁、侧壁的净距要求；变压器之间的净距不应小于1m，并应满足便于巡视、维修的要求。

6）变压器室一般不设采光窗，但必须有通风窗，以保证良好的自然通风。夏季的排风温度不宜高于45℃，进风与排风的温差不宜大于15℃。进风窗和排风窗通常分别设在大门的下边和上边。通风窗应有防止雨、雪及小动物进入的设施，一般采用百叶窗加铁丝网，网孔不大于10mm×10mm。

7）变压器室大门尺寸要按变压器推进方向的四周外露尺寸加0.5m考虑。当一扇大门的宽度大于1.2m时，为方便人员出入，可在大门上再开一宽0.6～0.7m、高1.8m的小门。门应朝外开。

8）可燃油油浸电力变压器室的耐火等级应为一级，非燃或难燃介质的电力变压器室的耐火等级不低于二级。

9）车间内变电所的可燃油油浸变压器室，应设置容量为100%变压器油量的储油池。有下列情况之一时，可燃油油浸变压器室应设置容量为100%变压器油量的挡油设施，或设置容量为20%变压器油量挡油池并能将油排到安全处所的设施：

①变压器室位于容易沉积可燃粉尘、可燃纤维的场所。

②变压器室附近有粮、棉及其他易燃物大量集中的露天场所。

③ 变压器室下面有地下室。

10）多台干式变压器布置在同一室内时，变压器防护外壳间的净距不应小于表7-3所列数值，并参看图7-4的布置示意图。

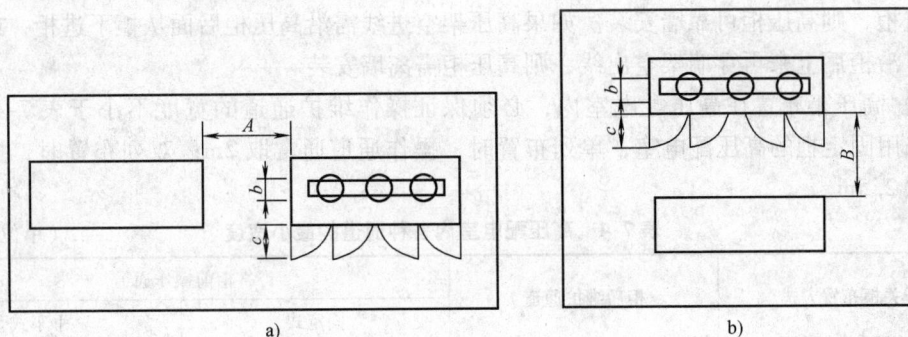

图7-4　多台干式变压器布置示意图

a）变压器之间 *A* 值　b）变压器之间 *B* 值

（参看表7-3）

表7-3　同室多台干式变压器防护外壳间的最小净距　　　（单位：m）

项　目	间距代号 （见图7-4）	变压器容量/kV·A	
		100~1000	1250、1600
变压器侧面具有 IP2X 防护等级及以上的金属外壳	*A*	0.6	0.8
变压器侧面具有 IP4X 防护等级及以上的金属外壳	*A*	可贴邻布置	可贴邻布置
考虑变压器外壳之间有一台变压器具备可拉开的防护外壳	*B**	变压器宽度 *b* 加 0.6	变压器宽度 *b* 加 0.6
不考虑变压器外壳之间有一台变压器具备可拉开的防护外壳	*B*	1.0	1.2

注：*表示变压器外壳的门应为可拆卸式。当变压器外壳的门为不可拆卸式时，其 *B* 值应是门的宽度 *C* 加变压器宽度 *b* 之和再加 0.3m。

二、户外变压器及户外箱式变电站的具体布置和结构要求

1）靠近建筑物外墙安装的变压器，不应设在倾斜屋面的低侧，以防止屋面的雨水或冰块落到变压器上面。

2）6~10kV 变压器四周应设不低于 1.7m 的围栏或隔墙。变压器外廓离围栏或墙不应小于 0.8m，其底部离地面不小于 0.3m，相邻变压器净距不小于 1.5m。

3）供给一级负荷用电或油量超过 2.5t 的相邻油浸变压器间的防火净距不应小于 5m，否则应设防火墙，墙应高出油枕顶部，墙长度应大于挡油设施两侧各 0.5m。

4）户外可燃油浸式变压器外廓距建筑物外墙不足 5m 时，在变压器高度以上 3m 的水平线以下及其外廓两侧各加 3m（6~10kV 变压器油量 1t 以下时各加 1.5m）的外墙范围内，外墙上不应有门、窗或通风孔。

5）当油浸式变压器的油量为 1t 及以上时，应设置能容纳 100% 油量的储油池，或设置能容纳 20% 的储油池，但应有能将油排往安全场所的设施。储油池的四周应高出地面 100mm，以防雨水泥沙流入池内。池内一般铺设厚度不小于 250mm 的卵石层。

6）户外箱式变电站的进出线应采用电缆。

三、高压配电室的具体布置和结构要求

1）根据高压开关柜的型式、外形尺寸、台数（计入备用台数）、靠墙还是离墙安装及

操作维护通道宽度等因素确定高压配电室的布置方案。安装要求可参看全国通用建筑标准设计·电气装置标准图集88D263《变配电所常用设备构件安装》。

2）如果高压架空线经穿墙套管引入，直接接至高压柜上边的母线，或由高压柜侧面从柜下进柜，则高压柜可靠墙安装。如果高压架空进线需沿高压柜后面从柜下进柜，或从柜下引出，沿柜后上来再穿墙架空出线，则高压柜需离墙安装。

3）高压柜布置在高压配电室内，必须保证操作维护通道的宽度不小于表7-4的规定值。采用固定柜的高压配电室，单列布置时，操作通道通常取2m；双列布置时，操作通道通常取2.5m。

表7-4　高压配电室内各种通道的最小宽度　　　　　　（单位：m）

开关柜布置方式	柜后维护通道	柜前操作通道	
		固定式	手车式
单列布置	0.8	1.5	单车长度+1.2
双列面对面布置	0.8	2.0	双车长度+0.9
双列背对背布置	1.0	1.5	单车长度+1.2

注：1. 固定式开关柜靠墙布置时，柜后与墙净距应大于50mm，侧面与墙净距应大于0.2m。

　　2. 通道宽度在建筑物的墙面遇有柱类局部凸出时，凸出部分的通道宽度可减少0.2m。

　　3. 当采用35kV手车式开关柜时，柜后通道不宜小于1m。

4）高压柜下面应设电缆沟；电缆沟应采取防水、排水措施。

5）高压配电室应有大门（双门）供搬运高压柜之用，朝外开；另设小门（单门）供人员出入用，朝值班室开，或双向开启。高压配电室长于7m时，应两端开门。

6）高压配电室宜设不能开启的采光窗。如设可开启的窗，则应有防止雨、雪及小动物进入的措施。

7）高压配电室应考虑自然通风措施。

8）高压配电室建筑的耐火等级不应低于2级。

四、低压配电室的具体布置和结构要求

1）根据低压配电屏的型式、外形尺寸、台数（计入备用台数）及操作维护通道宽度等因素确定低压配电室的布置方案。安装要求可参看全国通用建筑标准设计·电气装置标准图集88D263《变配电所常用设备构件安装》。

2）低压配电屏布置在低压配电室内，必须保证屏前后通道的宽度不小于表7-5的规定值。

表7-5　低压配电室内屏前后通道最小宽度　　　　　　（单位：m）

配电屏型式	配电屏布置方式	屏前通道	屏后通道
固定式	单列布置	1.5	1.0
	双列面对面布置	2.0	1.0
	双列背对背布置	1.5	1.5
抽屉式	单列布置	1.8	1.0
	双列面对面布置	2.3	1.0
	双列背对背布置	1.8	1.0

注：1. 当建筑物墙面遇有柱类局部凸出时，凸出部位的通道宽度可减少0.2m。

　　2. 当低压屏的背面墙上设有开关和手动操作机构时，屏后通道净宽不应小于1.5m；当屏背面的防护等级为IP2X时，可减少为1.3m。

3）如果低压配电室兼作值班室时，则放置工作桌的一面或一端，屏的正面或侧面离墙不得小于 3m。

4）低压配电屏的排列位置，要便于变压器的低压出线。

5）低压电容器柜装设在低压配电室时，电容器柜可与低压配电屏并列。

6）低压屏下面应设电缆沟，电缆沟应采取防水措施。

7）低压配电室应有门直通值班室，朝值班室开，或双向开启。

8）低压配电室长度在 7m 以上时，应设两个出口，并应尽量布置在低压配电室的两端。

9）有人值班的低压配电室应尽量采用自然采光。寒冷地区应设采暖装置；炎热地区应采取隔热、通风等措施。

10）低压配电室屋顶承重构件的耐火等级不应低于 2 级，其他部分不应低于 3 级。

五、高低压电容器室的具体布置和结构要求

1）高压电容器装置宜设置在单独的房间内。当采用非可燃介质的电容器组容量较小时，可设置在高压配电室内。

2）装配式电容器组单列布置时，网门与墙的距离不应小于 1.3m；双列布置时，网门之间的距离不应小于 1.5m。

3）成套电容器柜单列布置时，柜前通道宽度不应小于 1.5m；双列布置时，网门即柜面之间的距离不应小于 2m。

4）室内电容器装置的布置和安装设计，应符合设备通风散热条件，并保证运行维修方便。

六、值班室的具体布置和结构要求

1）有人值班的变配电所，一般应设单独的值班室。如果采用低压配电室兼作值班室，此时放置值班工作桌的一面或一端，低压屏到墙的距离不应小于 3m。

2）值班室或值班地点应与高压配电室直通；如有困难，也可经走廊与高压室相通。

3）值班室内不得有高压配电装置。

4）值班室应有良好的自然采光和通风。在寒冷地区应设采暖装置。

5）值班室通往外面的门应朝外开，而通往其他各室的门则应朝值班室开，或双向开启。

第三节　室内外配电装置的安全净距

一、室内配电装置的安全净距（见表 7-6）

表 7-6　室内配电装置的安全净距　　　　　　　　　（单位：m）

序号	适用范围	额定电压/kV							
		3	6	10	15	20	35	66	110
1	1）带电部分至接地部分之间 2）网状和板状遮栏向上延伸线距地面 2.3m 处与遮栏上方带电部分之间	0.075	0.10	0.125	0.15	0.18	0.30	0.55	0.95
2	1）不同相的带电部分之间 2）断路器和隔离开关的断口两侧引线带电部分之间	0.075	0.10	0.125	0.15	0.18	0.30	0.55	1.00

（续）

序号	适 用 范 围	额定电压/kV							
		3	6	10	15	20	35	66	110
3	1）栅状遮栏至带电部分之间 2）交叉的不同时停电检修的无遮栏带电部分之间	0.825	0.85	0.875	0.90	0.93	1.05	1.30	1.70
4	网状遮栏至带电部分之间	0.175	0.20	0.225	0.25	0.28	0.40	0.65	1.05
5	无遮栏裸导线至地（楼）面之间	2.50	2.50	2.50	2.50	2.50	2.60	2.85	3.25
6	平行的不同时停电检修的无遮栏裸导体之间	1.875	1.90	1.925	1.95	1.98	2.10	2.35	2.75
7	通向室外的出线套管至室外通道的路面	4.00	4.00	4.00	4.00	4.00	4.00	4.50	5.00

注：1. 当海拔超过1000m时，序号1和序号2的值应进行修正。

　　2. 当为板状遮栏时，序号4值可取为序号1值 +0.03m。

　　3. 室内配电装置裸露的带电部分上面不应有明敷的照明、动力线路或管线跨越。

　　4. 本表摘自 GB 50060—2008《3～110kV 高压配电装置设计规范》。

二、室外配电装置的安全净距（见表7-7）

表7-7　室外配电装置的安全净距　　　　　　（单位：m）

序号	适 用 范 围	额定电压/kV				
		3～10	15～20	35	66	110
1	1）带电部分至接地部分之间 2）网状遮栏向上延伸线距地2.5m处与遮栏上方带电部分之间	0.20	0.30	0.40	0.65	1.00
2	1）不同相的带电部分之间 2）断路器和隔离开关的断口两侧引线带电部分之间	0.20	0.30	0.40	0.65	1.10
3	1）设备运输时，其外廓至无遮栏带电部分之间 2）交叉的不同时停电检修的无遮栏带电部分之间 3）栅状遮栏至绝缘体和带电部分之间 4）带电作业时带电部分至接地部分之间	0.95	1.05	1.15	1.40	1.75
4	网状遮栏至带电部分之间	0.30	0.40	0.50	0.75	1.10
5	1）无遮栏裸导体至地面之间 2）无遮栏裸导体至建（构）筑物顶部之间	2.70	2.80	2.90	3.10	3.50
6	1）平行的不同时停电检修的无遮栏带电部分之间 2）带电部分与建（构）筑物的边缘部分之间	2.20	2.30	2.40	2.60	3.00

注：1. 当海拔超过1000m时，序号1和序号2的值应进行修正。

　　2. 室外配电装置裸露的带电部分的上面和下面不应有照明、通信和信号线路架空跨越或穿过。

　　3. 本表摘自 GB 50060—2008《3～110kV 高压配电装置设计规范》。

第四节　变压器室的土建设计技术要求

一、油浸式变压器的变压器室土建设计技术要求（见表7-8）
二、干式变压器的变压器室土建设计技术要求（见表7-9）

表7-8 油浸式变压器的变压器室土建设计技术要求

建筑型式	敞开式	封闭式	
		地坪低式	地坪高式
建筑耐火等级	一级		
墙壁	内墙面不必抹灰，但须勾缝刷白，墙基须防止变压器油侵蚀		
地坪	采用卵石或碎石铺设，厚度250mm。变压器四周沿墙宽600mm的地坪，需采用水泥抹平		采用水泥地坪，应向中间通风及排油孔作2%的坡度
屋面	应有隔热层及良好可靠的防水和排水措施。平屋顶也应有必要的坡度。一般不设女儿墙		
	—	还应有保温层	
顶棚	应刷白		
屋檐	须伸出外墙面，以防雨水沿墙流淌。车间内式则不需屋檐		
门	—	不允许用可燃材料制作。须采取措施防止雨、雪及小动物进入室内。进风窗和出风窗均采用百叶窗，内设网孔不大于10mm×10mm的铁丝网	
			门下方的进风窗采用百叶窗，内设网孔不大于10mm×10mm的铁丝网
	大门及大门上的小门均应向外开，并能开成120°及以上。门外侧露有把手及锁搭扣（或锁环门闩），其高度应考虑人在室外开启方便。如双扇门的单扇宽度为1.5m及以上时，应在其中一扇上加开供维护人员出入的小门。小门须能自动闭锁，且自室内能不用钥匙开启（如装弹簧门锁）。小门宽度为600~700mm		
	宜为轻型金属网门，其网格上半部不大于40mm×40mm，下半部不大于10mm×10mm。门高不应低于1.8m	应采用非燃烧体或难燃体的实体门	
		—	大门上开有小门时，应尽量降低小门的门槛，使在室内外地坪标高不同时出入方便
其他	—	—	门口应设有供人员进出上下的轻型钢筋梯
	在需要时需设变压器吊芯检查用的吊钩及安装搬运用的地锚		

注：本表根据电气装置标准图集88D264《电力变压器室布置》编制。

表7-9 干式变压器的变压器室土建设计技术要求

变压器的安装型式	变压器独立布置（独立变压器室）		变压器与高低压配电装置同室布置	
	带外罩	不带外罩	带外罩	不带外罩
建筑物耐火等级	二级			
墙壁	内墙面不必抹灰，但需勾缝刷白		内墙面抹灰、勾缝刷白	
地坪	水泥压光		水泥压光，或水磨石	
屋面	应有隔热层及良好可靠的防水和排水措施。平屋顶应有必要的坡度。一般不设女儿墙			
	—		还应有保温层	
顶棚	刷白			
屋檐	防止屋面的雨水沿墙面流淌			

（续）

变压器的安装型式	变压器独立布置（独立变压器室）		变压器与高低压配电装置同室布置	
	带外罩	不带外罩	带外罩	不带外罩
采光窗	不设采光窗		自然采光，允许装木窗。能开启的窗应设纱窗。窗台高度≥1.8m	
				靠近带电部分的窗采用固定窗
通风窗	允许装木制的通风窗。须采取措施防雨、雪和小动物入室			
	出风窗采用百叶窗		进、出风窗均采用百叶窗	
	门上的进风窗也采用百叶窗，内设网孔不大于10mm×10mm的铁丝网			
门	朝外开启的非防火门。单扇门宽≥1.5m时，在双扇门的一扇上应加开供维护人员出入的朝外开启的小门			
	小门应装弹簧锁。小门及大门的开启角度≥120°			
其他	—			变压器周围应设轻型金属隔离网，其网格上半部不大于40mm×40mm，下半部不大于10mm×10mm，高度不低于1.7m
	需要时设安装搬运时的地锚		—	

注：本表据标准图集99D268《干式变压器安装》编制。

第五节 柴油发电机组的选择及机房的布置

一、应急柴油发电机组容量的选择

应急柴油发电机组的容量选择，应满足下列条件：

1）柴油发电机组的额定功率 P_N，应不小于所供全部应急负荷的最大计算负荷 P_{30}，即

$$P_N \geqslant P_{30} \qquad\qquad (7\text{-}1)$$

在初步设计中，柴油发电机组的容量（视在功率）S_N，可按用户变电所主变压器容量 $S_{N.T}$ 的 10%～20% 选择，一般取为 $S_{N.T}$ 的15%，即

$$S_N \approx (0.1 \sim 0.2)S_{N.T} \approx 0.15 S_{N.T} \qquad\qquad (7\text{-}2)$$

2）在柴油发电机组所供电的应急负荷中，最大的感应电动机容量 $P_{N.M}$ 与柴油发电机组容量 P_N 之比，不宜大于25%，以免该电动机起动时使变电所母线电压下降过甚，影响其他应急负荷的正常运行，即

$$P_N \geqslant 4P_{N.M} \qquad\qquad (7\text{-}3)$$

应急柴油发电机组的单台容量不宜大于 1000kW。如果应急负荷大于 1000kW 时，则宜选用两台或多台机组。

二、柴油发电机房的结构布置要求

1）机房的结构布置，应保证运行安全可靠、经济合理、布置紧凑、维护方便。

2）机房与控制室、配电室毗邻时，发电机出线端及电缆沟宜靠控制室、配电室一侧。

3）机房宜靠近一级负荷或变配电所。

4）机房不应设在厕所、浴室或其他经常积水场所的正下方或与之贴邻。

5）机房应有良好的自然通风与采光，并便于废气的排出。应设有防烟、排烟设施。

6）机房应做隔音处理或装设消音器。

7）机房基础应有隔振措施。机组设在主体建筑内时，应防止机组运行时与房屋产生共振。

8）机房内应设有洗手盆或落地式洗涤槽。

9）机房宜做水泥压光地面，并应有防止油、水渗入地面的措施。

10）机房如设在高层建筑的地下室时，还应满足下列要求：

①机房应至少有一侧靠高层建筑的外墙。

②机房内气流分布合理，有足够的新风入口，热风及排烟管道应伸出室外。

③对所有电气设备，应处理好防潮、消音及散热等问题。

④应考虑好设备的吊装、搬运和检修等条件，根据需要，留好吊装孔。

11）机房内的有关尺寸应满足机组安全运行的要求。国产柴油发电机组外廓与墙壁的净距不应小于表7-10所推荐的尺寸，其对照的机组布置图如图7-5所示。

表 7-10　国产柴油发电机组布置的推荐尺寸　　　　（单位：m）

机组容量/kW			64 及以下	75 ~ 150	200 ~ 400	500 ~ 800
机组外壳部位及代号（见图7-5）	机组操作面	a	1.60	1.70	1.80	2.20
	机组背面	b	1.50	1.60	1.70	2.00
	柴油机端 *	c	1.00	1.00	1.20	1.50
	机组间距	d	1.70	2.00	2.30	2.60
	发电机端	e	1.60	1.80	2.00	2.40
	机房净高	—	3.50	3.50	4.00 ~ 4.30	4.30 ~ 5.00

注：* 表示表中柴油机距排风口百叶窗间距，是根据国产封闭式自循环水冷却方式机组而定。当机组冷却方式与本表不同时，其间距应按实际情况选定。如果机组设在地下层，其间距可适当加大。

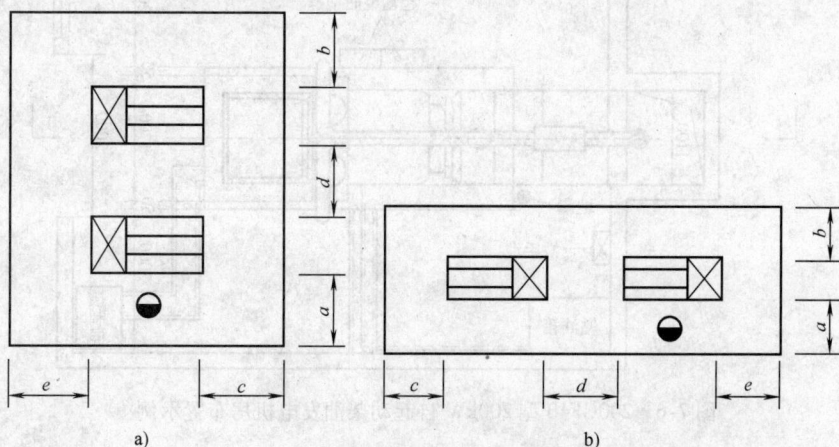

图 7-5　国产柴油发电机组布置图

a）机组垂直布置　b）机组平行布置

三、机组控制室的结构布置要求

1）单台柴油发电机组容量在 500kW 及以下者，一般可不设控制室，控制屏就装设在机房内，如图 7-6 所示。多台机组及单机容量在 500kW 及以上者，宜另设控制室。

2）控制室布置应便于运行、维护，通风和采光良好，进出线方便。控制室内不应有油、气等管道通过。

3）控制屏正面的操作通道宽度，单列布置时不小于 1.5m，双列布置时不小于 2.0m。控制屏离墙安装时，屏后维护通道为 0.8～1.0m。

4）当控制室长度大于 7m 时，应有两个出口，出口宜在室的两端。门应向外开。

5）控制室宜做水磨石地面，或铺设瓷砖。

四、柴油发电机房布置示例（见图 7-6）

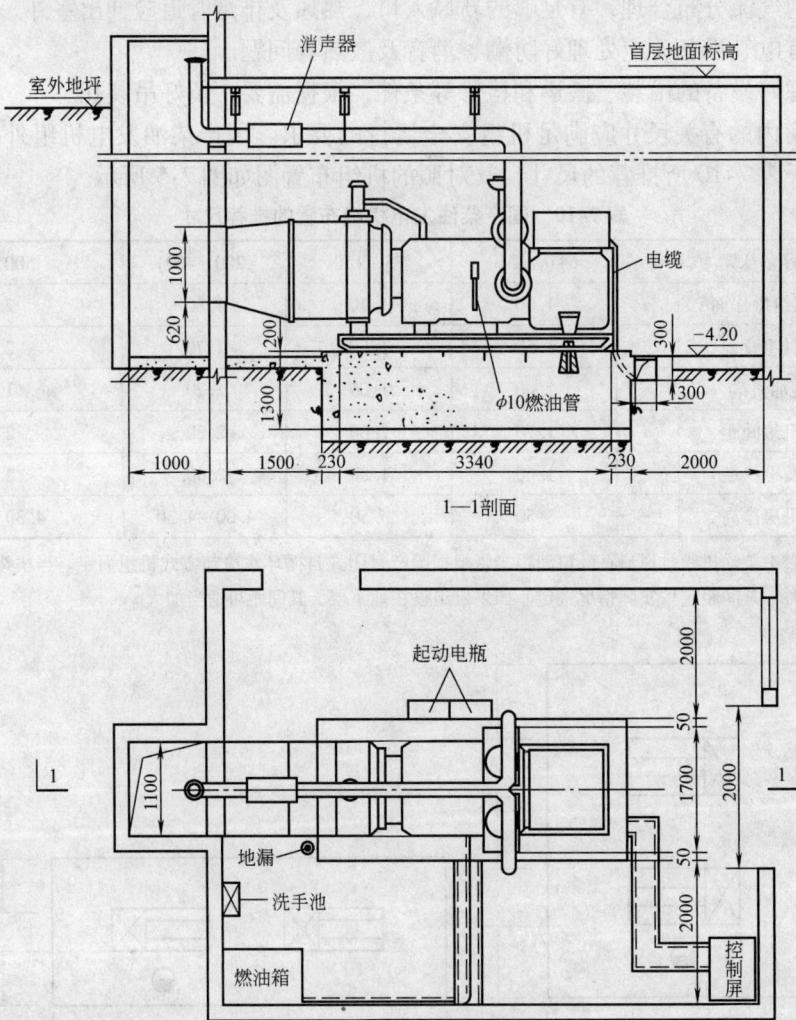

图 7-6　200GF40 型 200kW 自起动柴油发电机房布置示例

第八章 供配电线路的设计计算

第一节 变配电所进出线的选择

一、变配电所进出线的选择范围

1. 高压进线

1) 如为专用线路,应选线路全长。

2) 如为从公用干线分支引至工厂变配电所,则仅选从公共干线引至变配电所的分支线。

3) 对于靠墙安装的高压开关柜,柜下进线时一般需经电缆引入,因此架空进线至变配电所高压侧,还需选一段引入电缆。

2. 高压出线

1) 对于全线一致的架空出线或电缆出线,应选线路的全长。

2) 如经一段电缆从高压开关柜引出再经架空出线,则变配电所高压出线的选择只选这一段引出电缆,而架空出线可在厂区配电线路设计中考虑。

3. 低压出线

1) 如采用电缆配电,应选线路的全长。

2) 如经一段穿管绝缘导线引出再经架空出线,则变配电所低压出线的选择只选一段引出的穿管绝缘导线,而架空出线可在厂区低压配电线路或车间配电线路的设计中考虑。

二、变配电所进出线方式的选择

1. 架空线 在供电可靠性要求不很高或投资较少的中小型工厂供电设计中优先选用。

2. 电缆 在供电可靠性要求较高或投资较多的各类工厂供电设计中优先选用。

三、变配电所进出线导线和电缆型式的选择

1. 高压架空线

1) 一般采用铝绞线。

2) 当档距较大、电杆较高时,宜采用钢芯铝绞线。

3) 沿海地区及有腐蚀性介质的场所,宜采用铜绞线或防腐铝绞线。

2. 高压电缆线

1) 一般环境和场所,采用铝芯电缆;但在重要场所及有剧烈振动、强烈腐蚀和有爆炸危险等场所,应采用铜芯电缆。

2) 在有火灾危险的场所,宜采用阻燃型(Z 型或 ZR 型)电缆。在出现火灾时,仍要求能在一定时间内保持正常运行的线路,应采用耐火型(NH 型)电缆。

3) 埋地敷设的电缆,应采用有外护层的铠装电缆;但在无机械损伤可能的场所,可采用塑料护套电缆或带外护层的铅包电缆。

4) 在可能发生位移的土壤中(如沼泽地、流沙带、大型建筑物附近)埋地敷设的电缆及

水下敷设的电缆，应采用钢丝铠装电缆。水下电缆的外面还应有耐腐蚀的防水塑料外护层。

5）敷设在管内或排管内的电缆，一般采用塑料护套电缆，也可采用裸铠装电缆。

6）电缆沟内敷设的电缆，一般采用裸铠装电缆、塑料护套电缆或裸铅包电缆。

7）交联聚乙烯绝缘电缆具有优良的性能，宜优先选用。

8）电缆除按敷设方式及环境条件选择外，还应符合线路电压的要求。

电缆的额定电压，现在多用"$U_\circ/U$"的形式表示：$U_\circ$是指电缆芯线对地（即对电缆绝缘屏蔽层或金属护套之间）的额定电压，应满足所在电力系统中性点接地方式运行的要求；U是指电缆各相芯线之间的额定电压，应不低于所在电力系统的最高工作电压U_{max}。

电缆的额定电压$U_\circ/U$应按表8-1进行选择[9]。

表8-1　电缆额定电压的选择　　　　　　　　（单位：kV）

系统（线路）额定电压U_N		0.22/0.38	3	6	10	35
电缆额定电压 $U_\circ/U$	$U_\circ$第Ⅰ类	0.6/1 (0.3/0.5) (0.45/0.75)	1.8/3	3/6	6/10	21/35
	$U_\circ$第Ⅱ类		3/3	6/6	8.7/10	26/35
缆芯之间的工频最高电压U_{max}			3.6	7.2	12	42
缆芯对地的雷电冲击耐受电压峰值U_{pk}			60　75	75　95	200　250	

注：1. 表中括号内数值只能用于建筑物内的配电线路，不包括建筑物的电源进线。

　　2. 表中"$U_\circ$第Ⅰ类"，指系统中单相接地故障持续时间不超过1min者选用的$U_\circ$；"$U_\circ$第Ⅱ类"，指系统中单相接地故障持续时间在1min~2h之间者选用的$U_\circ$。一般情况下，220/380V系统只选用第Ⅰ类$U_\circ$，而3~35kV系统应选用第Ⅱ类$U_\circ$。

3. 低压穿管绝缘导线　一般可采用铝芯绝缘线，但住宅建筑内及其他重要场所和要求供电可靠性高的线路，均应采用铜芯绝缘线。

4. 低压电缆线

1）一般采用铝芯电缆，但特别重要的及有特殊要求的线路应采用铜芯电缆。

2）明敷电缆一般采用裸铠装电缆。当明敷在无机械损伤可能的场所，允许采用无铠装电缆。明敷在有腐蚀性介质场所的电缆，应采用塑料护套电缆或防腐型电缆。在有火灾危险的场所，应选用阻燃型或耐火型电缆。

3）敷设在电缆沟内的电缆，一般采用塑料护套电缆，也可采用裸铠装电缆。

4）TN系统的出线电缆，应采用四芯或五芯电缆。

第二节　厂区配电线路的设计

一、厂区配电电压的选择

（一）高压配电电压的选择

1）一般采用10kV电压。

2）如果工厂6kV用电设备的容量较大，或者供电电源的电压为6kV，则可考虑采用6kV电压。

3）如果工厂的总负荷较大，而且6kV和10kV的负荷两者的比重相近，则可考虑采用三绕组变压器供电的 6kV 和 10kV 两种配电电压并存的方案。

4）当供电电压为 35kV，能减少配变电级数、简化接线、技术经济合理且厂区具有"安全走廊"的环境条件时，可采用 35kV 作厂区配电电压。

（二）低压配电电压的选择

1）一般采用 220/380V 电压。

2）在条件具备时，可考虑采用 380/660V 电压，特别是配电距离较长的低压系统，如井下坑道的低压配电。

二、厂区配电系统接线方案的选择

（一）高压配电系统常见的接线方案选择

表 8-2 列出高压配电系统常见的接线方案及其适用范围，可供选择参考。

表 8-2　高压配电系统常见的接线方案及其适用范围

序号	接线方案名称	接线方案示意图	方案特点	适用范围
1	单回路放射式	6~10kV 备用电源 M	线路敷设容易，维护简便，易于实现自动化，且运行中线路之间互不影响，较之单回路树干式的供电可靠性高，但高压开关设备用得较多，投资较高	一般用于配电给二、三级负荷及专用设备；但对二级负荷供电时，应尽可能有备用电源。如果另有独立的备用电源时，也可供一级负荷
2	双回路放射式	6~10kV	对重要负荷由两段母线用双回路供电，两条回路互为备用，因而大大提高了供电可靠性	可用于配电给二级负荷。当双回路来自两个独立电源时，可供一级负荷
3	有公共干线的放射式	6~10kV 6~10kV 备用电线	公共干线作为公共的备用线，供电可靠性也较高，较之双回路放射式又比较经济，能节约投资和有色金属消耗量	用于配电给二级负荷。如备用干线是由独立电源供电，且相连的分支线又不多时，也可供一级负荷
4	单回路树干式	6~10kV	较之单回路放射式，能大大减少高压开关设备数量，减少投资和有色金属消耗量；但对实现自动化的适应性较差，供电可靠性低，且运行操作较麻烦	一般用于对三级负荷供电，每条干线装接的变压器台数不宜超过 5 台，总容量不宜超过 2300kV·A

（续）

序号	接线方案名称	接线方案示意图	方案特点	适用范围
5	单侧供电双回路树干式		供电可靠性高于单回路树干式，稍低于双回路放射式；但投资较双回路放射式低	一般用于供二、三级负荷
6	双侧供电单回路树干式		供电可靠性与单侧供电双回路树干式相当。正常运行时由一侧供电，或在线路的负荷分界处断开，故障后手动切换；但寻找故障时要中断供电	用于供二、三级负荷
7	双侧供电双回路树干式		两条回路分别由两个电源供电。与单侧供电双回路树干式相比，供电可靠性略有提高	主要用于供二级负荷
8	环形		由同一个电源供电。正常情况下，一般为开环运行；但寻找故障时要中断供电。现在推行采用装负荷开关的环网柜（参看表4-7）	一般用于二、三级负荷

（二）低压配电系统常见的接线方案选择

表8-3列出低压配电系统常见的接线方案及其适用范围，可供选择参考。

（三）低压配电系统常见的接地型式选择

表8-4列出低压配电系统常见的接地型式及其适用范围，可供选择参考。

表 8-3 低压配电系统常见的接线方案及其适用范围

序号	接线方案名称	接线方案示意图	方案特点	适用范围
1	放射式	220/380V	线路之间互不影响,供电可靠性较高,配电设备集中,运行维修也较方便,但配电设备及有色金属消耗量较多	一般用于供容量大、负荷集中或较重要的负荷,以及需要集中联锁起动、停车的用电设备。对重要负荷,可采用由不同母线段或不同电源供电的双回路放射式,互为备用
2	树干式	220/380V 220/380V	配电设备及有色金属消耗量较少,但干线故障时停电范围大,供电可靠性较低	一般用于负荷布置较均匀、彼此邻近、容量不大的场合
3	环形	220/380V 220/380V 220/380V	供电可靠性较高。任一段线路故障,都不致造成停电,或只短时停电。但保护装置及其整定配合复杂,一般采用"开口"环形运行	广泛用于工厂内各车间变电所低压侧之间的联络线,彼此连成环形,互为备用

表 8-4 低压配电系统常见的接地型式及其适用范围

序号	接地型式的名称		系统接线图	特点	适用范围
1	TN 系统	TN - C 系统	电源 A B C PEN 负荷 三相设备 单相	中性线(N 线)与保护线(PE 线)合而为一根保护中性线(PEN 线),设备外壳接 PEN 线	适用于对安全要求及抗电磁干扰要求不高的场所,如一般工厂车间

（续）

序号	接地型式的名称	系统接线图	特点	适用范围
1	TN 系统 — TN - S 系统		中性线（N 线）与保护线（PE 线）分开，设备外壳接 PE 线	适用于对安全要求及抗电磁干扰要求较高的场所，如计算机房、浴室、居民住宅等地
	TN - C - S 系统		低压配电系统的前一部分为 TN - C 系统，后一部分为 TN - S 系统	前一部分适用于安全要求及抗电磁干扰要求不高场所，后一部分适用于安全要求及抗电磁干扰要求较高场所
2	TT 系统		低压配电系统设有中性线（N 线）没有保护线（PE 线），设备外壳直接接地	适用于抗电磁干扰要求较高，但触电危险性增高，必须装设灵敏的漏电保护装置
3	IT 系统		低压电源中性点不接地或经高阻抗（约 1000Ω）接地，没有中性线（N 线），设备外壳直接接地	适用于对连续供电要求较高或对抗电磁干扰要求较及有易燃易爆危险的场所，如矿山、井下等地

三、厂区架空线路的设计

（一）架空线路路径和杆位选择的一般要求

1）应沿干道平行敷设，并宜避开起重机械频繁活动的地区和露天仓库（堆放场）。

2）应尽可能减少与其他设施的交叉和跨越建筑物。

3）接近有爆炸物、易燃物和可燃气（液）体的厂房、仓库、贮罐等设施时，应符合GB 50058—2014《爆炸危险环境电力装置设计规范》的有关规定。

（二）架空线路导线的选择

1）一般采用铝绞线；跨距（档距）较大和机械强度要求较高时采用钢芯铝绞线。

2）在对导线有腐蚀作用的地段及离海岸 5km 以内的工业区，宜采用防腐型钢芯铝绞线或铜绞线。不得采用单股铜线。

3）通过人员拥挤场所、靠近高层建筑群和住宅区及空气质量欠佳地区的中、低压架空线路，宜采用绝缘导线。

关于导线截面积的选择，将在本章第四节介绍。

（三）导线在电杆上排列方式的选择

1）6~10kV 单回路架空线，一般采用三角形排列。35kV 及以上单回路架空线，一般采用水平排列。低压架空线路，一般采用水平排列。PE、PEN 线宜靠近电杆。

2）高低压线路同杆架设时，高压线在上，低压线在下。

（四）架空线路的有关间距及交叉的要求

1. 架空线路的档距（见表 8-5）

表 8-5　架空线路的档距　　　　（单位：m）

地　　区	35~66kV 线路	3~10kV 线路	3kV 以下线路
市区	60~100	45~50	40~50
郊区	70~150	50~100	40~60

2. 架空线路导线间的最小距离（见表 8-6）

表 8-6　架空线路导线间的最小距离　　　　（单位：m）

线路电压及导线排列方式	线路档距/m								
	≤40	50	60	70	80	90	100	110	120
采用悬式绝缘子的 35kV 线路，导线水平排列	—	—	—	1.5	1.5	1.75	1.75	2.00	2.00
采用悬式绝缘子的 35kV 线路，导线垂直排列 采用针式绝缘子或瓷横担的 20~35kV 线路，不论导线排列方式	—	1.0	1.25	1.25	1.50	1.50	1.75	1.75	1.75
采用针式绝缘子或瓷横担的 3~10kV 线路，不论导线排列方式	0.60	0.65	0.70	0.75	0.85	0.90	1.00	1.05	1.15
采用针式绝缘子的 3kV 以下线路，不论导线排列方式	0.30	0.40	0.45	0.50	—	—	—	—	—

3. 采用绝缘导线的不同电压线路同杆架设时各层横担间的最小垂直距离（见表 8-7）

表 8-7　采用绝缘导线的不同电压线路同杆架设时各层横担间的最小垂直距离　（单位：m）

线路排列形式	直线杆	分支杆或转角杆	线路排列形式	直线杆	分支杆或转角杆
3～10kV 与 3～10kV	0.8	0.45/0.6	3kV 与 3kV 以下	0.6	0.3
3～10kV 与 3kV 以下	1.2	1.0			

注：表中 0.45/0.6 系指距上面横担 0.45m，距下面横担 0.6m。

4. 架空线路导线对其他部位的最小间距（见表 8-8 和表 8-9）

表 8-8　架空线路导线对地面的最小垂直距离　（单位：m）

线路经过地区	35～66kV 线路	3～10kV 线路	3kV 以下线路
人口密集地区	7.0	6.5	6.0
人口稀少地区	6.0	5.5	5.0
交通困难地区	5.0	4.5	4.0

表 8-9　架空线路导线与建筑物的最小距离　（单位：m）

线路与建筑物距离	66kV 线路	35kV 线路	3～10kV 线路	3kV 以下线路
线路跨越建筑物垂直距离	5.0	4.0	3.0	2.5
线路边线与建筑物水平距离	4.0	3.0	1.5	1.0

5. 弱电线路等级划分及其与架空线路的交叉角（见表 8-10）

表 8-10　弱电线路等级划分及其与架空线路的交叉角

弱电线路级别	弱电线路内容	与架空线路交叉角
一级弱电线路	1. 首都与各省（市）、自治区（特区）所在地及其相互联系的通线路 2. 首都至各重要工矿城市、海港的以及由首都通达国外的通信线路 3. 邮电部指定的其他国内和国际通信线路 4. 铁道部与各铁路局及铁路局之间联系用的通信线路，以及铁路信号自动闭锁装置专用线路	≥45°
二级弱电线路	1. 各省（市）、自治区（特区）所在地与各市、县及其相互间的通信线路 2. 相邻两省（自治区、特区）及市、县相互间的通信线路 3. 一般市内电话线路 4. 铁路局与各站、段及站段相互间的通信线路，以及铁路信号闭锁装置线路	≥30°
三级弱电线路	1. 县至乡村的县内线路和两对及以下的城郊线路 2. 铁路的地区线路及有线广播线路	不限

6. 架空线路与铁路、道路、河流、管道、索道及各种架空线路交叉或接近时的基本要求（见表 8-11）

表 8-11　架空线路与铁路、道路、河流管道、索道及各种架空线路交叉或接近时的基本要求

项目		铁路	公路和道路	电车道（有轨及无轨）	通航河流	不通航河流	架空明线弱电线路	电力线路	特殊管道	一般管道、索道
导线或地线在跨越档接头		标准轨距：不得接头；窄轨：不限制	高速公路—、二级公路及城市—、二级道路：不得接头；三、四级公路和城市三级道路：不限制	不得接头	不限制	不限制	一、二级：不得接头；三级：不限制	35kV及以上：不得接头；10kV及以下：不限制	不得接头	不得接头
交叉档导线最小截面积		35kV及以上采用钢芯铝绞线为35mm²；10kV及以下采用铝绞线或铝合金线为35mm²，其他导线为16mm²								
交叉档距绝缘子固定方式		双固定	高速公路及一、二级公路及城市、二级道路为双固定	双固定	双固定	双固定	10kV及以下线路跨一、二级为双固定	10kV线路跨6~10kV线路为双固定	双固定	双固定
最小垂直距离/m 线路电压		至标准轨顶轨顶 / 至承力索或接触线	至路面	至路面 / 至承力索或接触线	至常年高水位 / 至最高航行水位的最高船桅杆	至最高洪水位 / 冬季至冰面	至被跨越线	至被跨越线	至管道任何部分	至索道任何部分
	35~66kV	7.5 / 3.0	7.0	10.0 / 3.0	6.0 / 2.0	3.0 / 5.0	3.0	3.0	4.0	3.0
	3~10kV	7.5 / 3.0	7.0	9.0 / 3.0	6.0 / 1.5	3.0 / 5.0	2.0	2.0	3.0	2.0
	3kV以下	7.5 / 3.0	6.0	9.0 / 3.0	6.0 / 1.0	3.0 / 5.0	1.0	1.0	1.5	1.5

（续）

项目	铁路 杆塔外缘至轨道中心		公路和道路 杆塔外缘至路基边缘			电车道(有轨及无轨) 杆塔外缘至路基边缘		通航河流 边导线至斜坡上缘 (线路与卜拉纤小路平行)	不通航河流	架空明线弱电线路 边导线间		电力线路 至被跨越线		特殊管道索道 边导线至管道索道任何部分	
线路电压	交叉	平行	开阔地区	路径受限制地区	市区内地区	开阔地区	路径受限制地区			开阔地区	路径受限制地区	开阔地区	路径受限制地区	开阔地区	路径受限制地区
最小水平距离/m 35~66kV	30	最高杆(塔)高加3m	交叉:8.0 平行:最高杆塔高	5.0	0.5	交叉:8.0 平行:最高杆塔高	5.0	最高杆(塔)高	最高杆(塔)高	最高杆(塔)高	4.0	最高杆(塔)高	5.0	最高杆(塔)高	4.0
3~10kV	5	5	0.5	0.5	0.5	0.5	0.5	最高杆(塔)高	最高杆(塔)高	最高杆(塔)高	2.0	最高杆(塔)高	2.5	最高杆(塔)高	2.0
3kV以下	5	5	0.5	0.5	0.5	0.5	0.5	最高杆(塔)高	最高杆(塔)高	最高杆(塔)高	1.0	最高杆(塔)高	2.5	最高杆(塔)高	1.5
其他要求	35~66kV不宜在铁路出站信号机以内跨越		在不受环境和规划限制的地区架空电力线路与国道的距离不宜小于20m，省道不宜小于15m，县道不宜小于10m，乡道不宜小于5m			—		最高洪水位时，有抗洪抢险船只航行的河流，垂直距离应协商确定		电力线应架设在上方；交叉点应尽量靠近杆塔，但不应小于7m（市区外）		电压高的线路应架设在电压低的线路上方；电压相同时公用线应在专用线上方		与索道交叉，如索道在上方，下方索道应装设保护措施；交叉点在管道检查井处，应另选；与管道、索道平行、交叉时，管道、索道应接地	

注：
1. 特殊管道指架设在地面上输送易燃、易爆物的管道。
2. 管道、索道上的附属设施，应视为管道、索道的一部分。
3. 常年高水位是指5年一遇水位，最高洪水位对35kV及以上架空电力线路是指百年一遇洪水位，对10kV及以下架空电力线路是指50年一遇洪水位。
4. 不能通航河流指不能通航，也不能浮运的河流。
5. 对路径受限制地区的最小水平距离主要是考虑电力线导线与承力索和接触线的要求，应设计及架空电力线路导线的距离按实际情况确定。
6. 对电气化铁路的安全距离主要是电力线导线与承力索和接触线的最大风偏，因此，对电气化铁路轨顶的距离按实际情况确定。

（五）电杆的选择

1. 电杆高度的确定　电杆的高度应根据线路的电压等级、导线对地的安全距离以及当地的地形、土质与气象条件等因素确定，而且与绝缘子的型式和安装方式有关。

电杆的高度 H 一般可按下式确定（参看图 8-1）：

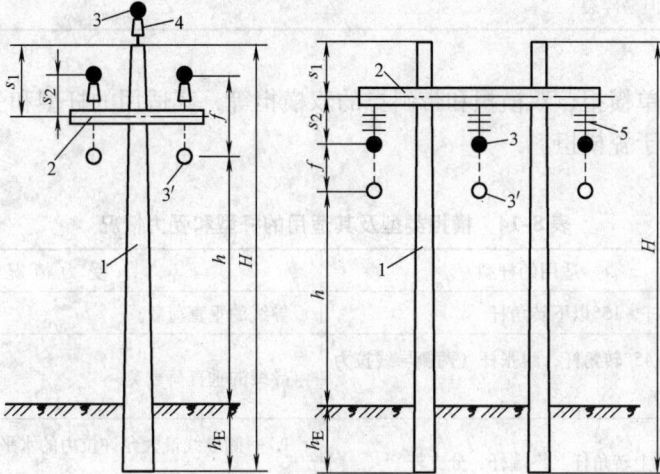

图 8-1　电杆的高度尺寸

1—电杆　2—横担　3—导线　3′—最低点导线　4—针式绝缘子　5—悬式绝缘子

$$H \geqslant s_1 \pm s_2 + f + h + h_E \tag{8-1}$$

式中　s_1——横担轴线至杆顶的距离；

s_2——导线与绝缘子的固定点至横担轴线的距离，悬式绝缘子取"＋"，针式绝缘子取"－"；

f——导线的弧垂，应按最热时最大弧垂考虑；

h——导线对地面或水面的最小垂直距离；

h_E——电杆埋地深度。

2. 电杆埋地深度的确定　电杆的埋地深度，与电杆的材料、高度、荷载及当地土质情况等因素有关。水泥电杆的埋深一般可按电杆总长的 1/6 考虑，或按表 8-12 确定。但是如果当地土质比较松软，则应适当增加埋地深度，相应地电杆总长度也应适当增加。

表 8-12　水泥电杆的尺寸及埋地深度

电杆总长/m	7	8		9		10		11	12	13
梢径/mm	150	150	170	150	190	150	190	190	190	190
底径/mm	240	256	277	270	310	283	323	337	350	363
埋地深度/m	1.2	1.5		1.6		1.7		1.8	1.9	2.0

（六）横担的选择

横担的类型、优缺点及其适用范围如表 8-13 所示。

表8-13　横担的类型、优缺点及其适用范围

类型	优　缺　点	适　用　范　围
木横担	加工容易，具有较好的绝缘性能，但易腐朽	木材丰富的山区
角铁横担	具有很好的力学性能，但易锈蚀，需定期涂漆防锈	广泛用于高低压架空线路上
瓷横担	具有良好的绝缘性能，能节省木材和钢材，降低电杆高度，且安装方便，但易碎裂	6~10kV 架空线路中宜优先选用

横担的型式有单横担、双横担和带斜撑的双横担等，其适用的杆型和受力情况如表8-14所示。此表不适用于瓷横担。

表8-14　横担类型及其适用的杆型和受力情况

横担类型	适用的杆型	受　力　情　况
单横担	直线杆，15°以下转角杆	导线的垂直荷载
双横担	15°~45°转角杆，耐张杆（两侧导线拉力差为零）	导线的垂直荷载
	45°以上转角杆、终端杆、分支杆	1. 一侧导线最大允许拉力的水平荷载 2. 导线的垂直荷载
	耐张杆（两侧导线有拉力差），大跨越杆	1. 两侧导线拉力差的水平荷载 2. 导线的垂直荷载
带斜撑的双横担	终端杆，分支杆，终端型转角杆	1. 一侧导线最大允许拉力的水平荷载 2. 导线的垂直荷载
	大跨越杆	1. 两侧导线的拉力差的水平荷载 2. 导线的垂直荷载

高低压线路上角铁横担按杆型和导线规格及当地覆冰厚度进行的选择，可参看表8-15和表8-16。

表8-15　高压角铁横担的选择

档距/m		50				90		
杆型		直线杆	耐张杆	终端杆		直线杆	耐张杆	终端杆
覆冰厚/mm		0　5　10　15	0　5　10　15	0　5　10　15		0　5　10　15	0　5　10　15	0　5　10　15
铝绞线	LJ-35	∟63×6	2∟63×6	2∟63×6		∟63×6	2∟63×6	2∟63×6
	LJ-50			2∟75×8				2∟75×8
	LJ-70							
	LJ-95			2∟90×8				
	LJ-120							2∟90×8
	LJ-150							
	LJ-185		2∟75×8	∟63×6*		①	2∟75×8	3∟63×6*　②
	LJ-240							

（续）

档距/m		50			90		
杆型		直线杆	耐张杆	终端杆	直线杆	耐张杆	终端杆
覆冰厚/mm		0　5　10　15	0　5　10　15	0　5　10　15	0　5　10　15	0　5　10　15	0　5　10　15
钢芯铝线	LGJ-25 LGJ-35 LGJ-50 LGJ-70 LGJ-95 LGJ-120 LGJ-150 LGJ-185 LGJ-240	∟63×6 ① 2∟90×8	2∟63×6 2∟75×8	2∟75×8 2∟90×8 2∟63×6* ② 2∟75×8*	∟63×6 ∟75×8	2∟63×6 2∟75×8 2∟90×8	2∟75×8 2∟90×8 2∟63×6* 2∟75×8*

注：本表只适用于高压单回路。*为带斜撑的横担；①为∟75×8；②为2∟75×8*。其中∟为单横担。2∟为双横担。

表8-16　低压角铁横担的选择

类型	杆型	直　线　杆	<45°转角杆、耐张杆	终端杆
	覆冰厚/mm	0　5　10　15	0　5　10　15	0　5　10　15
2线横担	LJ-16 LJ-25 LJ-35 LJ-50 LJ-70 LJ-95 LJ-120 LJ-150 LJ-185	∟40×4 ①	2∟40×4 2∟50×5	2∟40×4 2∟50×5 2∟63×6 2∟75×8
4线横担	LJ-16 LJ-25 LJ-35 LJ-50 LJ-70 LJ-95 LJ-120 LJ-150 LJ-185	∟50×5 ∟63×6 ②	2∟50×5 2∟63×6 2∟75×8	2∟63×6 2∟75×8 2∟90×8 2∟75×8*
6线横担	LJ-16 LJ-25 LJ-35 LJ-50 LJ-70 LJ-95 LJ-120 LJ-150 LJ-185	∟63×6 ∟75×8 ③	2∟63×6 2∟75×8 2∟90×8 2∟75×8*	2∟75×8 2∟90×8 2∟63×6* 2∟75×8* 2∟90×8*

注：*为带斜撑的横担；①为∟50×5；②为∟75×8；③为∟90×8。

（七）绝缘子的选择

架空线路绝缘子的选择，可参看表8-17。

表8-17 架空线路绝缘子的选择

线路电压		直 线 杆		耐张杆、终端杆
		木横担	角铁横担	
高压	6kV	P-6型针式	P-10型针式 PQ-6	两个X-3C型（或其他相当型）悬式组成绝缘子串
	10kV	P-10型针式	P-15型针式 PQ-10	两个X-3C型（或其他相当型）悬式组成绝缘子串
	35kV	2~3个X4.5C型（或其他相当型）悬式组成绝缘子串；直线杆亦可用P-35型或P-35T型针式		
低压		低压针式		低压蝴蝶式

注：1. 有污染和腐蚀性气体的地区，应采用防污型绝缘子。

2. 高压直线杆亦可采用瓷横担绝缘子。

（八）拉线的选择

拉线选择的一般要求，如表8-18所示。

表8-18 拉线选择的一般要求

项目	拉线选择的一般要求		
拉线材料	镀锌钢绞线	最小截面积	$25mm^2$
	镀锌铁线		$3 \times 12.6mm^2$
拉线与电杆的交角	一般取45°；如受地形局限，可适当减小，但不得小于30°		
跨越道路的水平拉线	跨越汽车路时对路面的垂直距离	对路边	≥4.5m
		对路面中心	≥6.0m
	拉线柱	倾斜角	一般取10°~20°
		埋设深度	柱长的1/6
转角杆	线路转角	≤45°	可装设分角拉线
		>45°	应装设顺线行拉线
耐张杆	当两侧导线截面相差较大时		应装设对穿拉线
终端杆	一般		应装设终端拉线
两组横担电杆	一般		应装设Y形拉线
	两组均为低压，且导线在$50mm^2$及以下时		可只装设一组拉线
拉线盘	埋设深度		一般不小于1.2m
撑杆	在地形受限不能装设拉线时采用	埋设深度	一般为1m
		与主杆夹角	宜为30°
拉紧绝缘子	水泥电杆的拉线必须采用	距地面	≥2.5m
		型号 J-4.5（适用于）	镀锌钢绞线$25mm^2$、$35mm^2$
			镀锌铁线3~7股$12.6mm^2$
		J-9（适用于）	镀锌钢绞线$50mm^2$
			镀锌铁线9或11股$12.6mm^2$

四、厂区电缆线路的设计

（一）电缆路径选择的一般要求

1）应根据建筑总图和现场情况，尽可能选择最佳路径。应尽量避开规划中的施工用地或建设用地，尽量减少穿越管道、公路等的次数。

2）应尽量避开可能使电缆遭受机械性外力、过热或腐蚀等危害的区域。

3）应满足安全运行要求的条件下，应尽量使电缆路径最短。

4）应便于电缆的敷设和维护。

（二）电缆敷设方式的选择

1）应根据工程条件、环境特点和电缆型式、数量等因素，且按满足运行安全、便于维护的要求和经济合理的原则来选择。

2）同一通路少于6根电力电缆时，宜于采用直埋方式。但高温、有化学腐蚀或有杂散电流腐蚀及可能经常开挖的地段，不宜采用直埋。

3）下列场合宜采用电缆穿管的敷设方式：

① 在有爆炸危险场所明敷的电缆，露出地坪上需加以保护的电缆，以及地下电缆与公路、铁道交叉时，应采用穿管。

② 地下电缆通过房屋、广场的区段，电缆敷设在规划将作为道路的地段，宜采用穿管。

③ 在地下管网较密的厂区，道路狭窄且交通繁忙或道路挖掘困难的通道等处，当电缆数量较多时，宜于穿排管敷设。

4）电缆沟敷设方式的选择，应符合下列规定：

① 在厂区内地下电缆数量较多但又不需采用隧道，并且无以下两种情况时，宜采用电缆沟敷设：a. 有化学腐蚀液体或高温熔化金属溢流的场所，或载重车辆频繁经过的地段，不宜采用电缆沟；b. 经常有工业废水溢流、可燃粉尘弥漫的厂房内，不宜用电缆沟。

② 有防爆、防火要求的明敷电缆，应采用埋沙敷设的电缆沟。

5）当同一通道的地下电缆数量很多、电缆沟不足以容纳时，应采用隧道敷设方式。

6）垂直走向的电缆，宜沿墙、柱敷设。当垂直走向电缆数量较多时，如在高层建筑中，应采用竖井敷设。

表8-19所示为电缆直埋敷设的一般要求；表8-20所示为电缆在构筑物中敷设的一般要求。以上二表均据 GB 50217—2007《电力工程电缆设计规范》编制。关于电缆的选择将在本章第四节专门介绍。

表 8-19　电缆直埋敷设的一般要求

项目	电缆的敷设特征	规范要求
电缆埋地深度	室外壕沟内，上下埋土或砂	≥0.7m
	埋于车行道或耕地下面时	≥1.0m
	埋于冻土地区时	冻土层以下或其他防护措施
直埋电缆的保护	电缆上下铺砂或软土的厚度	上下各0.1m
	覆盖保护板（宜钢筋混凝土板制作）应超过电缆两侧宽度	左右各0.05m
	电缆与铁路、公路或街道交叉时应穿管，且保护范围应超出路边及排水沟边	>0.5m
	电缆穿入建筑物，墙孔处应穿管	管口实施阻水堵塞

（续）

项目	电缆的敷设特征		规范要求	
			平行	交叉
直埋电缆与右列电缆及管道平行或交叉敷设时的净距	电力电缆之间或与控制电缆之间	10kV及以下电力电缆	≥0.1m	≥0.5m[1]
		10kV以上电力电缆	≥0.25m[2]	≥0.5m[1]
	与不同部门使用的电缆		≥0.5m[2]	≥0.5m[1]
	与热力管沟		≥2m[3]	≥0.5m[1]
	与油管或易燃气管道		≥1m	≥0.5m[1]
	与其他地下管道		≥0.5m	≥0.5m[1]
	与一般非直流电气化铁路路轨		≥3m	≥1.0m
	与直流电气化铁路路轨		≥10m	≥1.0m
	直埋电缆，严禁位于地下管道的正上方和正下方			
直埋电缆与右列物体平行敷设时的净距	与建筑物基础		≥0.6m[3]	
	与公路边		≥1.0m[3]	
	与排水沟		≥1.0m[3]	
	与树木的主干		≥0.7m	
	与1kV及以下架空线电杆		≥1.0m[3]	
	与1kV以上架空线电杆		≥4.0m[3]	
直埋电缆的接头配置	接头与邻近电缆的净距		≥0.25m	
	并列电缆的接头宜错开，且保持净距		≥0.5m	
	斜坡处的电缆接头		应呈水平状	
	重要回路的电缆接头		宜在其两侧约1m开始的局部段，按留有备用量方式敷设电缆	

① 用隔板分隔或电缆穿管时，不得小于0.25m。
② 用隔板分隔或电缆穿管时，不得小于0.1m。
③ 特殊情况可酌减，但最多减小值不得大于50%。

表8-20　电缆在构筑物中敷设的一般要求

项　目	电缆构筑物类型及特征			规范要求
电缆构筑物的高、宽尺寸	隧道、工作井	本身净高		≥1.9m
		与其他沟道交叉段净高		≥1.4m
	电缆夹层净高			≥2.0m
				≤3.0m
	两侧支架间净通道	电缆沟沟深	≤0.6m	≥0.3m
			0.6～1.0m	≥0.5m
			≥1.0m	≥0.7m
	单列支架与壁间通道		≤0.6m	≥0.3m
			0.6～1.0m	≥0.45m
			≥1.0m	≥0.6m

（续）

项　目	电缆构筑物类型及特征		规范要求	
电缆构筑物的高、宽尺寸	电缆隧道	两侧支架间净通道	≥1.0m	
		单列支架与壁间通道	≥0.9m	
	电缆支架类型		普通支架和吊架	桥架
电缆支架层间垂直距离	电力电缆明敷	6kV 及以下（交联聚乙烯绝缘电缆除外）	≥0.15	≥0.25m
		6～10kV 交联聚乙烯绝缘电缆	≥0.2	≥0.3m
		35kV 三芯	≥0.3m	≥0.35m
		35kV 单芯	≥0.25m	≥0.3m
	电缆敷设在槽盒中（h—槽盒外壳高度）		≥h + 0.08m	≥h + 0.1m
水平敷设下电缆支架最上层布置尺寸	最上层支架距构筑物顶板或梁底的净距（H 为规范规定的上述支架层间垂直距离）		≥H + (0.08～0.15)m	
	最上层支架与其他设备装置间净距（无法满足要求时应设防护板）		≥0.3m	
电缆支架最下层布置尺寸	距电缆沟底垂直净距		≥0.05m	
	距隧道底部垂直净距		≥0.1m	
电缆构筑物防水要求	电缆沟、隧道的纵向排水坡度		≥0.5%	
	电缆构筑物应满足外部进水、渗水的要求			
电缆隧道安全孔（人孔）设置	安全孔距隧道首端和末端		≤5m	
	安全孔之间距离		≤75m	
非拆卸式电缆竖井中供人上下的活动空间	未超过 5m 高时，可设爬梯，且活动空间的面积		≥0.8m × 0.8m	
	超过 5m 高时，宜设楼梯，且每隔 3m 左右有楼梯平台			
	超过 20m 高且电缆数量多或重要性要求较高时，可设简易式电梯			

第三节　车间配电线路的设计

一、车间配电线路设计的一般要求

车间配电线路是指在车间内敷设的及沿车间外墙或屋檐敷设的低压配电线路。

车间配电线路的设计必须符合下列要求：

1）车间配电线路的设计，必须遵循 GB50054—2011《低压配电设计规范》等的规定，并执行节约能源、节约有色金属等技术经济政策，合理选用导线、电缆及配电设备。

2）应根据车间的建筑结构和环境条件来考虑布线方式，应避免由外部热源产生的有害影响，应防止线路运行中因水的侵入或灰尘的积聚以及强烈的日晒等给线路带来的损害。

3）应根据工艺部门提出的车间设备的负荷性质、用电容量、设备布置等来确定车间配电系统，满足用电设备对电压、频率和供电可靠性的要求；配电线路方案应力求简单、灵活。

4）配电线路应有可靠的保护设备。当用电设备或配电线路发生绝缘击穿故障时，能迅速断开故障部分的电源，使故障限制在最小范围内，防止事故扩大，危及设备和人身安全。

5）配电设备应技术先进，性能良好，经济合理，操作维修方便。

6）应适当照顾车间负荷的增长，留有一定的发展余地。低压配电屏应根据发展需要留有适当的备用回路和备用安装位置。

二、车间配电电压、配电级数及接线方案的选择

（一）车间配电电压的选择

一般应采用 220/380V 中性点直接接地的三相四线制系统（含 TN 和 TT 系统）。至于是采用 TN-C、TN-S 还是 TT 系统，视具体情况而定。

一般的生产车间，宜采用 TN-C 系统，其 PE 线与 N 线合为 PEN 线，投资较省，能满足一般用电设备的要求，这在我国的工厂中应用最广。

对于有计算机控制的高精度机床设备及其他有数据处理、抗电磁干扰要求较高的场合，宜采用 TN-S 系统或 TT 系统。TN-S 系统的 PE 线与 N 线是分开的，当其中某设备发生单相接地故障时，对其他设备产生的电磁干扰小。TT 系统中各设备的 PE 线及电源中性点的 PE 线互无电气联系，因此抗电磁干扰性更好。

对环境比较恶劣、安全要求较高的场合，也宜于采用 TN-S 或 TT 系统。

（二）车间配电级数的选择

低压配电系统，由配电变压器二次侧至用电设备进线端，一般不宜超过 3 级。

（三）车间配电系统接线方案的选择

1）在正常环境的车间内，当大部分用电设备为中小容量且无特殊要求时，宜采用树干式配电。

2）当用电设备容量大，或负荷性质重要，或在有特殊要求的车间内，宜采用放射式配电。

3）当部分用电设备距供电点较远，而彼此相距很近、容量很小的次要用电设备，可采用链式配电；但每一回路环链的设备不宜超过 5 台，其总容量不宜超过 10kW。容量较小用电设备的插座，采用链式配电时，每一条环链回路的设备数量可适当增加。

4）在高层建筑物内，当向楼层各配电点供电时，宜采用分区树干式配电；但部分较大容量的集中负荷或重要负荷，应从低压配电室以放射式配电。

5）平行的生产流水线或互为备用的生产机组，根据生产要求，宜由不同的回路配电。同一生产流水线的各用电设备，宜由同一回路配电。

6）在 TN 系统和 TT 系统中，宜选用 Dyn11 联结的三相变压器作为配电变压器。但单相不平衡负荷引起的中性线电流未超过变压器低压绕组额定电流的 25% 时，可选用较经济的 Yyn0 联结的配电变压器。

三、车间配电线路的敷设要求

（一）配电线路敷设应符合的条件

1）符合场所环境的特征。

2）符合建筑物的特征。

3）人与线路之间可接近的程度。

4）由于短路可能出现的机电应力。

5）在安装期间或运行中线路可能遭受的其他应力和导线的自重。

（二）配电线路敷设应避免的环境影响

1）应避免由外部热源产生的热效应影响。

2）应防止在使用过程中因水的侵入或因固体物进入而带来的损害。

3）应防止外部的机械性损害而带来的影响。

4）在有大量灰尘的场所，应避免由于灰尘聚集在线路上而带来的危害。

5）应避免由于强烈日晒而带来的损害。

（三）绝缘导线的布线方式和要求

1. 绝缘导线的布线方式

1）直敷布线：适于正常环境的室内场所。

2）瓷夹（或塑料夹）布线：适于正常环境的室内场所和挑檐下的室外场所。

3）鼓形或针式绝缘子布线：适于一般室内和室外场所。

4）金属管或金属线槽布线：适于对金属管和金属线槽无严重腐蚀的室内、外场所。

5）塑料管或塑料线槽布线：适于一般的及有腐蚀介质的室内场所；但在易受机械损伤的场所不宜采用明敷。

6）钢索布线：一般适于室内、外场所，但对钢索有腐蚀的场所，应采取防腐蚀措施。

2. 绝缘导线布线的一般要求

按 GB 50054—2011《低压配电设计规范》规定，绝缘导线布线的一般要求如表 8-21 所示。

表 8-21　绝缘导线布线的一般要求

布线方式	导线及其布线特征			规范要求	
直敷布线	导线类型			应采用护套绝缘导线	
	导线截面积			不宜大于 6mm²	
	布线的固定点间距			不应大于 300mm	
直敷布线瓷（塑料）夹布线、鼓形绝缘子和针式绝缘子布线	导线至地面的距离			室内布线	室外布线
		导线水平敷设时		≥2.5m	≥2.7m
		导线垂直敷设时		≥1.8m	≥2.7m
鼓形绝缘子和针式绝缘子布线	导线间距	支持点间距（l）	l≤1.5m 时	≥50mm	≥100mm
			1.5m＜l≤3m 时	≥75mm	≥100mm
			3m＜l≤6m 时	≥100mm	≥150mm
			6m＜l≤10m 时	≥150mm	≥200mm
有高温辐射及有腐蚀场所明敷的绝缘导线	导线间距及导线至建筑物表面的净距	支持点间距（l）	l≤2m 时	≥50mm	
			2m＜l≤4m 时	≥100mm	
			4m＜l≤6m 时	≥150mm	
			l＞6m 时	≥200mm	

（续）

布线方式	导线及其布线特征				规范要求
室外布线的绝缘导线	导线至建筑物的间距	水平敷设时的垂直间距	在阳台、平台上和跨越建筑物顶		≥2.5m
			在窗户上		≥0.2m
			在窗户下		≥0.8m
		垂直敷设时至阳台、窗户的水平间距			≥0.6m
		导线至墙壁和构架的间距（挑檐下除外）			≥35mm
穿管布线	明敷或暗敷于干燥场所时，应采用管壁厚度≥1.5mm的电线管				
	直接埋于素土内时，应采用水煤气钢管				
	穿金属管的交流线路，应使所有的相线与N线在同一管内				
	电线管与热水管，蒸汽管的间距（电线管应尽可能敷设在上面）		在热水管	上面	≥0.3m
				下面	≥0.2m
			在蒸汽管	上面	≥1.0m
				下面	≥0.5m
	电线管与其他管道（不包括易燃、可燃的气、液管道）的间距				≥0.1m
	两个拉线点间距离（管路较长或转弯较多时，宜适当加装拉线盒或加大管径）		无弯管路		≤30m
			有一个转弯时		≤20m
			有两个转弯时		≤15m
			有三个转弯时		≤8m
	穿管的绝缘导线（两根除外）总截面的面积（包括外护层）				不应超过管内截面面积的40%
钢索布线	敷设方式	室内	采用绝缘导线明敷时，应采用瓷夹、塑料夹、鼓形绝缘子或针式绝缘子固定		
			采用护套绝缘导线，电缆或穿管布线时，可直接固定于钢索上		
		室外	采用绝缘导线明敷时，应采用鼓形或针式绝缘子固定		
			采用电缆或穿管布线时，可直接固定于钢索上		
	钢索所用铁线和钢绞线截面积（应根据跨距、荷重和机械强度选择）				≥10mm²
	大跨距布线时，中间支持点间距				≤12m
	钢索上吊装穿线管时，支持点的间距		支持点之间	金属管	≤1.5m
				塑料管	≤1.0m
			支持点距灯头盒	金属管	≤0.2m
				塑料管	≤0.15m
	钢索上吊装护套绝缘导线时，支持点的间距		支持点之间		≤0.5m
			支持点距接线盒		≤0.1m
	钢索上采用瓷瓶吊装绝缘导线布线时		支持点间距		≤1.5m
			线间距离	室内	≥50mm
				室外	≥100mm
			扁钢吊架终端应加拉线，拉线直径		≥3mm

（续）

布线方式	导线及其布线特征		规范要求
钢 索 布 线	钢索上绝缘导线至地面的距离	室内	≥2.5m
		室外	≥2.7m

注：1. 直敷导线垂直敷设至地面低于1.8m时，应穿管保护。

2. 电线管与热水管、蒸汽管平行敷设时，如不能符合最小间距时，应采取隔热措施。对有保温措施的蒸汽管，上下净距均可减至0.2m。

（四）裸导体和封闭式母线布线的一般要求

1. 裸导体布线的一般要求　按 GB 50054—2011 规定，裸导体布线的一般要求如表 8-22 所示。

表 8-22　裸导体布线的一般要求

裸 导 体 布 线 特 征			规 范 要 求
裸导体至地面的距离	无遮护时		≥3.5m
	采用防护级不低于 IP2X 网孔遮栏时		≥2.5m
裸导体与遮护物间的距离	采用防护级不低于 IP2X 网孔遮栏时		≥100mm
	采用板状遮护物时		≥50mm
裸导体的线间及裸导体至建筑物表面的净距	固定点间距（l）	l≤1.5m	≥75mm
		1.5m<l≤3m	≥100mm
		3m<l≤6m	≥150mm
		l>6m	≥200mm
起重机上方的裸导体至起重机平台铺板净距（当净距<2.5m时，应加遮护）			≥2.5m

2. 封闭式母线布线的一般要求　按 GB 50054—2011 规定，封闭式母线布线的一般要求如下：

1）封闭式母线水平敷设时至地面的距离不宜小于2.2m。垂直敷设时距地面1.8m以下部分应采取防止母线机械损伤措施。母线终端无引出线和引入线时，端头应封闭。当封闭式母线安装在配电室、电机室、电气竖井等电气专用房间时，它至地面的最小距离可不受此限制。

2）水平敷设时，宜按荷载曲线选取最佳跨距进行支撑，支撑点间距宜为2~3m。

3）垂直敷设时，在通过楼板处应采用专用附件支撑。进线盒及末端悬空时，应采用支架固定。

4）母线的插接分支点，应设在安全及安装维护方便的地方。

5）母线的连接点不应在穿过楼板或墙壁处。

6）母线在穿过防火墙及防火楼板时，应采取防火隔离措施。

（五）车间电缆布线的一般要求

1. 电缆路径的选择要求

1）应使电缆不易受到机械、振动、化学、地下电流、水锈蚀、热影响、蜂蚁和鼠害等各种损伤。

2）便于维护。

3）避开场地规划中的施工用地或建设用地。

4）电缆路径较短。

2. 电缆在室内明敷的一般要求　按 GB 50054—2011 规定，低压电缆在室内明敷的一般要求，如表 8-23 所示。

表 8-23　低压电缆在室内明敷的一般要求

项　　目	明　敷　的　一　般　要　求		
无铠装电缆室内明敷的对地距离	水平明敷	≥2.5m	如不满足要求时应有防止电缆机械损伤的措施；但明敷在配电室等专用房间内不受此限制
	垂直明敷	≥1.8m	
电缆并列明敷时的间距	相同电压的电缆并列时	≥35mm 且不应小于电缆外径	在梯架、托盘和槽盒内敷设时，不受此限制
	高低压电缆并列时	≥150mm	高低压电缆一般宜分开敷设
电缆与其他管道的间距	电缆与热力管道接近时	平行时≥1m 交叉时≥0.5m	不满足要求时应采取隔热措施
	电缆与非热力管道接近时	净距≥0.15m	不满足要求时应在与管道接近的电缆段上以及由该段两端向外延伸大于等于0.5m 以内的电缆段上采取防止电缆受机械损伤的措施
电缆托盘和桥架距离地面的高度	≥2.5m		
电缆总截面面积与桥架横断面面积之比	对电力电缆	≤40%	指电缆在托盘和梯架内敷设时
	对控制电缆	≤50%	
电缆的固定部位	垂直敷设	支撑点间距≤2m	
	水平敷设	支撑点间距1.5～3m	

3. 电缆在电缆沟或隧道内敷设的一般要求　按 GB 50054—2011 规定，低压电缆在电缆沟和隧道内敷设的一般要求，如表 8-24 所示。

表 8-24　低压电缆在电缆沟和隧道内敷设的一般要求

项　　目	沟道内敷设的一般要求			
	敷设方式	电缆隧道宽度	电缆沟	
			沟深≤0.6m	沟深＞0.6m
通道宽度	两侧设支架	≥1.0m	≥0.3m	≥0.5m
	一侧设支架	≥0.9m	≥0.3m	≥0.45m
支架层间垂直距离	电力线路	≥0.2m	≥0.15m	≥0.15m
	控制线路	≥0.12m	≥0.1m	≥0.1m
底部排水沟坡度	≥0.5% 并应设集水坑，积水可用泵排出，或直接排入下水道			
电缆支架尺寸	支架长度	电缆沟		电缆隧道
		≤0.35m		≤0.5m

（续）

项　目	沟道内敷设的一般要求		
电缆支架间或电缆固定点间的间距	敷设方式	塑料护套，钢带铠装		钢丝铠装电缆
		电力电缆	控制电缆	
	水平敷设时	≤1.0m	≤0.8m	≤3.0m
	垂直敷设时	≤1.5m	≤1.0m	≤6.0m

注：电缆沟和电缆隧道的结构要求，应符合 GB 50217—2007《电力工程电缆设计规范》的规定（参看表 8-20）。

4. 电缆埋地敷设的一般要求　按 GB 50054—2011《低压配电设计规范》规定，低压电缆埋地敷设的一般要求如表 8-25 所示。

表 8-25　低压电缆埋地敷设的一般要求

项　目	埋地敷设的一般要求	
电缆根数	沿同一路径敷设的电缆数量不宜超过 6 根	
电缆埋深和保护	与 GB 50217—2007 规定相同（参看表 8-19）	
电缆穿管保护	右列地段应穿管保护，穿管内径不应小于电缆外径的 1.5 倍	1. 电缆通过建（构）筑物的基础、散水坡、楼板和穿过墙体等处 2. 电缆通过铁路、道路处及可能受到机械损伤的地段 3. 电缆引出地面 2m 至地下 0.2m 处的一段和人员容易接触使电缆可能受到机械损伤的地方
电缆之间及电缆与各种设施平行或交叉的最小净距	与 GB 50217—2007 规定相同（参看表 8-19）	

第四节　导线和电缆的选择计算

一、导线和电缆类型的选择

（一）导体材质的选择

用作导线和电缆的导电材料，通常有铜和铝两种。铜材的电导率高，约为铝材的 1.68 倍，铜材的力学性能也优于铝材；但铝材质轻，价廉。

工厂固定敷设用的导线和电缆，现在大多采用铜芯导线或铜芯电缆。

下列场合应采用铜线或铜芯导线和电缆，不得采用铝线或铝芯导线和电缆：

1）需要确保长期运行中高度可靠连接的线路，如重要电源回路、重要的二次回路、电机励磁回路、移动设备及振动剧烈场合的线路。

2）有爆炸危险或高温场所的线路。

3）对铝有严重腐蚀而对铜腐蚀轻微的场合。

4）安全性要求高的线路，如住宅建筑、高层建筑、重要的公共建筑、大中型计算机房及消防设施等的线路。

下列场合应采用铝导体：

1）对铜腐蚀严重而对铝腐蚀较轻的环境中线路。

2）氨压缩机房的线路。

下列场合宜采用铝导体：

1）一般的架空线路，宜采用铝绞线或钢芯铝绞线；滨海及有严重盐雾地区的架空线路，可采用防腐型钢芯铝绞线。

2）较大截面积的中频线路。

（二）电缆外护层的选择

电缆外护层包括衬垫层、铠装层和外被层，主要起加强机械强度和防腐蚀作用。各种电缆外护层及铠装的适用敷设场合如表8-26所示。

表8-26　各种电缆外护层及铠装的适用敷设场合

外护层或护套	铠装	代号	敷设方式								环境条件				
			室内	电缆沟	电缆桥架	隧道	管道	竖井	埋地	水下	易燃	移动	多石	一般腐蚀	严重腐蚀
裸铅护套（铅包）	无	Q	✓	✓	✓	✓	✓				✓				
一般橡套	无	—	✓	✓	✓	✓	✓					✓		✓	
不延燃橡套（耐油）	无	F	✓	✓	✓	✓	✓				✓	✓		✓	
聚氯乙烯护套	无	V	✓	✓	✓	✓	✓		✓			✓		✓	✓
聚乙烯护套	无	Y	✓	✓	✓	✓	✓		✓			✓		✓	✓
普通外护层（仅用于铅护套）	裸钢带	20	✓	✓	✓	✓					✓				
	钢带	2							○						
	裸细钢丝	30						✓			✓				
	细钢丝	3						○	✓	✓	○		✓		
	裸粗钢丝	50							✓		✓				
	粗钢丝	5						○	✓	✓	○		✓		
一级防腐外护层	裸钢带	120	✓	✓	✓	✓					✓			✓	
	钢带	12	✓	✓	✓	○							✓	✓	
	裸细钢丝	130						✓			✓				
	细钢丝	13						○	✓	✓	○		✓	✓	
	裸粗钢丝	150							✓		✓				
	粗钢丝	15						○	✓	✓	○		✓	✓	
二级防腐外护层	钢带	22							✓				✓	✓	✓
	细钢丝	23						✓	✓	✓			✓	✓	✓
	粗钢丝	25						○	✓	✓	○		✓	✓	✓
内铠装塑料外护层（全塑电缆）	钢带	22, 29	✓	✓		✓			✓				✓	✓	✓
	细钢丝	39						✓	✓				✓	✓	✓
	粗钢丝	59						✓	✓				✓	✓	✓

注：1．"✓"表示适用，"○"表示外护层为玻璃纤维时适用，无标记则不推荐采用。

2．裸金属护套一级防腐外护层由沥青复合物加聚氯乙烯护套组成。

3．铠装一级防腐外护层由衬垫层、铠装层、外被层组成。衬垫层由两个沥青复合物、聚氯乙烯带和浸渍皱纸带的防水组合层组成。外被层由沥青复合物、浸渍电缆麻（或浸渍玻璃纤维）和防止粘合的涂料组成。

4．裸铠装一级防腐外护层的衬垫层与铠装一级外护层的衬垫层相同，但没有外被层。

5．铠装二级防腐外护层的衬垫层与铠装一级外护层的衬垫层相同。钢带和细钢丝铠装的外被层由沥青复合物和聚氯乙烯护套组成；粗钢丝铠装的镀锌钢丝外面挤包一层聚氯乙烯护套或其它同等效能的防腐涂层，以保护钢丝免受外界腐蚀。

6．如需要用于湿热带地区的防霉特种护套，可在型号规格后加代号"TH"。

7．单芯钢带铠装电缆不适用于交流线路。

（三）导线和电缆型号的选择

导线和电缆的型号必须按其适用范围来选择。

1. 部分裸导线的型号和适用范围（见表 8-27）

表 8-27　部分裸导线的型号和适用范围

型号	名称	适用范围	型 号 说 明
LJ	铝绞线	用在受力不大、档距较小的一般架空线路上	LJ－□ 铝—绞线—额定截面积（mm²）
LGJ	钢芯铝绞线	用在受力较大、档距也较大的高压架空线路上	LGJ－□ 铝—钢芯—绞线—铝线部分额定截面积（mm²）
LGJF	防腐钢芯铝绞线	用在沿海地区、咸水湖、化工及工业地区等周围有腐蚀性物质的高压架空线路上	LGJF－□ 铝—钢芯—绞线—防腐—铝线部分额定截面积（mm²）
TJ	铜绞线	用在对铝有严重腐蚀而对铜腐蚀轻微环境中的重要架空线路上	TJ－□ 铜—绞线—额定截面积（mm²）

2. 常用矩形母线的型号和适用范围　一般采用硬铝母线 LMY 型，其型号表示和含义如下：

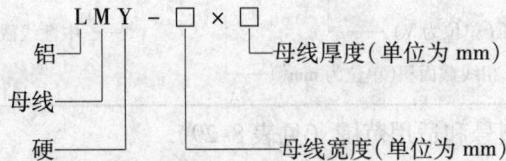

LMY－□×□
铝—母线—硬—母线厚度（单位为 mm）—母线宽度（单位为 mm）

LMY 型母线适用于一般正常干燥无腐蚀场所。

3. 部分绝缘导线的型号和适用范围（见表 8-28）

表 8-28　部分绝缘导线的型号和适用范围

类别	型号	名　称	适　用　范　围
橡皮绝缘导线	BLX	铝芯橡皮绝缘导线	固定敷设用。由于其生产工艺复杂，且耗费大量橡胶和棉纱，现多为 BLV、BV 所取代
	BX	铜芯橡皮绝缘导线	
	BLXF	铝芯氟丁橡皮绝缘导线	固定敷设用。由于它具有良好的耐气候老化性能和不延燃性，并有一定的耐油、耐腐蚀性能，尤其适用室外
	BXF	铜芯氟丁橡皮绝缘导线	
	BXR	铜芯橡皮软线	室内安装，要求导线较柔软的场合用

（续）

类别	型号	名称	适用范围
聚氯乙烯绝缘导线（塑料绝缘导线）	BLV	铝芯聚氯乙烯绝缘导线	固定敷设用，可取代 BLX，BX
	BV	铜芯聚氯乙烯绝缘导线	
	BLVV	铝芯聚氯乙烯绝缘聚氯乙烯护套导线	固定敷设用，且可直接埋地敷设
	BVV	铜芯聚氯乙烯绝缘聚氯乙烯护套导线	
	BLV-105	铝芯耐热105℃聚氯乙烯绝缘导线	高温场所固定敷设用
	BV-105	铜芯耐热105℃聚氯乙烯绝缘导线	
	BVR	铜芯聚氯乙烯绝缘软线	室内安装，要求导线较柔软的场合用
聚氯乙烯绝缘软线（塑料绝缘软线）	RV	铜芯聚氯乙烯绝缘软线	供各种低压交流移动电器接线用
	RVV	铜芯聚氯乙烯绝缘聚氯乙烯护套软线	
	RV-105	铜芯耐热105℃聚氯乙烯绝缘软线	同 RV，但用于高温场所
阻燃性绝缘导线	ZR-BV	阻燃型铜芯聚氯乙烯绝缘导线	分别与 BV 和 BVR、RV 同，但用于有高阻燃要求的场所
	ZR-BVR ZR-RV	阻燃型铜芯聚氯乙烯绝缘软线	
单芯绝缘导线全型号的表示	绝缘导线型号 —— □ — □ — 1 × □ —— 额定截面积（单位为 mm²） 额定电压（单位为 V）—— 单芯		
三相四线制（带 PE 线）线路型号的表示	绝缘导线型号 —— □ — □ — 3 × □ + 1 × □ + PE □ —— PE 线截面积（单位为 mm²） 额定电压（单位为 V）—— 中性线截面积（单位为 mm²） 相线截面积（单位为 mm²）——		

4. 部分电力电缆的型号和适用范围（见表8-29）

表8-29　部分电力电缆的型号和适用范围

类别	型号	名称	适用范围	备注
粘性油浸渍纸绝缘电力电缆	ZLQ20（ZQ20）	铝（铜）芯纸绝缘铅包裸钢带铠装电力电缆	敷设在室内、沟道中或管内，能承受机械压力，但不能承受大的拉力	
	ZLQ21（ZQ21）	铝（铜）芯纸绝缘铅包钢带铠装电力电缆	敷设在土壤中，能承受机械压力，但不能承受大的拉力	不推荐使用
油浸纸滴干绝缘电力电缆	ZLQP20（ZQP20）	铝（铜）芯干绝缘铅包裸钢带铠装电力电缆	用于垂直或高落差处，敷设在室内、沟道中或管内，能承受机械压力，但不能承受大的拉力	
	ZLQP21（ZQP21）	铝（铜）芯干绝缘铅包钢带铠装电力电缆	用于垂直或高落差处，敷设在土壤中，能承受机械压力，但不能承受大的拉力	不推荐使用

（续）

类　别	型　号	名　　称	适用范围	备　注
不滴流浸渍纸绝缘电力电缆	ZLQD20（ZQD20）	铝（铜）芯不滴流浸渍纸绝缘铅包裸钢带铠装电力电缆	与 ZLQP20（ZQP20）相同	
	ZLQD21（ZQD21）	铝（铜）芯不滴流浸渍纸绝缘铅包钢带铠装电力电缆	与 ZLQP21（ZQP21）相同	不推荐使用
聚氯乙烯绝缘电力电缆（塑料电缆）	VLV（VV）VLY（VY）	铝（铜）芯聚氯乙烯绝缘聚氯乙烯（Y，聚乙烯）护套电力电缆	敷设在室内、沟道中或管内，不能承受机械外力作用	
	VLV20（VV20）	铝（铜）芯聚氯乙烯绝缘聚氯乙烯护套内裸钢带铠装电力电缆	敷设在室内、沟道中或管内，能承受机械压力，但不能承受大的拉力	
	VLV22（VV22）	铝（铜）芯聚氯乙烯绝缘聚氯乙烯护套内钢带铠装电力电缆	敷设在土壤中，能承受机械压力，但不能承受大的拉力	能取代 ZLQ21 和 ZQ21
	VLV32（VV32）	铝（铜）芯聚氯乙烯绝缘聚氯乙烯护套内细钢丝铠装电力电缆	用于垂直或高落差处，敷设在水下或土壤中，能承受机械压力，并能承受相当的拉力	能取代 ZLQP21 和 ZQP21
交联聚乙烯绝缘电力电缆（交联电缆）	YJLV（YJV）	铝（铜）芯交联聚乙烯绝缘聚氯乙烯护套电力电缆	敷设在室内、沟道中或管内，也可敷设在土壤中，不能承受机械压力，但可承受一定的拉力	
	YJLV-FR（YJV-FR）	铝（铜）芯交联聚乙烯绝缘聚氯乙烯护套阻燃电力电缆	同上，但用于有高阻燃要求的场所	
	YJL22（YJ22）	铝（铜）芯交联聚乙烯绝缘聚氯乙烯护套内钢带铠装电力电缆	敷设在土壤中，能承受机械压力，但不能承受大的拉力	型号后加"FR"为阻燃型
	YJL32（YJ32）	铝（铜）芯交联聚乙烯绝缘聚氯乙烯护套内细钢丝铠装电力电缆	用于垂直或高落差处，敷设在水下或土壤中，能承受机械压力作用及相当的拉力	型号后加"FR"为阻燃型

二、导线和电缆截面积的选择

导线和电缆的截面积应满足发热、电压损耗和机械强度的要求。对于电缆，还应校验其短路热稳定；对于硬裸母线，还应校验其短路热稳定和动稳定。对于较长的大电流线路或 35kV 及以上的高压线路，还应满足经济电流密度的要求。对低压线路，还应满足与其保护设备（熔断器或低压断路器）的配合要求。

（一）按发热条件选择或校验导线和电缆的截面积

1. 相线截面积的选择　需满足下列条件：

$$I_{al} \geqslant I_{30} \tag{8-2}$$

式中　I_{al}——导线和电缆的允许载流量（参看表 8-34 ~ 表 8-41，应按环境温度修正；环境温度：室外取最热月平均最高气温，室内则加 5℃；埋地取最热月地下 0.8 ~ 1m 的土壤平均温度，或近似地取当地最热月平均气温）；

I_{30}——线路的计算电流。必须注意：对变压器高压进线，I_{30} 应取变压器高压侧的额定电流；对并联电容器组回路，I_{30} 应取电容器组额定电流的 1.35 倍。

2. 中性线（N 线）截面积的选择　按 GB 50054—2011《低压配电设计规范》规定：

1）一般三相四线制线路中的 N 线

$$A_0 \geqslant 0.5A_\varphi \tag{8-3}$$

式中　A_0——N 线截面积，单位为 mm^2；

A_φ——相线截面积，单位为 mm^2。

2）高次谐波电流突出的三相四线制线路（例如以气体放电灯为主要负荷的线路）中的 N 线

$$A_0 \geqslant A_\varphi \tag{8-4}$$

3）三相四线制线路中分出的单相线路和两相三线线路中的 N 线

$$A_0 = A_\varphi \tag{8-5}$$

3. 保护线（PE 线）截面积的选择　按 GB 50054—2011 规定：

1）当铜相导体截面积 $A_\varphi \leqslant 16mm^2$ 或铝相导体截面积 $A_\varphi \leqslant 25mm^2$ 时

$$A_{PE} = A_\varphi \tag{8-6}$$

2）当铜相导体截面积 $A_\varphi > 16mm^2$ 或铝相导体截面积 $A_\varphi > 25mm^2$ 时

$$A_\varphi > A_{PE} \geqslant 0.5A_\varphi \tag{8-7}$$

4. 保护中性线（PEN 线）截面积的选择　PEN 线截面积的选择，应同时满足上述 N 线和 PE 线截面积选择的条件。此外，按 GB 50054—2011 规定，PEN 干线的截面积还应满足下列条件：

1）PEN 干线采用单芯导线时

铜芯线　　　　　　　　　　$A_{PE} \geqslant 10mm^2 \tag{8-8}$

铝芯线　　　　　　　　　　$A_{PE} \geqslant 16mm^2 \tag{8-9}$

2）PEN 干线采用多芯导线或电缆时

铜芯线　　　　　　　　　　$A_{PE} \geqslant 4mm^2 \tag{8-10}$

铝芯线　　　　　　　　　　$A_{PE} \geqslant 16mm^2 \tag{8-11}$

（二）按经济电流密度选择导线和电缆的截面积

对 35kV 及以上的高压线路及特大电流的低压短网，应按经济电流密度计算其经济截面积：

$$A_{ec} = \frac{I_{30}}{j_{ec}} \tag{8-12}$$

式中　I_{30}——线路的计算电流，单位为 A；

j_{ec}——经济电流密度，单位为 A/mm^2，查表 8-30。

表 8-30　导线和电缆的经济电流密度　　　　（单位：A/mm²）

线路类别	导线材料	年最大负荷利用小时		
		<3000h	3000~5000h	>5000h
架空线路	铜	3.00	2.25	1.75
	铝	1.65	1.15	0.90
电缆线路	铜	2.50	2.25	2.00
	铝	1.92	1.73	1.54

按计算所得 A_{ec} 值选相近的标准截面积 A。

（三）按电压损耗校验导线和电缆的截面积

线路在最大负荷（计算负荷）时的电压损耗 $\Delta U\%$ 不得超过允许的电压损耗 $\Delta U_{al}\%$，即

$$\Delta U\% \leqslant \Delta U_{al}\% \tag{8-13}$$

1. 线路的允许电压损耗　工厂的高压配电线路和低压动力线路的允许电压损耗一般取为 5%；而低压照明线路，由于电压对照度的影响较大，因此其允许电压损耗通常取 2.5%~5%。

2. 线路电压损耗的计算

（1）线路电压损耗的一般计算公式为

$$\Delta U = \frac{\sum(pR+qX)}{U_N} \tag{8-14}$$

式中　p、q——线路上各负荷点的有功和无功负荷；

　　　R、X——线路首端至负荷点的线路电阻和电抗；

　　　U_N——线路额定电压。

线路电压损耗的百分值为

$$\Delta U\% = \frac{\Delta U}{U_N} \times 100\% \tag{8-15}$$

（2）"均一无感"线路和照明线路的电压损耗（%）计算公式为

$$\Delta U\% = \frac{\sum M}{CA} \tag{8-16}$$

式中　$\sum M$——线路中所有功率矩之和，$\sum M = \sum(pL)$，这里 p 为各负荷点的有功负荷（单位为 kW），L 为线路首端至各负荷点的距离（单位为 m）；

　　　A——线路的导线截面积，单位为 mm²；

　　　C——计算系数，如表 8-31 所示。

表 8-31　公式 $\Delta U\% = \sum M/(CA)$ 中的计算系数 C 值

线路额定电压/V	线路接线及电流类别	C 的计算式	$C/(\mathrm{kW \cdot m \cdot mm^{-2}})$	
			铝线	铜线
220/380	三相四线	$\gamma U_N^2/100$	46.2	76.5
	两相三线	$\gamma U_N^2/225$	20.5	34.0
220	单相及直流	$\gamma U_N^2/200$	7.74	12.8
110			1.94	3.21

（3）负荷均匀分布线路电压损耗的计算　可将均匀分布负荷集中于负荷分布线段的中点，然后按上述集中负荷的电压损耗公式来计算。

（四）按机械强度校验导线的截面积（电缆不校验）

1. 架空裸导线的允许最小截面积（见表8-32）

表8-32　架空裸导线的允许最小截面积　　（单位：mm²）

导线种类	35kV	6～10kV	1kV 及以下
铝及铝合金线	35	35	16*
钢芯铝绞线	35	25	16

注：* 与铁路交叉跨越时应为35mm²。

2. 绝缘导线线芯的允许最小截面积（见表8-33）

表8-33　绝缘导线线芯的允许最小截面积　　（单位：mm²）

敷 设 方 式			铝 芯	铜 芯
照明灯头引下软线（室内、室外有别）			1.5～2.5	0.5～1.0
导线敷设于绝缘子上，支持点间距 l 为	室内	l≤2m 时	2.5	1.0
	室外	l≤2m 时	2.5	1.5
	室内外	2m<l≤6m 时	4	2.5
		6m<l≤16m 时	6	4
		16m<l≤25m 时	10	6
槽板或护套导线扎头直敷			2.5	1.0
线槽敷设			2.5	0.75
穿管敷设			2.5	1.0
PE 线和 PEN 线	单芯线作 PEN 干线时		16	10
	多芯线作 PEN 干线时		4	
	有机械保护的单芯线作 PE 线		2.5	
	无机械保护的单芯线作 PE 线		4	

三、部分导线和电缆的技术数据

（一）裸导线的技术数据

1. LJ 型铝绞线的主要技术数据（见表8-34）

表8-34　LJ 型铝绞线的主要技术数据

额定截面积/mm²	16	25	35	50	70	95	120	150	185	240
实际截面积/mm²	15.9	25.4	34.4	49.5	71.3	95.1	121	148	183	239
股数/外径（单位为 mm）	7/5.10	7/6.45	7/7.50	7/9.00	7/10.8	7/12.5	19/14.3	19/15.8	19/17.5	19/20.0
50℃时电阻/(Ω/km)	2.07	1.33	0.96	0.66	0.48	0.36	0.28	0.23	0.18	0.14
线间几何均距/mm	线路电抗/Ω·km⁻¹									
600	0.36	0.35	0.34	0.33	0.32	0.31	0.30	0.29	0.28	0.28
800	0.38	0.37	0.36	0.35	0.34	0.33	0.32	0.31	0.30	0.30
1000	0.40	0.38	0.37	0.36	0.35	0.34	0.33	0.32	0.31	0.31
1250	0.41	0.40	0.39	0.37	0.36	0.35	0.34	0.34	0.33	0.32

（续）

线间几何均距/mm	线路电抗/Ω·km⁻¹									
1500	0.42	0.41	0.40	0.38	0.37	0.36	0.35	0.35	0.34	0.33
2000	0.44	0.43	0.41	0.40	0.40	0.38	0.37	0.37	0.36	0.35

导线温度	环境温度/℃	允许持续载流量/A									
70℃（室外架设）	20	110	142	179	226	278	341	394	462	525	641
	25	105	135	170	215	265	325	375	440	500	610
	30	98.7	127	160	202	249	306	353	414	470	573
	35	93.5	120	151	191	236	289	334	392	445	543
	40	86.1	111	139	176	217	267	308	361	410	500

注：1. 线间几何均距 $a_{av} = \sqrt[3]{a_1 a_2 a_3}$，式中 a_1、a_2、a_3 为三相导线的各相之间的线间距离。三相导线正三角形排列时，$a_{av} = a$；三相导线等距水平排列时，$a_{av} = 1.26a$。

2. TJ 型铜绞线的电阻约为同截面积 LJ 型铝绞线电阻的 0.61 倍；TJ 型的电抗与 LJ 型同。TJ 型的载流量约为同截面积 LJ 型载流量的 1.29 倍。

2. LGJ 型钢心铝线的主要技术数据（见表 8-35）

表 8-35　LGJ 型钢心铝线的主要技术数据

额定截面积/mm²	35	50	70	95	120	150	185	240
铝线实际截面积/mm²	34.9	48.3	68.1	94.4	116	149	181	239
铝股数/钢股数/外径（单位为 mm）	6/1/8.16	6/1/9.60	6/1/11.4	26/7/13.6	26/7/15.1	26/7/17.1	26/7/18.9	26/7/21.7
50℃时电阻/Ω·km⁻¹	0.89	0.68	0.48	0.35	0.29	0.24	0.18	0.15

线间几何均距/mm	线路电抗/Ω·km⁻¹							
1500	0.39	0.38	0.37	0.35	0.35	0.34	0.33	0.33
2000	0.40	0.39	0.38	0.37	0.37	0.36	0.35	0.34
2500	0.41	0.41	0.40	0.39	0.38	0.37	0.37	0.36
3000	0.43	0.42	0.42	0.40	0.39	0.39	0.38	0.37
3500	0.44	0.43	0.42	0.41	0.40	0.40	0.39	0.38
4000	0.45	0.44	0.43	0.42	0.41	0.40	0.40	0.39

导线温度	环境温度/℃	允许持续载流量/A							
70℃（室外架设）	20	179	231	289	352	399	467	541	641
	25	170	220	275	335	380	445	515	610
	30	159	207	259	315	357	418	484	574
	35	149	193	228	295	335	391	453	536
	40	137	178	222	272	307	360	416	494

（二）硬铝母线的技术数据

LMY 型涂漆矩形硬铝母线的主要技术数据，如表 8-36 所示。

表 8-36 **LMY 型涂漆矩形硬铝母线的主要技术数据**

母线截面积 宽×厚/mm	65℃时 电阻/Ω·km⁻¹	相间距离为250mm时 电抗/Ω·km⁻¹		母线竖放时的允许持续载流量/A (导线温度70℃)			
				环 境 温 度			
		竖放	平放	25℃	30℃	35℃	40℃
25×3	0.47	0.24	0.22	265	249	233	215
30×4	0.29	0.23	0.21	365	343	321	296
40×4	0.22	0.21	0.19	480	451	422	389
40×5	0.18	0.21	0.19	540	507	475	438
50×5	0.14	0.20	0.17	665	625	585	539
50×6	0.12	0.20	0.17	740	695	651	600
60×6	0.10	0.19	0.16	870	818	765	705
80×6	0.076	0.17	0.15	1150	1080	1010	932
100×6	0.062	0.16	0.13	1425	1340	1255	1155
60×8	0.076	0.19	0.16	1025	965	902	831
80×8	0.059	0.17	0.15	1320	1240	1160	1070
100×8	0.048	0.16	0.13	1625	1530	1430	1315
120×8	0.041	0.16	0.12	1900	1785	1670	1540
60×10	0.062	0.18	0.16	1155	1085	1016	936
80×10	0.048	0.17	0.14	1480	1390	1300	1200
100×10	0.040	0.16	0.13	1820	1710	1600	1475
120×10	0.035	0.16	0.12	2070	1945	1820	1680

注: 本表母线载流量系母线竖放时的数据。如母线平放, 且宽度大于60mm时, 表中数据应乘以0.92; 如母线平放, 且宽度不大于60mm时, 表中数据应乘以0.95。

(三) 绝缘导线的技术数据

1. 绝缘导线的电阻和电抗值 (见表8-37)

表 8-37 **绝缘导线的电阻和电抗值**

导线线芯 额定截面积/mm²	电阻/Ω·km⁻¹				电抗/Ω·km⁻¹					
	导线温度				明敷线距/mm				导线穿管	
	50℃		60℃		100		150			
	铝芯	铜芯	铝芯	铜芯	铝芯	铜芯	铝芯	铜芯	铝芯	铜芯
1.5	—	14.00	—	14.50	—	0.342	—	0.368	—	0.138
2.5	13.33	8.40	13.80	8.70	0.327	0.327	0.353	0.353	0.127	0.127
4	8.25	5.20	8.55	5.38	0.312	0.312	0.338	0.338	0.119	0.119
6	5.53	3.48	5.75	3.61	0.300	0.300	0.325	0.325	0.112	0.112
10	3.33	2.05	3.45	2.12	0.280	0.280	0.306	0.306	0.108	0.108
16	2.08	1.25	2.16	1.30	0.265	0.265	0.290	0.290	0.102	0.102

（续）

导线线芯额定截面积/mm²	电阻/Ω·km⁻¹				电抗/Ω·km⁻¹				导线穿管	
	导线温度				明敷线距/mm					
	50℃		60℃		100		150			
	铝芯	铜芯	铝芯	铜芯	铝芯	铜芯	铝芯	铜芯	铝芯	铜芯
25	1.31	0.81	1.36	0.84	0.251	0.251	0.277	0.277	0.099	0.099
35	0.94	0.58	0.97	0.60	0.241	0.241	0.266	0.266	0.095	0.095
50	0.65	0.40	0.67	0.41	0.229	0.229	0.251	0.251	0.091	0.091
70	0.47	0.29	0.49	0.30	0.219	0.219	0.242	0.242	0.088	0.088
95	0.35	0.22	0.36	0.23	0.206	0.206	0.231	0.231	0.085	0.085
120	0.28	0.17	0.29	0.18	0.199	0.199	0.223	0.223	0.083	0.083
150	0.22	0.14	0.23	0.14	0.191	0.191	0.216	0.216	0.082	0.082
185	0.18	0.11	0.19	0.12	0.184	0.184	0.209	0.209	0.081	0.081
240	0.14	0.09	0.14	0.09	0.178	0.178	0.200	0.200	0.080	0.080

2. 聚氯乙烯绝缘导线和橡皮绝缘导线明敷的允许载流量（见表8-38）

表8-38　聚氯乙烯绝缘导线和橡皮绝缘导线明敷的允许载流量　　（单位：A）

导线线芯额定截面积/mm²	铝　芯（BLV/BLX）				铜　芯（BV/BX）			
	环境温度/℃							
	25	30	35	40	25	30	35	40
1.5	18/19	16/18	15/16	14/15	24/27	22/25	20/23	18/21
2.5	25/27	23/25	21/23	19/21	32/35	29/32	27/30	25/27
4	32/35	29/32	27/30	25/27	42/45	39/41	36/39	33/35
6	42/45	39/42	36/38	33/35	55/58	51/54	47/49	43/45
10	59/65	55/60	51/56	46/51	75/84	70/77	64/72	59/66
16	80/85	74/79	69/73	63/67	105/110	98/102	90/94	83/86
25	105/110	98/102	90/95	83/87	138/142	129/132	119/123	109/112
35	130/138	121/129	112/119	102/109	170/178	158/166	147/154	134/141
50	165/175	154/163	142/151	130/138	215/226	201/210	185/195	170/178
70	205/220	191/206	177/190	162/174	265/284	247/266	229/245	209/224
95	250/265	233/247	216/229	197/209	325/342	303/319	281/295	257/270
120	285/310	266/280	246/268	225/245	375/400	350/361	324/346	296/316
150	325/360	303/336	281/311	257/284	430/464	402/433	371/401	340/366
185	380/420	355/392	328/363	300/332	490/540	458/506	423/468	387/428
240	-/510	-/476	-/441	-/403	-/660	-/615	-/570	-/520

3. 聚氯乙烯绝缘导线穿硬塑料管敷设的允许载流量（见表8-39）

表8-39　聚氯乙烯绝缘导线穿硬塑料管敷设的允许载流量　　　　（单位：A）

导线线芯额定截面积/mm²		2根单芯线 环境温度/℃				2根穿管管径/mm	3根单芯线 环境温度/℃				3根穿管管径/mm	4~5根单芯线 环境温度/℃				4根穿管管径/mm	5根穿管管径/mm
		25	30	35	40		25	30	35	40		25	30	35	40		
2.5	铝芯 BLV	18	16	15	14	15	16	14	13	12	15	14	13	12	11	20	25
4		24	22	20	18	20	22	20	19	17	20	19	17	16	15	20	25
6		31	28	26	24	20	27	25	23	21	20	25	23	21	19	25	32
10		42	39	36	33	25	38	35	32	30	25	33	30	28	26	32	32
16		55	51	47	43	32	49	45	42	38	32	44	41	38	34	32	40
25		73	68	63	57	32	65	60	56	51	40	57	53	49	45	40	50
35		90	84	77	71	40	80	74	69	63	40	70	65	60	55	50	65
50		114	106	98	90	50	102	95	88	80	50	90	84	77	71	65	65
70		145	135	125	114	50	130	121	112	102	50	115	107	99	90	65	75
95		175	163	151	138	65	158	147	136	124	65	140	130	121	110	75	75
120		200	187	173	158	65	180	168	155	142	65	160	149	138	126	75	80
150		230	215	198	181	75	207	193	179	163	75	185	172	160	146	80	90
185		265	247	229	209	75	235	219	203	185	75	212	198	183	167	90	100
1.0	铜芯 BV	12	11	10	9	15	11	10	9	8	15	10	9	8	7	15	15
1.5		16	14	13	12	15	15	14	12	11	15	13	12	11	10	15	20
2.5		24	22	20	18	15	21	19	18	16	15	19	17	16	15	20	25
4		31	28	26	24	20	28	26	24	22	20	25	23	21	18	20	25
6		41	38	35	32	20	36	33	31	28	20	32	29	27	25	25	32
10		56	52	48	44	25	49	45	42	38	25	44	41	38	34	32	32
16		72	67	62	56	32	65	60	56	51	32	57	53	49	45	32	40
25		95	88	82	75	32	85	79	73	67	40	75	70	64	59	40	50
35		120	112	103	94	40	105	98	90	83	40	93	86	80	73	50	65
50		150	140	129	118	50	132	123	114	104	50	117	109	101	92	65	65
70		185	172	160	146	50	167	156	144	130	50	148	138	128	117	65	75
95		230	215	198	181	65	205	191	177	162	65	185	172	160	146	75	75

（续）

导线线芯额定截面积/mm²		2 根单芯线				2 根穿管管径/mm	3 根单芯线				3 根穿管管径/mm	4～5 根单芯线				4 根穿管管径/mm	5 根穿管管径/mm
		环境温度/℃					环境温度/℃					环境温度/℃					
		25	30	35	40		25	30	35	40		25	30	35	40		
铜芯 BV	120	270	252	233	213	65	240	224	207	189	65	215	201	185	172	75	80
	150	305	285	263	241	75	275	257	237	217	75	250	233	216	197	80	90
	185	355	331	307	280	75	310	289	268	245	75	280	261	242	221	90	100

注：表中 4～5 根穿管的载流量，系指 TN-C 系统或 TN-S 系统的相线载流量，其 N 线或 PEN 线中可有不平衡电流通过。如果是平衡三相导线穿管，另一线为 PE 线，则虽为 4 根穿管，但其载流量仍只按 3 根穿管确定。

（四）电力电缆的技术数据

1. 电力电缆的电阻和电抗值（见表 8-40）

表 8-40　电力电缆的电阻和电抗值

额定截面积/mm²	电阻/Ω·km⁻¹								电抗/Ω·km⁻¹					
	铝芯电缆				铜芯电缆				纸绝缘电缆			塑料电缆*		
	缆芯工作温度/℃								额定电压/kV					
	55	60	75	80	55	60	75	80	1	6	10	1	6	10
2.5	—	14.38	15.13	—	—	8.54	8.98	—	0.098	—	—	0.100	—	—
4	—	8.99	9.45	—	—	5.34	5.61	—	0.091	—	—	0.093	—	—
6	—	6.00	6.31	—	—	3.56	3.75	—	0.087	—	—	0.091	—	—
10	—	3.60	3.78	—	—	2.13	2.25	—	0.081	—	—	0.087	—	—
16	2.21	2.25	2.36	2.40	1.31	1.33	1.40	1.43	0.077	0.099	0.110	0.082	0.124	0.133
25	1.41	1.44	1.51	1.54	0.84	0.85	0.90	0.91	0.067	0.088	0.098	0.075	0.111	0.120
35	1.01	1.03	1.08	1.10	0.60	0.61	0.64	0.65	0.065	0.083	0.092	0.073	0.105	0.113
50	0.71	0.72	0.76	0.77	0.42	0.43	0.45	0.46	0.063	0.079	0.087	0.071	0.099	0.107
70	0.51	0.52	0.54	0.56	0.30	0.31	0.32	0.33	0.062	0.076	0.083	0.070	0.093	0.101
95	0.37	0.38	0.40	0.41	0.22	0.23	0.24	0.24	0.062	0.074	0.080	0.070	0.089	0.096
120	0.29	0.30	0.31	0.32	0.17	0.18	0.19	0.19	0.062	0.072	0.078	0.070	0.087	0.095
150	0.24	0.24	0.25	0.26	0.14	0.14	0.15	0.15	0.062	0.071	0.077	0.070	0.085	0.093
185	0.20	0.20	0.21	0.21	0.12	0.12	0.12	0.13	0.062	0.070	0.075	0.070	0.082	0.090
240	0.15	0.16	0.16	0.17	0.09	0.09	0.10	0.11	0.062	0.069	0.073	0.070	0.080	0.087

注：1. *表中塑料电缆包括聚氯乙烯绝缘电缆和交联电缆。

2. 1kV 级 4～5 芯电缆的电阻和电抗值可近似地取用同级 3 芯电缆的电阻和电抗值（本表为 3 芯电缆值）。

2. 10kV 及以下常用电力电缆允许持续载流量 按 GB 50217—2007《电力工程电缆设计规范》，如表 8-41 ~ 表 8-47 所示。

表 8-41 1~3kV 油纸、聚氯乙烯绝缘电缆空气中敷设时允许载流量 （单位：A）

绝缘类型	不滴流纸			聚氯乙烯		
护套	有钢铠护套			无钢铠护套		
电缆导体最高工作温度/℃	80			70		
电缆芯数	单芯	二芯	三芯或四芯	单芯	二芯	三芯或四芯
2.5	—	—	—	—	18	15
4	—	30	26	—	24	21
6	—	40	35	—	31	27
10	—	52	44	—	44	38
16	—	69	59	—	60	52
25	116	93	79	95	79	69
35	142	111	98	115	95	82
50	174	138	116	147	121	104
70	218	174	151	179	147	129
95	267	214	182	221	181	155
120	312	245	214	257	211	181
150	356	280	250	294	242	211
185	414	—	285	340	—	246
240	495	—	338	410	—	294
300	570	—	383	473	—	328
环境温度/℃	40					

注：1. 适用于铝芯电缆，铜芯电缆的允许持续载流量值可乘以 1.29。

2. 单芯只适用于直流。

表 8-42 1~3kV 油纸、聚氯乙烯绝缘电缆直埋敷设时允许载流量 （单位：A）

绝缘类型	不滴流纸			聚氯乙烯					
护套	有钢铠护套			无钢铠护套			有钢铠护套		
电缆导体最高工作温度/℃	80			70					
电缆芯数	单芯	二芯	三芯或四芯	单芯	二芯	二芯或四芯	单心	二芯	三芯或四芯
4	—	34	29	47	36	31	—	34	30
6	—	45	38	58	45	38	—	43	37
10	—	58	50	81	62	53	77	59	50
16	—	76	66	110	83	70	105	79	68
25	143	105	88	138	105	90	134	100	87
35	172	126	105	172	136	110	162	131	105
50	198	146	126	203	157	134	194	152	129
70	247	182	154	244	184	157	235	180	152
95	300	219	186	295	226	189	281	217	180
120	344	251	211	332	254	212	319	249	207
150	389	284	240	374	287	242	365	273	237

注："电缆导体截面积 /mm²" 列于表左侧。

（续）

绝缘类型		不滴流纸			聚氯乙烯					
护套		有钢铠护套			无钢铠护套			有钢铠护套		
电缆导体最高工作温度/℃		80			70					
电缆芯数		单芯	二芯	三芯或四芯	单芯	二芯	三芯或四芯	单芯	二芯	三芯或四芯
电缆导体截面积 /mm²	185	441	—	275	424	—	273	410	—	264
	240	512	—	320	502	—	319	483	—	310
	300	584	—	356	561	—	347	543	—	347
	400	676	—	—	639	—	—	625	—	—
	500	776	—	—	729	—	—	715	—	—
	630	904	—	—	846	—	—	819	—	—
	800	1032	—	—	981	—	—	963	—	—
土壤热阻系数/(K·m/W)		1.5			1.2					
环境温度/℃		25								

注：1. 适用于铝芯电缆，铜芯电缆的允许持续载流量值可乘以 1.29。

　　2. 单芯只适用于直流。

表 8-43　1～3kV 交联聚乙烯绝缘电缆空气中敷设时允许载流量　　（单位：A）

电缆芯数	三芯		单芯							
单芯电缆排列方式			品字形				水平形			
金属层接地点			单侧		两侧		单侧		两侧	
电缆导体材质	铝	铜	铝	铜	铝	铜	铝	铜	铝	铜
电缆导体截面积 /mm²										
25	91	118	100	132	100	132	114	150	114	150
35	114	150	127	164	127	164	146	182	141	178
50	146	182	155	196	155	196	173	228	168	209
70	178	228	196	255	196	251	228	292	214	264
95	214	273	241	310	241	305	278	356	260	310
120	246	314	283	360	278	351	319	410	292	351
150	278	360	328	419	319	401	365	479	337	392
185	319	410	372	479	365	461	424	546	369	438
240	378	483	442	565	424	546	502	643	424	502
300	419	552	506	643	493	611	588	738	479	552
400	—	—	611	771	579	716	707	908	546	625
500	—	—	712	885	661	803	830	1026	611	693
630	—	—	826	1008	734	894	963	1177	680	757
环境温度/℃			40							
电缆导体最高工作温度/℃			90							

注：水平形排列电缆相互间中心距为电缆外径的 2 倍。

表 8-44　1~3kV 交联聚乙烯绝缘电缆直埋敷设时允许载流量　　　（单位：A）

电缆芯数		三芯		单芯			
单芯电缆排列方式				品字形		水平形	
金属层接地点				单侧		单侧	
电缆导体材质		铝	铜	铝	铜	铝	铜
电缆导体截面积 /mm²	25	91	117	104	130	113	143
	35	113	143	117	169	134	169
	50	134	169	139	187	160	200
	70	165	208	174	226	195	247
	95	195	247	208	269	230	295
	120	221	282	239	300	261	334
	150	247	321	269	339	295	374
	185	278	356	300	382	330	426
	240	321	408	348	435	378	478
	300	365	469	391	495	430	543
	400	—	—	456	574	500	635
	500	—	—	517	635	565	713
	630	—	—	582	704	635	796
电缆导体最高工作温度/℃		90					
土壤热阻系数/(K·m/W)		2.0					
环境温度/℃		25					

注：水平形排列电缆相互间中心距为电缆外径的 2 倍。

表 8-45　6kV 三芯电力电缆空气中敷设时允许载流量　　　（单位：A）

绝缘类型		不滴流纸	聚氯乙烯		交联聚乙烯	
钢铠护套		有	无	有	无	有
电缆导体最高工作温度/℃		80	70		90	
电缆导体截面积 /mm²	10	—	40	—	—	—
	16	58	54	—	—	—
	25	79	71	—	—	—
	35	92	85	—	114	—
	50	116	108	—	141	—
	70	147	129	—	173	—
	95	183	160	—	209	—
	120	213	185	—	246	—
	150	245	212	—	277	—
	185	280	246	—	323	—
	240	334	293	—	378	—
	300	374	323	—	432	—
	400	—	—	—	505	—
	500	—	—	—	584	—
环境温度/℃		40				

注：适用于铝芯电缆，铜芯电缆的允许持续载流量值可乘以 1.29。

表 8-46　6kV 三芯电力电缆直埋敷设时允许载流量　（单位：A）

绝缘类型	不滴流纸	聚氯乙烯		交联聚乙烯	
钢铠护套	有	无	有	无	有
电缆导体最高工作温度/℃	80	70		90	
电缆导体截面积/mm²　10	—	51	50	—	—
16	63	67	65	—	—
25	84	86	83	87	87
35	101	105	100	105	102
50	119	126	126	123	118
70	148	149	149	148	148
95	180	181	177	178	178
120	209	209	205	200	200
150	232	232	228	232	222
185	264	264	255	262	252
240	308	309	300	300	295
300	344	346	332	343	333
400	—	—	—	380	370
500	—	—	—	432	422
土壤热阻系数/(K·m/W)	1.5	1.2		2.0	
环境温度/℃	25				

注：适用于铝芯电缆，铜芯电缆的允许持续载流量值可乘以 1.29。

表 8-47　10kV 三芯电力电缆允许载流量　（单位：A）

绝缘类型	不滴流纸		交联聚乙烯			
钢铠护套			无		有	
电缆导体最高工作温度/℃	65		90			
敷设方式	空气中	直埋	空气中	直埋	空气中	直埋
电缆导体截面积/mm²　16	47	59	—	—	—	—
25	63	79	100	90	100	90
35	77	95	123	110	123	105
50	92	111	146	125	141	120
70	118	138	178	152	173	152
95	143	169	219	182	214	182
120	168	196	251	205	246	205
150	189	220	283	223	278	219
185	218	246	324	252	320	247
240	261	290	378	292	373	292
300	295	325	433	332	428	328
400	—	—	506	378	501	374
500	—	—	579	428	574	424
环境温度/℃	40	25	40	25	40	25
土壤热阻系数/(K·m/W)	—	1.2	—	2.0	—	2.0

注：适用于铝芯电缆，铜芯电缆的允许持续载流量值可乘以 1.29。

3. 敷设条件不同时电缆允许持续载流量的校正系数　按 GB 50217—2007《电力工程电缆设计规范》，如表8-48～表8-53所示。

表 8-48　35kV 及以下电缆在不同环境温度时的载流量校正系数

敷设位置		空气中				土壤中			
环境温度/℃		30	35	40	45	20	25	30	35
电缆导体 最高工作 温度/℃	60	1.22	1.11	1.0	0.86	1.07	1.0	0.93	0.85
	65	1.18	1.09	1.0	0.89	1.06	1.0	0.94	0.87
	70	1.15	1.08	1.0	0.91	1.05	1.0	0.94	0.88
	80	1.11	1.06	1.0	0.93	1.04	1.0	0.95	0.90
	90	1.09	1.05	1.0	0.94	1.04	1.0	0.96	0.92

注：除表8-47以外的其他环境温度下载流量的校正系数可按下式计算：

$$K = \sqrt{\frac{\theta_m - \theta_2}{\theta_m - \theta_1}}$$

式中　θ_m——电缆导体最高工作温度，单位为℃；

　　　θ_1——对应于额定载流量的基准环境温度，单位为℃；

　　　θ_2——实际环境温度，单位为℃。

表 8-49　不同土壤热阻系数时电缆载流量的校正系数

土壤热阻系数 /(K·m/W)	分类特征（土壤特性和雨量）	校正系数
0.8	土壤很潮湿，经常下雨。如湿度大于9%的沙土；湿度大于10%的沙－泥土等	1.05
1.2	土壤潮湿，规律性下雨。如湿度大于7%但小于9%的沙土；湿度为12%～14%的沙－泥土等	1.0
1.5	土壤较干燥，雨量不大。如湿度为8%～12%的沙－泥土等	0.93
2.0	土壤干燥，少雨。如湿度大于4%但小于7%的沙土；湿度为4%～8%的沙－泥土等	0.87
3.0	多石地层，非常干燥。如湿度小于4%的沙土等	0.75

注：1. 适用于缺乏实测土壤热阻系数时的粗略分类，对110kV及以上电缆线路工程，宜以实测方式确定土壤热阻系数。
　　2. 校正系数适用于表8-41～表8-47中采取土壤热阻系数为1.2K·m/W的情况，不适用于三相交流系统的高压单芯电缆。

表 8-50　土中直埋多根并行敷设时电缆载流量的校正系数

并列根数		1	2	3	4	5	6
电缆之间 净距/mm	100	1	0.9	0.85	0.80	0.78	0.75
	200	1	0.92	0.87	0.84	0.82	0.81
	300	1	0.93	0.90	0.87	0.86	0.85

注：不适用于三相交流系统单芯电缆。

表 8-51　空气中单层多根并行敷设时电缆载流量的校正系数

并列根数		1	2	3	4	5	6
电缆中心距	$S=d$	1.00	0.90	0.85	0.82	0.81	0.80
	$S=2d$	1.00	1.00	0.98	0.95	0.93	0.90
	$S=3d$	1.00	1.00	1.00	0.98	0.97	0.96

注：1. S 为电缆中心间距，d 为电缆外径。

2. 按全部电缆具有相同外径条件制订，当并列敷设的电缆外径不同时，d 值可近似地取电缆外径的平均值。

3. 不适用于交流系统中使用的单芯电力电缆。

表 8-52　电缆桥架上无间距配置多层并列电缆载流量的校正系数

叠置电缆层数		一	二	三	四
桥架类别	梯架	0.8	0.65	0.55	0.5
	托盘	0.7	0.55	0.5	0.45

注：呈水平状并列电缆数不少于 7 根。

表 8-53　1～6kV 电缆户外明敷无遮阳时载流量的校正系数

电缆载面积/mm²				35	50	70	95	120	150	185	240
电压/kV	1	芯数	三	—	—	—	0.90	0.98	0.97	0.96	0.94
	6		三	0.96	0.95	0.94	0.93	0.92	0.91	0.90	0.88
			单	—	—	—	0.99	0.99	0.99	0.99	0.98

注：运用本表系数校正对应的载流量基础值，是采取户外环境温度的户内空气中电缆载流量。

第九章 防雷保护和接地装置的设计

第一节 变配电所和电力线路的防雷保护

一、变配电所的防雷措施

1. 装设避雷针（接闪杆）或避雷带、网（接闪带、网） 变配电所及其屋外配电装置，应装设避雷针来防护直击雷。如无屋外配电装置，则可在变配电所的屋顶装设避雷针或避雷带、网。如果变配电所及其屋外配电装置处在相邻建（构）筑物防雷保护范围以内时，可不再装设避雷针或避雷带、网。

独立避雷针宜设独立的接地装置。在非高土壤电阻率地区，其工频接地电阻 $R_E \leqslant 10\Omega$。当有困难时，可将其接地装置与变配电所的主接地网连接，但避雷针的接地引下线与主接地网的地下连接点至 35kV 及以下设备与主接地网的地下连接点之间，沿接地线的长度不得小于 15m。

独立避雷针及其引下线与变配电装置在空气中的水平间距 S_0（单位为 m），应满足下列两式要求：

$$S_0 \geqslant 0.2R_{sh} + 0.1h \tag{9-1}$$

且

$$S_0 \geqslant 5\text{m} \tag{9-2}$$

式中 R_{sh}——避雷针的冲击接地电阻，单位为 Ω；

       h——避雷针引下线与变配电装置水平间距的检测点高度，单位为 m。

独立避雷针的接地装置与变配电所主接地网在地下的水平间距 S_E（单位为 m），应满足下列两式要求：

$$S_E \geqslant 0.3R_{sh} \tag{9-3}$$

且

$$S_E \geqslant 3\text{m} \tag{9-4}$$

2. 装设避雷线（接闪线）

处于狭谷地区的变配电所，可装设避雷线（也称架空地线）来防护直击雷。

在 35kV 及以上的变配电所架空进线上，架设 1~2km 的避雷线，以消除近区进线上的雷击闪络引起的雷电侵入波对变配电所电气装置的危害。

进线保护段范围内的电杆工频接地电阻 $R_E \leqslant 10\Omega$。

进线保护段上的避雷线保护角不宜大于 20°，最大不应大于 30°。

3. 装设避雷器 装设避雷器用以防止雷电侵入波对变配电所内电气装置特别是对主变压器的危害。

1）高压架空线路的终端杆装设阀式或排气式避雷器。如果进线是具有一段引入电缆的架空线路，则架空线路终端装设的避雷器应与电缆头处的金属外皮相连并一同接地。

2）每组高压母线上都应装设阀式避雷器。变电所内所有阀式避雷器应以最短的接地线与配电装置的主接地网相连。对 35kV 主变压器来说，如果 35kV 进线为 1km 长，进线为 1

路，则阀式避雷器与主变压器间的最大电气距离为 25m；如果进线为 2 路，则此最大电气距离为 40m。对 3～10kV 主变压器来说，进线为 1 路的最大电气距离为 15m，2 路为 20m。

图 9-1 为 35kV 及以上架空进线和电缆进线的雷电侵入波过电压保护接线图。

图 9-2 为 6～10kV 配电装置的雷电侵入波过电压保护接线图。

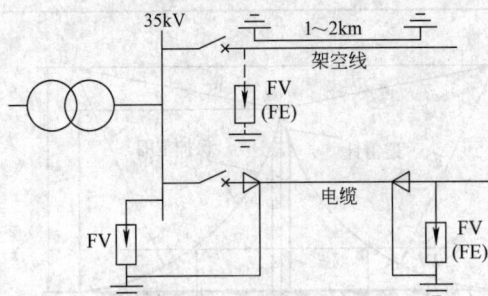

图 9-1　35kV 及以上架空进线和电缆进线的
雷电侵入波过电压保护接线
FV—阀式避雷器　FE—排气式避雷器

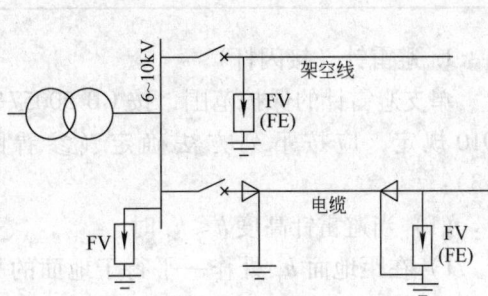

图 9-2　6～10kV 配电装置的雷电侵入波
过电压保护接线

3）6～10kV 配电变压器低压侧中性点不接地时，应在中性点装设击穿保险器。35/0.4kV 配电变压器的低压侧，应与高压侧一样装设阀式避雷器保护。变压器两侧的避雷器均应与变压器中性点及其外壳一同接地（中性点接地时）。

二、电力线路的防雷措施

1. 架设避雷线（接闪线）　这是防止架空线路遭受直接雷击的有效措施。全线架设避雷线一般只用于 35kV 以上的架空线路。35kV 架空线路只在进出变配电所的 1～2km 范围内架设避雷线。

2. 提高线路本身的耐雷水平　可采用木横担、瓷横担，或采用高一电压级的绝缘子（当采用角钢横担时）。

3. 个别绝缘薄弱点加装避雷器　对架空线路中的跨越杆、转角杆、分支杆、带拉线杆及个别金属杆上，装设排气式避雷器或保护间隙。

4. 利用三角形排列的顶线兼作保护线　在顶线与顶线绝缘子的铁脚之间装设保护间隙。发生雷击时，保护间隙被击穿，对地泄放雷电流，从而保护了下边两根导线。在中性点不接地的 3～10kV 系统中，单相接地放电不致引起线路断路器跳闸。

三、保护电力装置的避雷针和避雷线的保护范围

保护电力装置的避雷针和避雷线的保护范围，过去按 GBJ 64—1983《工业与民用电力装置的过电压保护设计规范》规定的"折线法"来确定。现行国家标准 GB 50057—2010《建筑物防雷设计规范》规定采用 IEC 推荐的"滚球法"来确定。

所谓"滚球法"，就是选择一个半径为 h_r（滚球半径）的球体，按需要防护直击雷的部位滚动，如果球体只接触到避雷针（线）或避雷针（线）与地面，而不触及需要保护的部位，则该部位就在避雷针（线）的保护范围之内。滚球半径 h_r 按建筑物的防雷类别不同而取不同值，见表 9-1。

表 9-1 按建筑物防雷类别确定滚球半径和避雷网网格尺寸 (据 GB 50057—2010)

建筑物防雷类别	滚球半径 h_r/m	避雷网网格尺寸/m
第一类防雷建筑物	30	≤5×5 或 ≤6×4
第二类防雷建筑物	45	≤10×10 或 ≤12×8
第三类防雷建筑物	60	≤20×20 或 ≤24×16

1. 避雷针 (接闪杆)

单支避雷针的保护范围, 按 GB 50057—2010 规定, 应按下列方法确定 (参看图 9-3):

(1) 当避雷针高度 $h \leqslant h_r$ 时

1) 在距地面 h_r 处作一平行于地面的平行线。

2) 以避雷针的杆尖为圆心, h_r 为半径, 作弧线交于平行线的 A、B 两点。

3) 以 A、B 为圆心, h_r 为半径作弧线, 该弧线与杆尖相交并与地面相切。从此弧线起到地面上的整个锥形空间, 就是避雷针的保护范围。

4) 避雷针在被保护物高度 h_x 的 xx' 平面上的保护半径, 按下式计算:

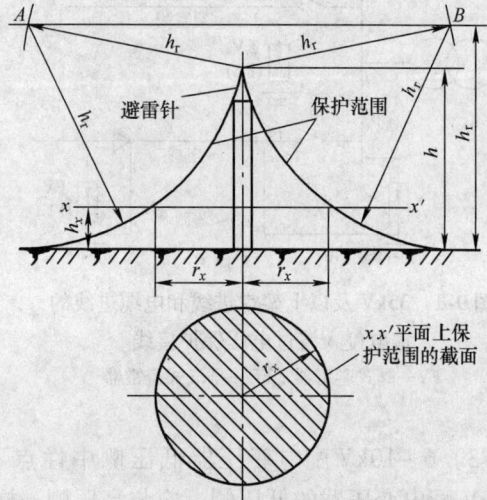

图 9-3 单支避雷针的保护范围

$$r_x = \sqrt{h(2h_r - h)} - \sqrt{h_x(2h_r - h_x)} \qquad (9-5)$$

式中, h_r 为滚球半径, 按表 9-1 确定。

5) 避雷针在地面上的保护半径, 按下式计算:

$$r_0 = \sqrt{h(2h_r - h)} \qquad (9-6)$$

(2) 当避雷针高度 $h > h_r$ 时 在避雷针上取高度 h_r 的一点代替单支避雷针的杆尖作圆心, 其余的作法与上述 $h \leqslant h_r$ 时的作法相同。

关于两支及多支避雷针的保护范围, 可参看 GB 50057—2010 或有关设计手册, 此处从略。

2. 避雷线 (接闪线)

避雷线的功能和原理, 与避雷针基本相同。

避雷线一般采用截面积不小于 50mm^2 的镀锌钢绞线, 架设在架空线路的上方, 以保护架空线路或其他物体 (包括建筑物) 免遭直接雷击。由于避雷线既要架空, 又要接地, 因此又称为架空地线。

单根避雷线的保护范围, 按 GB 50057—2010 规定: 当避雷线高度 $h \geqslant 2h_r$ 时, 无保护范围。当避雷线的高度 $h < 2h_r$ 时, 应按下列方法确定 (见图 9-4)。但要注意, 确定架空避雷线的高度时, 应计及弧垂的影响。在无法确定弧垂的情况下, 等高支柱间的档距小于 120m 时, 其避雷线中点的弧垂宜取 2m; 档距为 120~150m 时, 弧垂宜取 3m。

1) 距地面 h_r 处作一平行于地面的平行线。

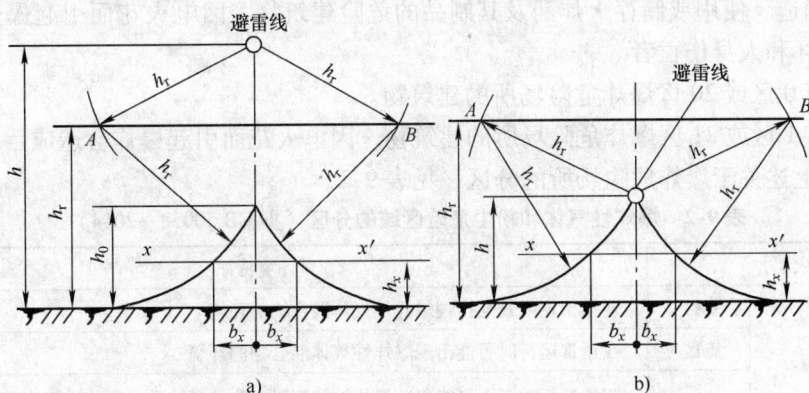

图 9-4 单根避雷线的保护范围

a) 当 $2h_r > h > h_r$ 时　b) 当 $h \leqslant h_r$ 时

2）以避雷线为圆心，h_r 为半径，作弧线交于平行线的 A、B 两点。

3）以 A、B 为圆心，h_r 为半径作弧线，该两弧线相交或相切，并与地面相切。从该弧线起到地面止的空间，就是避雷线的保护范围。

4）当 $2h_r > h > h_r$ 时，保护范围最高点的高度 h_0 按下式计算：

$$h_0 = 2h_r - h \tag{9-7}$$

5）避雷线在 h_0 高度的 xx' 平面上的保护宽度 b_x 按下式计算：

$$b_x = \sqrt{h(2h_r - h)} - \sqrt{h_x(2h_r - h_x)} \tag{9-8}$$

关于两根等高避雷线的保护范围，可参看 GB 50057—2010 或有关设计手册，此处从略。

3. 避雷带（接闪带）和避雷网（接闪网）

避雷带和避雷网主要用来保护建筑物特别是高层建筑物，使之免遭直接雷击和雷电感应。

避雷带和避雷网宜采用圆钢或扁钢，优先采用圆钢。圆钢直径应不小于 8mm；扁钢截面积应不小于 48mm²，其厚度应不小于 4mm。当烟囱上采用避雷环时，其圆钢直径应不小于 12mm；扁钢截面积应不小于 100mm²，其厚度应不小于 4mm。避雷网的网格尺寸要求见表 9-1。

以上避雷器件均应经引下线与接地装置连接。引下线宜采用圆钢或扁钢，优先采用圆钢，其尺寸要求与避雷带、网采用的相同。引下线应沿建筑物外墙明敷，并经最短路径接地；建筑艺术要求较高者可暗敷，但其圆钢直径应不小于 10mm，扁钢截面积应不小于 80mm²。

第二节　建筑物及电子信息系统的防雷保护

一、建筑物的防雷类别

建筑物（含构筑物，下同）根据其重要性、使用性质、发生雷电事故的可能性和后果，按防雷要求分为三类（据 GB 50057—2010 规定）。

1. 第一类防雷建筑物

1）凡制造、使用或储存火炸药及其制品的危险建筑物，因电火花而引起爆炸、爆轰会造成巨大破坏和人身伤亡者。

2）具有 0 区或 20 区爆炸危险场所的建筑物。

3）具有 1 区或 21 区爆炸危险场所的建筑物，因电火花而引起爆炸会造成巨大破坏和人身伤亡者。上述关于爆炸危险场所的分区，见表 9-2。

表 9-2　爆炸性气体和粉尘危险区域的分区（据 GB 50058—2014）

分区代号		环境特征
爆炸性气体环境	0 区	连续出现或长期出现爆炸性气体混合物的环境
	1 区	在正常运行时可能出现爆炸性气体混合物的环境
	2 区	正常运行时不太可能出现爆炸性气体混合物的环境，或即使出现也仅是短时存在的爆炸性气体混合物的环境
爆炸性粉尘环境	20 区	空气中的可燃性粉尘云持续地或长期地或频繁地出现于爆炸性环境中的区域
	21 区	在正常运行时，空气中的可燃性粉尘云很可能偶尔出现于爆炸性环境中的区域
	22 区	在正常运行时，空气中的可燃性粉尘云一般不可能出现于爆炸性环境中，即使出现，持续时间也是短暂的区域

2. 第二类防雷建筑物

1）国家级重点文物保护的建筑物。

2）国家级的会堂、办公建筑物、大型展览和博览建筑物、大型火车站和飞机场（不含停放飞机的露天场所和跑道）、国宾路、国家级档案馆、大型城市的重要给水泵房等特别重要的建筑物。

3）国家级计算中心、国家通信枢纽等对国民经济有重要意义的建筑物。

4）国家特级和甲级大型体育馆。

5）制造、使用或储存火炸药及其制品的危险建筑物，但电火花不易引起爆炸或不致造成巨大破坏和人身伤亡者。

6）具有 1 区或 21 区爆炸危险场所的建筑物，但电火花不易引起爆炸或不致造成巨大破坏和人身伤亡者。

7）具有 2 区或 22 区爆炸危险场所的建筑物。

8）有爆炸危险的露天钢质封闭气罐。

9）预计雷击次数大于 0.05 次/年的部、省级办公建筑物及其他重要的或人员密集的公共建筑物以及火灾危险场所。

10）预计雷击次数大于 0.25 次/年的住宅、办公楼等一般性民用建筑物或一般性工业建筑物。

3. 第三类防雷建筑物

1）省级重点文物保护的建筑物及省级档案馆。

2）预计雷击次数大于或等于 0.01 次/年且小于或等于 0.05 次/年的部、省级办公建筑物及其他重要的或人员密集的公共建筑物以及火灾危险场所。

3）预计雷击次数大于或等于 0.05 次/年且小于或等于 0.25 次/年的住宅、办公楼等一般性民用建筑物。

4）在平均雷暴日大于 15 日/年的地区，高度在 15m 及以上的烟囱、水塔等孤立的高耸建筑物；在平均雷暴日小于或等于 15 日/年的地区，高度在 20m 及以上的烟囱、水塔等孤立的高耸建筑物。

二、建筑物的防雷措施

按 GB 50057—2010 规定，各类防雷建筑物应在建筑物上装设防直击雷的避雷针，避雷带、网应沿表 9-3 所示的屋角、屋脊、屋檐和屋角等易受雷击的部位敷设。

表 9-3　建筑物易受雷击的部位

序号	屋面情况	易受雷击的部位	备注
1	平屋面		
2	坡度不大于 1/10 的屋面		（1）图上圆圈"○"表示雷击率最高的部位，实线"——"表示易受雷击部位，虚线"……"表示不易受雷击部位 （2）对序号 3、4 所示屋面，在屋脊有避雷带的情况下，当屋檐处于屋脊避雷带的保护范围内时，屋檐上可不再装设避雷带
3	坡度大于 1/10 且小于 1/2 的屋面		
4	坡度不小于 1/2 的屋面		

1. 第一类防雷建筑物的防雷措施

（1）**防直击雷**　装设独立避雷针或架空避雷线（网），使被保护建筑物及其风帽、放散管等突出屋面的物体均处于避雷器的保护范围内。避雷网网格尺寸不应大于 5m×5m 或 6m×4m。独立避雷针和架空避雷线（网）的支柱及其接地装置至被保护建筑物及与其有联系的管道、电缆等金属物之间的距离，架空避雷线（网）至被保护建筑物屋面和各种突出屋面物体之间的距离，均不得小于 3m。避雷器接地引下线的冲击接地电阻 $R_{sh} \leqslant 10\Omega$。当建筑物高于 30m 时，尚应采取防侧击雷的措施。

（2）**防雷电感应**　建筑物内外的所有可产生雷电感应的金属物体均应接到防雷电感应的接地装置上，其工频接地电阻 $R_E \leqslant 10\Omega$。

（3）**防雷电波侵入**　低压线路宜全线采用电缆直接埋地敷设。在入户端，应将电缆的金属外皮、钢管接到防雷电感应的接地装置上。当全线采用电缆有困难时，可采用水泥电杆和铁横担的架空线，并使用一段电缆穿钢管直接埋地引入，其埋地长度不应小于 15m。在电缆与架空线连接处，还应装设避雷器。避雷器、电缆金属外皮、钢管及绝缘子铁脚、金具等均应连接在一起接地，其冲击接地电阻 $R_{sh} \leqslant 10\Omega$。

2. 第二类防雷建筑物的防雷措施

（1）**防直击雷**　宜采取在建筑物上装设避雷网（带）、避雷针或由其混合组成的避雷器,使被保护的建筑物及其风帽、放散管等突出屋面的物体均处于避雷器的保护范围内。避雷网网格尺寸不应大于 10m×10m 或 12m×8m。避雷器接地引下线的冲击接地电阻 $R_{sh} \leqslant 10\Omega$。当建筑物高于 45m 时,尚应采取防侧击雷的措施。

(2)防雷电感应 建筑物内的设备、管道、构架等主要金属物,应就近接至防直击雷的接地装置或电气设备的保护接地装置上,可不另设接地装置。

(3)防雷电波侵入 当低压线路全长采用埋地电缆或敷设在架空金属线槽内的电缆引入时,在入户端应将电缆金属外皮和金属线槽接地。低压架空线改换一段埋地电缆引入时,埋地长度也不应小于 15m。平均雷暴日小于 30 日/年地区的建筑物,可采用低压架空线直接引入建筑物内,但在入户处应装设避雷器,或设 2~3mm 的保护间隙,并与绝缘子铁脚、金具连接在一起接到防雷接地装置上,其冲击接地电阻 $R_{sh} \leqslant 10\Omega$。

3. 第三类防雷建筑物的防雷措施

(1)防直击雷 也宜采取在建筑物上装设避雷网(带)、避雷针或由其混合组成的避雷器。避雷网网格尺寸不应大于 20m×20m 或 24m×16m。避雷器接地引下线的冲击接地电阻 $R_{sh} \leqslant 30\Omega$。当建筑物高于 60m 时,尚应采取防侧击雷的措施。

(2)防雷电感应 为防止雷电流流经引下线和接地装置时产生的高电位对附近金属物或电气线路的反击,引下线与附近金属物和电气线路的间距应符合规范的要求。

(3)防雷电波侵入 对电缆进出线,应在进出端将电缆的金属外皮、钢管等与电气设备的接地相连接。当电缆转换为架空线时,应在转换处装设避雷器。电缆金属外皮和绝缘子铁脚、金具等应连接在一起接地,其冲击接地电阻 $R_{sh} \leqslant 30\Omega$。进出建筑物的架空金属管道,在进出处应就近连接到防雷或电气设备的接地装置上或单独接地,其冲击接地电阻 $R_{sh} \leqslant 30\Omega$。

三、建筑物电子信息系统的防雷

(一)建筑物雷电电磁脉冲防护区的划分

按 GB 50343—2012《建筑物电子信息系统防雷技术规范》规定,建筑物外部和内部雷电防护区(Lightning Protection Zone,LPZ)的划分如图 9-5 所示。

(1)直击雷非防护区(LPZ0$_A$)该区内雷电电磁场没有衰减,各类物体均可能遭到直接雷击,属于完全暴露的不设防区。

(2)直击雷防护区(LPZ0$_B$)该区内雷电电磁场没有衰减,但各类物体很少会遭到直接雷击,属于充分暴露的直击雷防护区。

(3)第一防护区(LPZ1) 由

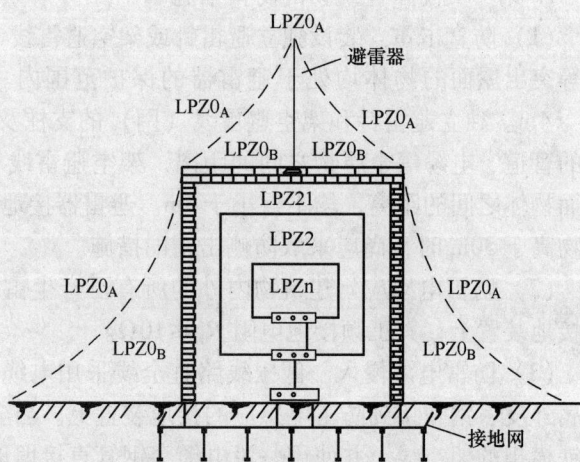

图 9-5 建筑物雷电防护区(LPZ)的划分

于建筑物的屏蔽措施,该区流经各类导体的雷电流比直击雷防护区(LPZ0$_B$)减小,雷电电磁场得到了初步的衰减,各类物体不可能遭到直接雷击。

（4）第二防护区（LPZ2）　该区为进一步减小所导引的雷电流或电磁场而引入的后续防护区。

（5）后续防护区（LPZn）　该区为需再进一步减小雷电电磁脉冲以保护敏感度水平更高的设备的后续防护区。

（二）电子信息系统防雷电电磁脉冲的措施

建筑物电子信息系统的防雷，包括对雷电电磁脉冲的防护，必须将外部防雷措施与内部防雷措施协调统一，按工程整体要求进行全面规划，做到安全可靠、技术先进、经济合理。

建筑物电子信息系统的综合防雷系统，如图9-6 所示。

1. 等电位联结与共用接地系统要求

1）电子信息系统的机房应设置等电位联结网络。电气和电子设备的金属外壳、机柜、机架、金属管、槽、屏蔽线缆外层、信息设备防静电接地、安全保护接地、电涌保护器（SPD）接地端等，均应以最短距离与等电位联结网络的接地端子相连接。

2）在直击雷非防护区（LPZ0$_A$）或直击雷防护区（LPZ0$_B$）与第一防护区（LPZ1）的交界处，应设置总等电位接地端子板，每层楼宜设置

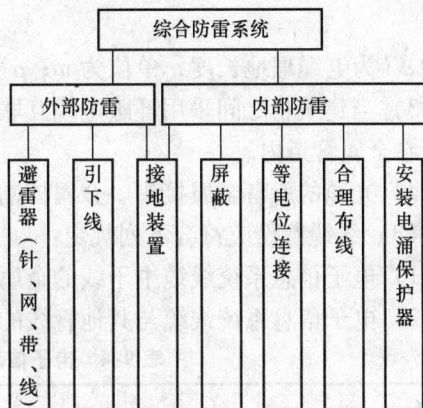

图 9-6　建筑物电子信息系统的综合防雷系统

楼层等电位接地端子板，电子信息系统设备机房应设置局部等电位接地端子板。各接地端子板应装设在便于安装和检查的位置，不得安装在潮湿或有腐蚀性气体及易受机械损伤的地方。

3）共用接地装置应与总等电位接地端子板连接，通过接地干线引至楼层等电位接地端子板，由此引至设备机房的局部等电位接地端子板。局部等电位接地端子板应与预留的楼层主钢筋接地端子连接。接地干线宜采用多股铜芯导线或铜带，其截面积不应小于 16mm^2。接地干线应在电气竖井内明敷，并应与楼层主钢筋作等电位联结。

4）不同楼层的综合布线系统设备间或不同雷电防护区的配线交接间应设置局部等电位接地端子板。楼层配电箱的接地线应采用绝缘铜导线，截面积不小于 16mm^2。

5）防雷接地如与交流工作接地、直流工作接地、安全保护接地共用一组接地装置时，接地装置的接地电阻值必须按接入设备中要求的最小值确定。

6）接地装置应优先利用建筑物的自然接地体。当自然接地体的接地电阻达不到要求时，应增加人工接地体。当设置人工接地体时，人工接地体宜在建筑物四周散水坡外大于1m 处埋设成环形接地网，并可作为总等电位联结带使用。

2. 屏蔽及合理布线要求

（1）电子信息系统设备机房的屏蔽应符合下列规定：

1）电子信息系统设备主机房宜选择在建筑物低层中心部位，其设备应远离外墙结构柱，设置在雷电防护区的高级别区域内。

2）金属导体、电缆屏蔽层及金属线槽（架）等进入机房时，应做等电位联结。

3）当电子信息系统设备为非金属外壳、且机房屏蔽未达到设备电磁环境要求时，应设

金属屏蔽网或金属屏蔽室。金属屏蔽网和金属屏蔽室应与等电位接地端子板连接。

（2）线缆屏蔽应符合下列规定：

1）需要保护的信号电缆，宜采用屏蔽电缆，且应在其屏蔽层两端及雷电防护区交界处做等电位联结并接地。

2）当采用非屏蔽电缆时，应敷设在金属管道内并埋地引入，金属管道应电气导通，并应在雷电防护区交界处做等电位联结并接地。电缆埋地长度应符合下式要求，且不小于15m：

$$l \geqslant 2\sqrt{\rho} \tag{9-9}$$

式中，l 为电缆埋地长度，单位为 m；ρ 为电缆埋地处的土壤电阻率，单位为 $\Omega \cdot m$。

3）当建筑物之间采用屏蔽电缆互联且电缆屏蔽层能存载可预见的雷电流时，电缆可不敷设在金属管道内。

4）光缆的所有金属接头、金属挡潮层、金属加强芯等，应在入户处直接接地。

（3）线缆敷设应符合下列规定：

1）电子信息系统线缆主干线的金属线槽宜敷设在电气竖井内。

2）电子信息系统线缆与其他管线的净距应符合表9-4的规定。

表9-4　电子信息系统线缆与其他管线的净距

其他管线	线缆与其他管线净距	
	最小平行净距/mm	最小交叉净距/mm
防雷引下线	1000	300
保护地线	50	20
给水管	150	20
压缩空气管	150	20
热力管（不包封）	500	500
热力管（包封）	300	300
煤气管	300	20

注：如果线缆敷设高度超过6000mm时，与防雷引下线的交叉净距应按下式计算：

$$S \geqslant 0.05H$$

式中，S 为交叉净距，单位为 mm；H 为交叉处防雷引下线距地面的高度，单位为 mm。

3）布置电子信息系统信号线缆的路径走向时，应尽量减小由线缆本身形成的感应环路面积。

4）电子信息系统线缆与电力电缆的净距应符合表9-5的规定。

表9-5　电子信息系统线缆与电力电缆的净距

类别	与电子信息系统信号线缆接近情况	最小净距/mm
380V 电力电缆，容量小于2kV·A	与信号线缆平行敷设	150
	有一方在接地的金属线槽或钢管中	70
	双方都在接地的金属线槽或钢管中	10
380V 电力电缆，容量为 2～5kV·A	与信号线缆平行敷设	300
	有一方在接地的金属线槽或钢管中	150
	双方都在接地的金属线槽或钢管中	80

（续）

类别	与电子信息系统信号线缆接近情况	最小净距/mm
380V 电力电缆， 容量大于 5V·A	与信号线缆平行敷设	600
	有一方在接地的金属线槽或钢管中	300
	双方都在接地的金属线槽或钢管中	150

注：1. 当 380V 电力电缆的容量小于 2kV·A，双方都在接地的金属线槽中，如在两个不同线槽中或在同一线槽中用金属板隔开，且平行长度不大于 10m 时，则双方最小间距可以是 10mm。

2. 电话线缆中存在振铃电流时，不宜与计算机网络同在一根双绞线电缆中。

5）电子信息系统线缆与配电箱、变电室、电梯机房、空调机房之间的最小净距宜符合表 9-6 的规定。

表 9-6　电子信息系统线缆与电气设备之间的净距

名称	最小间距/m	名称	最小间距/m
配电箱	1.00	电梯机房	2.00
变电室	2.00	空调机房	2.00

3. 电子信息系统的电源线路中电涌保护器（SPD）的装设要求

（1）TN 系统中电涌保护器（SPD）的装设要求　电子信息系统设备由 TN 系统供电时，配电线路通常采用 TN-C-S 系统的接地形式，在三根相线与 PE 线之间装设 SPD，如图 9-7 所示。

电涌保护器（SPD）的一个重要参数是最大持续运行电压 U_c，它是指可持续加在 SPD 上而不致使之击穿的最大交流电压有效值或直流电压值，一般取为 $U_c \geqslant 1.15U_\varphi$，这里 U_φ 为配电线路的相电压。

（2）TT 系统中电涌保护器（SPD）的装设要求　TT 系统中的 SPD 有图 9-8a、b 所示两种装设方式。图 9-8a 中的 SPD 装在 RCD 的负荷侧。RCD 应考虑具有通

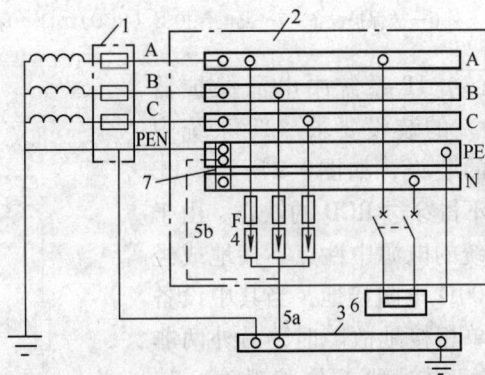

图 9-7　TN-C-S 系统中 SPD 的装设
1—进线电源箱　2—配电盘　3—接地母线
4—电涌保护器（SPD）　5—SPD 的接地连接（5a 或 5b）
6—被保护设备　7—PE 线与 N 线的连接端子板
F—保护 SPD 的熔断器或断路器、漏电保护器（RCD）

过雷电流的能力，且 PE 线不得穿过 RCD 的铁心。由于 TT 系统中用电设备的接地与电源中性点的接地没有电气联系，因此当用电设备发生单相接地故障时，另外两非故障相的对地电位将升高，使 SPD 上承受的电压相应升高。所以 SPD 的最大持续运行电压应取为 $U_c \geqslant 1.55U_\varphi$，这里 U_φ 为配电线路的相电压。图 9-8b 中的 SPD 装在 RCD 的电源侧，RCD 不必考虑通过雷电流，但 PE 线也不得穿过 RCD 的铁心。由于 SPD 的接地端又串入了放电间隙，因此 SPD 的最大持续运行电压可取为 $U_c \geqslant 1.15U_\varphi$。

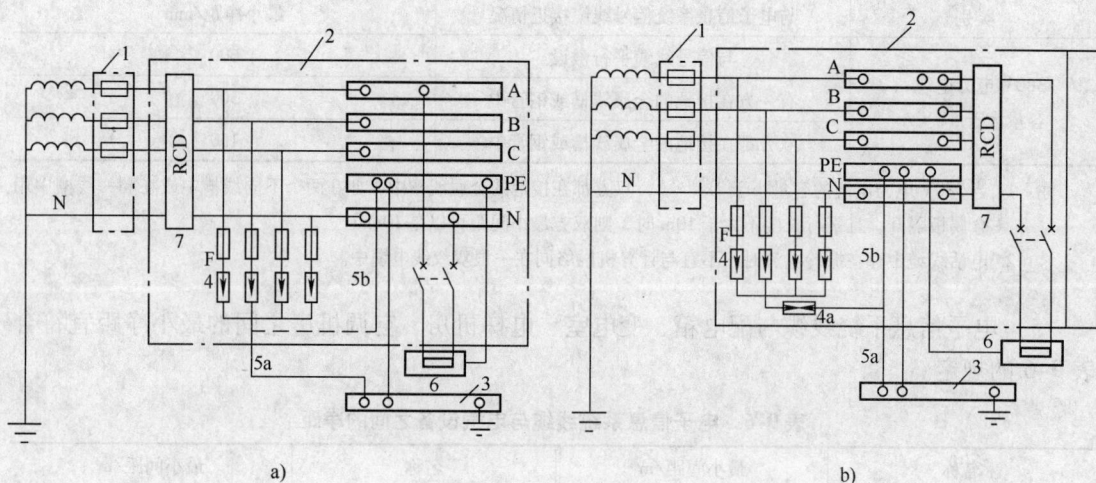

图 9-8　TT 系统中 SPD 的装设

a）SPD 装在 RCD 的负荷侧　b）SPD 装在 RCD 的电源侧

1—进线电源箱　2—配电盘　3—接地母线　4—电涌保护器（SPD）　5a 或 5b—SPD 的接地连接

6—被保护设备　7—漏电保护器（RCD）　F—保护 SPD 的熔断器或断路器、漏电保护器（RCD）

（3）IT 系统中电涌保护器（SPD）的装设要求　IT 系统中 SPD 的装设，如图9-9所示。PE 线也不得穿过 RCD 的铁心。由于 IT 系统的电源中性点不接地或经约 1000Ω 电阻接地，当其中设备发生单相接地故障时，另外两非故障相的对地电位将升高，使 SPD 上承受的电压相应升高，可升至线电压 U_l。因此，为确保 SPD 安全运行，SPD 的最大持续运行电压应取为 $U_c \geq 1.15U_l$，这里 U_l 为配电线路的线电压。

由于 SPD 在雷电电磁脉冲作用下导通放电时，施加在被保护

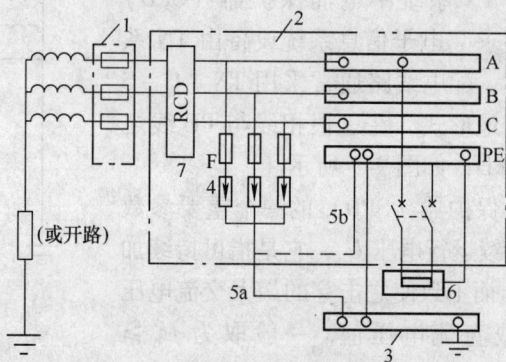

图 9-9　IT 系统中 SPD 的装设

1—进线电源箱　2—配电盘　3—接地母线

4—电涌保护器（SPD）　5a 或 5b—SPD 的接地连接

6—被保护设备　7—漏电保护器（RCD）

F—保护 SPD 的熔断器或断路器、漏电保护器（RCD）

设备上的雷电脉冲残压是 SPD 上的残压与 SPD 两端接线上电感 L 的感应电压降（$u_L = L\mathrm{d}i/\mathrm{d}t$）之和。其中 SPD 上的残压由产品性能决定，无法减小；而 SPD 两端接线上的感应电压降则可借缩短接线长度减小电感 L 来减小，因此 SPD 两端的接线应尽量缩短。按 GB 50343—2012 规定，其接线长度不宜大于 0.5m。

第三节　防雷装置的选择

一、接闪器及其引下线的选择

接闪器及其引下线的材料、规格和安装要求，按 GB 50057—2010 规定，如表9-7所示。

表9-7　接闪器及其引下线的材料、规格和安装要求

接闪器型式		材　料	最小尺寸规格	主要安装要求
避雷针	针长 1m 以下	圆钢	直径 12mm	
		钢管	内径 20mm	
	针长 1~2m	圆钢	直径 16mm	
		钢管	内径 25mm	
	烟囱顶上的针	圆钢	直径 20mm	
		钢管	内径 40mm	
避雷线		热镀锌钢绞线或铜绞线	截面积 35mm²	1. 避雷针（线）及其引下线，应镀锌或涂漆；在腐蚀性较强的场所，还应适当加大其截面积，或采取其他防腐措施
避雷带避雷网		圆钢	直径 8mm	2. 在易受机械损坏的场所，地面上约1.7m至地面下0.3m的一段接地线，应采取暗敷或采用镀锌角钢、改性塑料管或橡胶管等保护措施
		扁钢	截面积 48mm²　厚度 4mm	
烟囱顶上的避雷环		圆钢	直径 12mm	3. 采用多根引下线时，宜在各引下线上于距地面0.3~1.8m之间装设断接卡
		扁钢	截面积 100mm²　厚度 4mm	4. 建筑物的消防梯、钢柱等金属构件宜作为引下线，但其各部件之间均应连成电气通路
引下线	一般明敷	圆钢	直径 8mm	
		扁钢	截面积 48mm²　厚度 4mm	
	沿烟囱明敷	圆钢	直径 12mm	
		扁钢	截面积 100mm²　厚度 4mm	
	暗敷（建筑艺术要求较高时）	圆钢	直径 10mm	
		扁钢	截面积 80mm²　厚度 4mm	

二、避雷器的选择

（一）阀式避雷器的选择

1. 阀式避雷器的型号和技术特性

（1）碳化硅阀式避雷器的型号和技术特性

1）碳化硅阀式避雷器的型号表示：

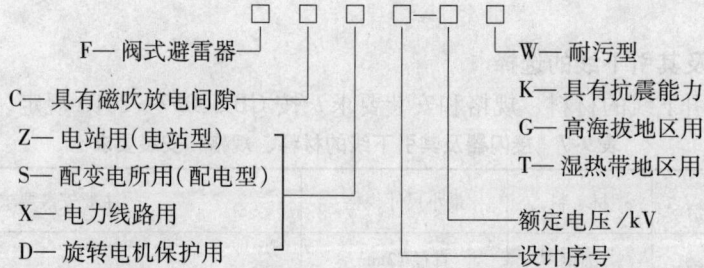

```
          □ □ □ □—□ □
F— 阀式避雷器 ─┘ │ │ │   │ └─ W— 耐污型
C— 具有磁吹放电间隙 ─┘ │ │   │   K— 具有抗震能力
Z— 电站用（电站型）─────┘ │   │   G— 高海拔地区用
S— 配变电所用（配电型）───┘   │   T— 湿热带地区用
X— 电力线路用 ───────────────┘
D— 旋转电机保护用 ─────────────── 额定电压/kV
                            └─── 设计序号
```

必须说明：型号中的额定电压（单位为 kV），过去是用避雷器适应的系统额定电压来表示的，例如 FZ□—10 型，表示该型避雷器适应于额定电压为 10kV 的系统上工作。但现在生产的避雷器，其额定电压多按其灭弧电压值来表示，例如上述 FZ□—10 型避雷器，由于其灭弧电压为 12.7kV，因此其型号现表示为 FZ□—12.7 型。

2）电站型碳化硅阀式避雷器的技术特性（见表9-8）。注意：避雷器额定电压采用灭弧电压值。

表9-8　电站型碳化硅阀式避雷器的技术特性

系统额定电压（有效值）/kV	避雷器额定电压（有效值）/kV	波前冲击放电的波前陡度（kV/μs）	普通阀式避雷器					磁吹阀式避雷器				
			工频放电电压（有效值）/kV		1.2/50μs 冲击放电电压（峰值）/kV	波前冲击放电电压（峰值）/kV	额定放电电流5kA下残压（波形8/20μs，峰值）/kV	工频放电电压（有效值）/kV		1.2/50μs 冲击放电电压（峰值）/kV	波前冲击放电电压（峰值）/kV	额定放电电流5kA下残压（波形8/20μs，峰值）/kV
			不小于	不大于	不大于	不大于	不大于	不小于	不大于	不大于	不大于	不大于
3	3.8	3.2	9.0	11.0	20.0	25.0	13.5					
6	7.6	6.3	16.0	19.0	30.0	37.5	27.0					
10	12.7	10.6	26.0	31.0	45.0	56.3	45.0					
35	41.0	34.3						70	85	112	130	108

3）配电型碳化硅阀式避雷器的技术特性（见表9-9）。

表9-9　配电型碳化硅阀式避雷器的技术特性

系统额定电压（有效值）/kV	避雷器额定电压（有效值）/kV	波前冲击放电的波前陡度 kV/μs	工频放电电压（有效值）/kV		1.2/50μs 冲击放电电压（峰值）/kV	波前冲击放电电压（峰值）/kV	额定放电电流下残压（波形8/20μs，峰值）/kV	
							3kA	5kA
			不小于	不大于	不大于	不大于	不大于	不大于
0.22	0.25	10	0.50	0.90	1.70	2.21	1.50	
0.38	0.50	10	1.10	1.60	3.00	3.90	3.00	
3	3.8	32	9.0	11.0	21.0	26.3		17.0
6	7.6	63	16.0	19.0	35.0	43.8		30.0
10	12.7	106	26.0	31.0	50.0	62.5		50.0

4）旋转电机保护用碳化硅阀式避雷器的技术特性（见表9-10）。

表 9-10　旋转电机保护用碳化硅阀式避雷器的技术特性

旋转电机额定电压(有效值)/kV	避雷器额定电压(有效值)/kV	工频放电压(有效值)/kV		1.2/50μs 冲击放电电压,峰值)/kV	冲击放电电压(预放电时间10μs,峰值)/kV	额定放电电流3kA下残压(波形8/20μs,峰值)/kV	备注
		不小于	不大于	不大于	不大于	不大于	
	2.3	4.5	5.7	6.0	6.0	6.0	电机中性点保护用
3.15	3.8	7.5	9.5	9.5	9.5	9.5	
	4.6	9.0	11.4	12.0	12.0	12.0	电机中性点保护用
6.3	7.6	15.0	18.0	19.0	19.0	19.0	
10.5	12.7	25.0	30.0	31.0	31.0	31.0	
13.8	16.7	33.0	39.0	40.0	40.0	40.0	
15.75	19.0	37.0	44.0	45.0	45.0	45.0	

（2）金属氧化物避雷器的型号和技术特性

1）金属氧化物避雷器的型号表示：

Y——金属氧化物避雷器

额定放电电流/kA

结构特征代号

W——无间隙
C——有串联间隙
B——有并联间隙

用途代号

Z——电站用(电站型)
S——配变电所用(配电型)
X——线路用
R——并联电容器组保护用

W——耐污型
K——具有抗震能力
G——高海拔地区用
T——湿热带地区用

额定放电电流下的残压值/kV

额定电压/kV

设计序号

2）用于中性点非直接接地系统的金属氧化物避雷器特性（见表 9-11）。

表 9-11　中性点非直接接地系统的金属氧化物避雷器特性

被保护设备	系统额定电压(有效值)/kV	避雷器额定电压(有效值)/kV	避雷器最大残压（峰值)/kV		
			雷电冲击电流(8/20μs)/5kA	操作冲击电流/A	
				250	1000
电动机	3	3.8	—	7	—
	6	7.6	—	14	—
	10	12.7	—	20	—

（续）

被保护设备	系统额定电压（有效值）/kV	避雷器额定电压（有效值）/kV	避雷器最大残压（峰值）/kV		
			雷电冲击电流（8/20μs，5kA）	操作冲击电流/A	
				250	1000
电容器组	3	4.2	13	—	9
	6	8.4	26	—	18
	10	14.0	44	—	30
	35	45.1	140		96
SF$_6$ 封闭电器	35	45.1	115	—	

3）电站用和配电用无间隙金属氧化物避雷器特性（见表9-12）。

表 9-12　电站用和配电用无间隙金属氧化物避雷器特性

避雷器额定电压（有效值）U_N/kV	避雷器持续运行电压（有效值）U_c/kV	额定放电电流5kA 等级							
		电站避雷器				配电避雷器			
		陡波冲击电流残压/kV	雷电冲击电流残压/kV	操作冲击电流残压/kV	直流 1mA 参考电压/kV 不小于	陡波冲击电流残压/kV	雷电冲击电流残压/kV	操作冲击电流残压/kV	直流/mA 参考电压/kV 不小于
		（峰值）不大于				（峰值）不大于			
5	4.0	15.5	13.5	11.5	7.2	17.3	15.0	12.8	7.5
10	8.0	31.0	27.0	23.0	14.4	34.6	30.0	25.6	15.0
12	9.6	37.2	32.4	27.6	17.4	41.5	35.8	30.6	18.0
15	12.0	46.5	40.5	34.6	21.8	52.5	45.6	39.0	23.0
17	13.6	51.8	45.0	38.3	24.0	57.5	50.0	42.5	25.0
51	40.8	154.0	134.0	114.0	73.0	—	—	—	—

4）旋转电机保护用无间隙金属氧化物避雷器特性（见表9-13）。

表 9-13　旋转电机保护用无间隙金属氧化物避雷器特性

避雷器额定电压（有效值）U_N/kV	避雷器持续运行电压（有效值）U_c/kV	额定放电电流5kA 等级				额定放电电流2.5kA 等级			
		发电机用避雷器				电动机用避雷器			
		陡波冲击电流残压/kV	雷电冲击电流残压/kV	操作冲击电流残压/kV	直流 1mA 参考电压/kV 不小于	陡波冲击电流残压/kV	雷电冲击电流残压/kV	操作冲击电流残压/kV	直流/mA 参考电压/kV 不小于
		（峰值）不大于				（峰值）不大于			
4	3.2	10.7	9.5	7.6	5.7	10.7	9.5	7.6	5.7
8	6.3	21.0	18.7	15.0	11.2	21.0	18.7	15.0	11.2
13.5	10.5	34.7	31.0	25.0	18.6	34.7	31.0	25.0	18.6
17.5	13.8	44.8	40.0	32.0	24.4	—	—	—	—
20	15.8	50.4	45.0	36.0	28.0	—	—	—	—
23	18.0	57.2	51.0	40.8	31.9	—	—	—	—
25	20.0	62.9	56.2	45.0	35.4	—	—	—	—

5）旋转电机中性点用无间隙金属氧化物避雷器特性（见表9-14）。

表9-14　旋转电机中性点用无间隙金属氧化物避雷器特性

避雷器额定电压（有效值）U_N/kV	避雷器持续运行电压（有效值）U_c/kV	额定放电电流 1.5kA 等级		
		雷电冲击电流残压	操作冲击电流残压	直流 1mA 参考电压/kV 不小于
		（峰值/kV）不大于		
2.4	1.9	6.0	5.0	3.4
4.8	3.8	12.0	10.0	6.8
8.0	6.4	19.0	15.9	11.4
10.5	8.4	23.0	19.2	14.9
12.0	9.6	26.0	21.6	17.0
13.7	11.0	29.2	24.3	19.5
15.2	12.2	31.7	26.4	21.6

6）低压无间隙金属氧化物避雷器特性（见表9-15）。

表9-15　低压无间隙金属氧化物避雷器特性

避雷器额定电压（有效值）U_N/kV	避雷器持续运行电压（有效值）U_c/kV	额定放电电流 1.5kA 等级	
		雷电冲击电流残压（峰值/kV）不大于	直流 1mA 参考电压/kV 不小于
0.28	0.24	1.3	0.6
0.50	0.42	2.6	1.2

2. 阀式避雷器按电力系统不同接地方式及用途的选择

1）低电阻接地系统，应选用金属氧化物避雷器。

2）不接地、经消弧线圈接地或高电阻接地系统，可根据系统中谐振过电压和间隙性电弧接地过电压等发生的可能性及严重程度，选用有串联间隙金属氧化物避雷器、碳化硅阀式避雷器或无间隙金属氧化物避雷器。

3）旋转电机的雷电过电压保护，应选用旋转电机保护用无间隙金属氧化物避雷器或旋转电机保护用磁吹碳化硅阀式避雷器。

3. 碳化硅阀式避雷器及有串联间隙金属氧化物避雷器的选择与校验

1）碳化硅阀式避雷器及有串联间隙金属氧化物避雷器的额定电压（即其灭弧电压）U_N，一般情况下，应满足下列要求：

① 3～10kV 非直接接地系统中，$U_N \geqslant 1.1 U_{max}$，或中 U_{max} 为系统最高工作电压（参看第五章表5-12）。

② 35kV 非直接接地系统中，$U_N \geqslant U_{max}$。

③ 3kV 及以上发电机系统中，$U_N \geqslant 1.1 U_{m \cdot G}$，或中 $U_{m \cdot G}$ 为发电机最高工作电压；或 $U_N \geqslant 1.25 U_{N \cdot G}$，式中 $U_{N \cdot G}$ 为发电机额定电压。

④ 发电机或变压器中性点避雷器的额定电压 U_N，对 3～20kV 系统，$U_N \geqslant 1.1 U_{max}/\sqrt{3}$，即 $U_N \geqslant 0.64 U_{max}$；对 35kV 系统，$U_N \geqslant U_{max}/\sqrt{3}$，即 $U_N \geqslant 0.58 U_{max}$。

2）碳化硅阀式避雷器及有串联间隙金属氧化物避雷器应校验其工频放电电压。其工频放电电压下限值应不低于允许的内部过电压计算值，对 35kV 及以下非直接接地系统，应不低于运行相电压的 4 倍。其工频放电电压上限值考虑到工频放电电压的分散性，约为其下限值的 1.2 倍。

4. 无间隙金属氧化物避雷器的选择与校验

1）无间隙金属氧化物避雷器的额定电压和持续运行电压的选择，应不低于表 9-16 所列数值，且能承受所在系统出现的暂时过电压和操作过电压的作用。

表 9-16　无间隙金属氧化物避雷器的额定电压和持续运行电压

系统中性点接地方式		额定电压 U_N/kV		持续运行电压 U_c/kV	
		相地	中性点	相地	中性点
不接地	3~20kV	$1.38U_{max}$、$1.25U_{m \cdot G}$	$0.8U_{max}$、$0.72U_{m \cdot G}$	$1.1U_{max}$、$U_{m \cdot G}$	$0.64U_{max}$、$0.58U_{m \cdot G}$
	35kV	$1.25U_{max}$	$0.72U_{max}$	U_{max}	$0.58U_{max}$
经消弧线圈接地		$1.25U_{max}$、$1.25U_{m \cdot G}$	$0.72U_{max}$、$0.72U_{m \cdot G}$	U_{max}、$U_{m \cdot G}$	$0.58U_{max}$、$0.58U_{m \cdot G}$
低电阻接地		U_{max}	—	$0.8U_{max}$	—
高电阻接地		$1.38U_{max}$、$1.25U_{m \cdot G}$	$0.8U_{max}$、$0.72U_{m \cdot G}$	$1.1U_{max}$、$U_{m \cdot G}$	$0.64U_{max}$、$0.58U_{m \cdot G}$

注：U_{max}—系统最高工作电压；$U_{m \cdot G}$—发电机最高工作电压。

2）无间隙金属氧化物避雷器长持续时间放电能力的试验，用以检验其承受操作过电压的能力，试验要求如表 9-17 所示。

表 9-17　无间隙金属氧化物避雷器长持续时间电流冲击（方波冲击电流）试验要求

避雷器放电电流等级 /kA	避雷器使用场合	避雷器额定电压（有效值）/kV	电流冲击 2000μs 方波电流（峰值）/A
1.5	低压用避雷器	0.28~0.50	50
	电机中性点用避雷器	2.4~15.2	200
2.5	电动机用避雷器	4~13.5	200
5	发电机用避雷器	4~25	400
	电站用避雷器	5~51	150
	配电用避雷器	5~17	75
	并联电容器用避雷器	5~90	400 *
	电气化铁道用避雷器	42~84	400

注：* 表示如有更高要求，由供需双方协商。

5. 阀式避雷器放电后残压的要求

阀式避雷器额定放电电流下的残压，不应大于被保护设备（除旋转电机外）标准雷电冲击全波耐受电压的 71%。避雷器陡波额定放电电流（1/5μs）下的残压及额定雷电冲击电流下的残压值之比，不得大于 1.15。

（二）排气式避雷器的选择

1. 排气式（管型）避雷器的型号和技术特性

排气式（管型）避雷器全型号的表示：

```
                    ┌─┐  ┌─┐  ┌─┐   ┌─┐ ─ ┌─┐
                    └─┘  └─┘  └─┘   └─┘   └─┘
        G—排气式┐避雷器                         ├── 额定电压/kV
          （管型）┘                             ├── 开断电流上限/kA
                                               ├── 开断电流下限/kA
        S—变配电所用┐
        X—架空线路用├                            └── 设计序号
        W—无续流型  ┘
```

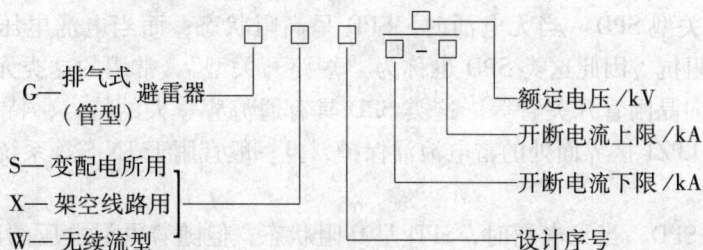

6～10kV 架空线路用 GX2 型排气式避雷器的主要技术数据如表 9-18 所示。

表 9-18　6～10kV 架空线路用 GX2 型排气式避雷器的主要技术数据

型号	额定电压 kV	内部间隙 mm	外部间隙 mm	灭弧管内径 mm	冲击放电电压 (1.5/40μs，峰值)/kV				工频耐压 (有效值)/kV		额定开断电流 (有效值)/kA	
					负极性		正极性		干	湿	上限	下限
					波前	最小	波前	最小				
$GX2\frac{6}{2-8}$	6	130	$\frac{10}{15}$	$\frac{9.5}{10}$	60	55	59	44	20	16	8	2
$GX2\frac{6}{0.5-3}$	6	130	$\frac{10}{15}$	$\frac{8}{8.5}$	60	55	59	44	20	16	3	0.5
$GX2\frac{10}{2-7}$	10	130	$\frac{15}{20}$	$\frac{10}{10.5}$	76	60	77	75	33	27	7	2
$GX2\frac{10}{0.8-4}$	10	130	$\frac{15}{20}$	$\frac{8.5}{9}$	74	60	77	75	33	27	4	0.8

2. 排气式避雷器规格的选择与校验

1）排气式避雷器的额定电压，按系统额定电压选择。

2）避雷器的开断电流上限，不得小于雷季电力系统最大运行方式时短路后第一个周期短路全电流有效值 I_{sh}；其开断电流下限，不得大于雷季电力系统最小运行方式时的最小短路电流（不计非周期分量）$I_{k \cdot min}$。

3）避雷器的外部间隙：按 DL/T 620—1997《交流电气装置的过电压保护和绝缘配合》规定，其外部间隙的最小距离如表 9-19 所示。

表 9-19　排气式避雷器外部间隙的最小距离

系统额定电压/kV	3	6	10	20	35
外部间隙最小距离/mm	8	10	15	60	100

（三）保护间隙（角型避雷器）的选择

按 DL/T 620—1997 规定，其保护的主间隙和辅助间隙的最小距离如表 9-20 所示。

表 9-20　保护间隙的主间隙和辅助间隙的最小距离

系统额定电压/kV	3	6	10	20	35
主间隙最小距离/mm	8	15	25	100	210
辅助间隙最小距离/mm	5	10	10	15	20

三、电涌保护器（SPD）的选择

1. SPD 的特性分类及其适用范围

（1）电压开关型SPD　当无电涌时，SPD呈高阻状态；而当电涌电压达到一定值时，SPD即突变为低阻抗。因此这类SPD也称为"短路开关型"。常用的这类元件有放电间隙、气体放电管、双向晶闸管开关管等。这类SPD具有通流容量大的特点，特别适用于LPZ0$_A$区或LPZ0$_B$区与LPZ1区界面处的雷电浪涌保护，且一般宜用于TN-S等系统中N线与PE线间的电涌保护。

（2）限压型SPD　当无电涌时，SPD呈高阻状态；但随着电涌电压的出现和升高，其阻抗则持续下降而呈低阻导通状态。常用的这类元件有压敏电阻、瞬态抑制二极管（如齐纳二极管或雪崩二极管）等。这类SPD又称"钳压型SPD"。它常用于LPZ0$_B$区和LPZ1区及以上雷电防护区域内的雷电过电压和操作过电压保护。

（3）混合型SPD　这是将电压开关型元件和限压型元件组合在一起的一种SPD，随其所承受的冲击电压特性的不同而分别呈现电压开关型SPD、限压型SPD或同时呈现开关型和限压型两种特性。

（4）用于通信和信号网络中的SPD　除有上述特性的SPD外，尚有按其内部是否串接有限流元件而分为有限流元件和无限流元件的两类SPD。

2. SPD的最大持续工作电压的选择

SPD的最大持续工作电压U_c，是指允许持续施加于SPD上的最大电压有效值，实际上就是SPD的额定电压。U_c不应低于所在系统可能出现的最大持续运行电压。对于220/380V系统中的SPD，其最大持续工作电压U_c应符合表9-21的规定。

表9-21　低压220/380V系统中SPD的最大持续工作电压U_c

低压配电系统特征		TN系统		TT系统		IT系统	
		TN—S	TN—C	SPD装于RCD的负荷侧（见图9-14a）	SPD装于RCD的电源侧（见图9-14b）	引出中性线	未引出中性线（见图9-15）
SPD安装位置	L-N	$U_c \geq 1.15U_\varphi$	不适用	$U_c \geq 1.55U_\varphi$	$U_c \geq 1.15U_\varphi$	$U_c \geq 1.15U_\varphi$	不适用
	L-PE	$U_c \geq 1.15U_\varphi$	不适用	$U_c \geq 1.55U_\varphi$	$U_c \geq 1.15U_\varphi$	$U_c \geq 1.05U_N$	$U_c \geq 1.05U_N$
	N-PE	$U_c \geq U_\varphi$	不适用	$U_c \geq U_\varphi$	$U_c \geq U_\varphi$	$U_c \geq U_\varphi$	不适用
	L-PEN	不适用	$U_c \geq 1.15U_\varphi$	不适用	不适用	不适用	不适用

注：表中U_φ为系统额定相电压（220V）；U_N为系统额定线电压（380V）。

3. SPD的额定放电电流的选择　SPD的额定放电电流$I_{N \cdot d}$是指允许通过SPD的8/20μs波形放电电流峰值（单位为kA）。SPD的$I_{N \cdot d}$应大于系统预期的雷电涌流值。表9-22为YD/T 5098—2001《通信局（站）雷电过电压保护工程设计规范》规定的通信局（站）交流电源系统SPD额定放电电流选择表，供参考。

表9-22　通信局（站）交流电源系统SPD额定放电电流$I_{N \cdot d}$选择表

通信局（站）位置	SPD安装位置	
	配电变压器低压侧或低压配电屏入口（SPD1）	电力室配电屏入口（SPD2）
城市、中雷区（或少雷区*）	$I_{N \cdot d} \geq 20kA$（限压型）	$I_{N \cdot d} \geq 15kA$（限压型）

（续）

通信局（站）位置	SPD 安装位置	
	配电变压器低压侧或低压配电屏入口（SPD1）	电力室配电屏入口（SPD2）
城市、多雷区/强雷区 （孤立、高大建筑机楼）	$I_{N \cdot d} \geqslant 40\text{kA}$（限压型）	$I_{N \cdot d} \geqslant 15\text{kA}$（限压型）
郊区、山区、中雷区以上	$I_{\max} \geqslant 60\text{kA}$（限压型） 或 $I_{N \cdot d} \geqslant 15\text{kA}$（开关型）	$I_{N \cdot d} \geqslant 15\text{kA}$（限压型）
高山、多雷区以上或中雷区以上、架空引入时（微波站或移动通信基站）	$I_{\max} \geqslant 100\text{kA}$（限压型） 或 $I_{N \cdot d} \geqslant 25\text{kA}$（开关型）	$I_{N \cdot d} \geqslant 15\text{kA}$（限压型）

注：1. 少雷区：$T_d < 25$（＊雷击危险评估仍需装设 SPD 者），T_d 为年平均雷暴日数，单位 d/a；中雷区：$25 \leqslant T_d < 40$；多雷区：$40 \leqslant T_d < 90$；强雷区：$T_d \geqslant 90$。

2. 当低压总配电屏与分配电屏之间的电缆长度超过 50m 时，应在分配电屏电缆输入侧芯线对地间装设 $I_{N \cdot d} \geqslant 20\text{kA}$ 的限压型 SPD。

3. 当配电屏与楼层配电箱之间的电源线长度超过 30m 或该层设备对雷电较敏感时，宜在楼层配电箱内加装 $I_{N \cdot d} \geqslant 10\text{kA}$ 的限压型 SPD。

4. 用于主控和监控系统终端设备供电的拖板式电源插座内，应具有 $I_{N \cdot d}$ 为 3kA 的 SPD。

5. 野外空旷场所无机房的无线电基站电源线路，应装设 $I_{\max} > 100\text{kA}$ 的混合型 SPD。

第四节　接地装置的设计计算

一、电力装置和建筑物要求的接地电阻值

电力装置和建筑物要求的接地电阻最大值如表 9-23 所示。

表 9-23　电力装置和建筑物要求的接地电阻最大值

序号	装置名称	装置特点		接地电阻
1	1kV 以上小接地电流系统	仅用于该系统的接地装置		$R_E \leqslant \dfrac{250\text{V}}{I_E}$ 且 $R_E \leqslant 10\Omega$
2		与 1kV 以下系统共用的接地装置		$R_E \leqslant \dfrac{120\text{V}}{I_E}$ 且 $R_E \leqslant 4\Omega$
3	1kV 以下系统	与总容量 100kV·A 以上的发电机或变压器相连的接地装置		$R_E \leqslant 4\Omega$
4		上述（序号3）装置的重复接地		$R_E \leqslant 10\Omega$
5		与总容量 100kV·A 及以下的发电机或变压器相连的接地装置		$R_E \leqslant 10\Omega$
6		上述（序号5）装置的重复接地		$R_E \leqslant 30\Omega$
7	变配电所和线路的防雷装置	独立避雷针和避雷线		$R_E \leqslant 10\Omega$
8		变配电所装设的避雷器	与序号3装置共用	$R_E \leqslant 4\Omega$
9			与序号5装置共用	$R_E \leqslant 10\Omega$
10		线路上装设的避雷器或保护间隙	与电机无电气联系	$R_E \leqslant 10\Omega$
11			与电机有电气联系	$R_E \leqslant 5\Omega$

（续）

序号	装置名称	装置特点		接地电阻
12		第一类防雷建筑物	防直击雷	$R_{sh} \leqslant 10\Omega$
13			防雷电感应	$R_E \leqslant 10\Omega$
14	建筑物的防雷装置		防雷电波侵入	$R_{sh} \leqslant 10\Omega$
15		第二类防雷建筑物共用接地装置		$R_{sh} \leqslant 10\Omega$
16		第三类防雷建筑物共用接地装置		$R_{sh} \leqslant 30\Omega$

注：1. R_E—工频接地电阻；R_{sh}—冲击接地电阻。

2. 单相接地电流 I_E，是中性点不直接接地系统中发生单相接地故障时的接地电容电流 I_C（单位为 A），按下面数值公式（简化公式）计算：

$$I_E = I_C = \frac{U_N(l_{oh} + 35l_{cab})}{350}$$

式中 U_N——电网额定电压，单位为 kV；

l_{oh}——U_N 电网中架空线路总长度，单位为 km；

l_{cab}——U_N 电网中电缆线路总长度，单位为 km。

二、接地电阻的近似计算公式及土壤电阻率

（一）常用人工接地体的工频接地电阻近似计算公式[17]

1. 单根垂直管形（或棒形）接地体的接地电阻（单位为 Ω）

$$R_{E(1)} \approx \frac{\rho}{l} \tag{9-10}$$

式中 l——接地体长度，单位为 m；

ρ——土壤电阻率，单位为 $\Omega \cdot m$，参看表 9-25。

2. 单根水平带形接地体的接地电阻（单位为 Ω）

其数值公式（简化公式）为

$$R_{E(1)} \approx \frac{2\rho}{l} \tag{9-11}$$

式中 l 和 ρ 的含义同式（9-10）。式中 $l \approx 40 \sim 100m$。

3. 多根放射形水平接地带的接地电阻（单位为 Ω）

其数值公式（简化公式）为

$$R_E \approx \frac{0.062\rho}{n + 1.2} \tag{9-12}$$

式中 n——水平接地带根数，此式适于 $n \leqslant 12$，每根接地带长约 60m；

ρ——土壤电阻率，单位为 $\Omega \cdot m$。

4. 复合环形接地网的接地电阻（单位为 Ω）

其数值公式（简化公式）为

$$R_E \approx \frac{0.6\rho}{\sqrt{A}} \tag{9-13}$$

式中 A——接地网所包围的面积，单位为 m^2；

ρ——土壤电阻率，单位为 $\Omega \cdot m$。

（二）常用自然接地体的工频接地电阻近似计算公式

1. 埋地的金属水管和电缆金属外皮等的接地电阻（单位为 Ω）

其数值公式（简化公式）为

$$R_E \approx \frac{2\rho}{l} \tag{9-14}$$

式中　l——水管、电缆等的埋地长度，单位为 m；

　　　ρ——土壤电阻率，单位为 $\Omega \cdot m$。

2. 钢筋混凝土基础的接地电阻（单位为 Ω）

其数值公式（简化公式）为

$$R_E \approx \frac{0.2\rho}{\sqrt[3]{V}} \tag{9-15}$$

式中　V——钢筋混凝土基础的体积，单位为 m^3；

　　　ρ——土壤电阻率，单位为 $\Omega \cdot m$。

（三）冲击接地电阻的近似计算公式（单位为 Ω）

$$R_{sh} \approx \beta R_E \tag{9-16}$$

式中　R_E——工频接地电阻，单位为 Ω；

　　　β——冲击电阻换算系数（参看表9-24）。

表 9-24　冲击电阻换算系数 β

土壤电阻率/（$\Omega \cdot m$）		≤100	500	1000	≥2000
接地网中接地点至最远端的长度/m	20	1	0.67	0.5	0.33
	40	—	0.8	0.53	0.34
	60	—	—	0.63	0.38
	80	—	—	—	0.43

（四）土壤电阻率参考值（见表9-25）

表 9-25　土壤电阻率参考值

土壤名称	土壤电阻率近似值/（$\Omega \cdot m$）	土壤电阻率变化范围/（$\Omega \cdot m$）		
		较湿时（一般地区，多雨区）	较干时（少雨区）	地下水含盐碱时
陶粘土	10	5 ~ 20	10 ~ 100	3 ~ 10
泥炭、沼泽地	20	10 ~ 30	30 ~ 300	3 ~ 20
捣碎的木炭	40	—	—	—
黑土、田园土、陶土	50	30 ~ 100	50 ~ 300	10 ~ 30
粘土	60	30 ~ 100	50 ~ 300	10 ~ 30
砂质粘土、可耕地	100	30 ~ 300	80 ~ 1000	10 ~ 30
黄土	200	100 ~ 200	250	30
含砂粘土、砂土	300	100 ~ 1000	>1000	30 ~ 100
多石土壤	400	—	—	—
砂、砂砾	1000	250 ~ 1000	1000 ~ 2500	

三、人工接地体和接地线的最小尺寸规格

按 GB 50169—2006《电气装置安装工程·接地装置施工及验收规范》规定，人工接地

体和接地线的最小尺寸规格如表9-26所示。

表9-26　人工接地体和接地线的最小尺寸规格

种类和规格		地上		地下	
		室内	室外	交流回路	直流回路
圆钢，直径/mm		6	8	10	12
扁钢	截面/mm^2	60	100	100	100
	厚度/mm	3	4	4	6
角钢，厚度/mm		2	2.5	4	6
钢管，壁厚/mm		2.5	2.5	3.5	4.5

注：1. 电力线路杆塔的接地引出线的截面不应小于50mm^2，引出线应镀锌。

2. 接GB 50057—2010《建筑物防雷设计规范》规定，防雷引下线（接地线）的最小尺寸规格如表9-7所示，与本表规定略有出入。

四、接地装置的设计计算步骤

1）按设计规范确定允许的接地电阻最大值R_E（参看表9-23）。

2）实测或估算可利用的自然接地体的接地电阻$R_{E(nat)}$。设计时应首先考虑利用自然接地体，包括直接与大地接触的各种金属构件、金属管道及建筑物的钢筋混凝土基础等。

对于变配电所，可利用建筑的钢筋混凝土基础作自然接地体。10kV及以下变配电所，如果利用基础作接地体满足接地电阻要求时，可不另设人工接地体。而10kV以上变配电所及有爆炸危险的场所除外，这些场所仍需装设人工接地体。

3）在计入可利用的自然接地体基础上，需补充的人工接地体的接地电阻$R_{E(man)}$按下式计算：

$$R_{E(man)} = \frac{R_{E(nat)}R_E}{R_{E(nat)} - R_E} \tag{9-17}$$

4）按$R_{E(man)}$的要求初步考虑人工接地方案：

①人工接地体和接地线的最小尺寸规格参看表9-26。最常用的垂直接地体为直径50mm、长约2.5mm的钢管。如用角钢，可采用50mm×50mm×5mm的，长仍为2.5m。接地线和水平连接导体，可采用25mm×4mm的镀锌扁钢$^{\ominus}$。

②人工接地体宜沿建筑物四周环形均匀布置，离建筑物基础不得小于1.5m，一般取2～3m。

③垂直接地体之间距离不宜小于5m，埋地深度不得小于0.6m。

5）计算单根垂直接地体的接地电阻$R_{E(1)}$。近似计算公式见式（9-8）。

6）用逐步渐近法确定垂直接地体根数n：

$$n \geqslant \frac{R_{E(1)}}{\eta R_{E(man)}} \tag{9-18}$$

式中　η——接地体利用系数，参看表9-27。

$\ominus$　工程设计中，角钢50mm×50mm×5mm，通常写作∟50×50×5；扁钢40mm×4mm，通常写作–40×4；直径50mm，通常写作ϕ50。单位mm通常省略。

表 9-27 垂直接地体的利用系数值

敷设方式	一排敷设				环形敷设					
管子根数	2	3	5	10	4	6	10	20	30	40
管距与管长之比	垂直接地体利用系数 η									
1	0.84 ~ 0.87	0.76 ~ 0.80	0.67 ~ 0.72	0.56 ~ 0.62	0.66 ~ 0.72	0.58 ~ 0.65	0.52 ~ 0.58	0.44 ~ 0.50	0.41 ~ 0.47	0.38 ~ 0.44
2	0.90 ~ 0.92	0.85 ~ 0.88	0.79 ~ 0.83	0.72 ~ 0.77	0.76 ~ 0.80	0.70 ~ 0.75	0.66 ~ 0.71	0.61 ~ 0.66	0.58 ~ 0.63	0.56 ~ 0.61
3	0.93 ~ 0.95	0.90 ~ 0.92	0.85 ~ 0.88	0.79 ~ 0.83	0.84 ~ 0.86	0.78 ~ 0.82	0.74 ~ 0.78	0.68 ~ 0.73	0.66 ~ 0.71	0.64 ~ 0.69

注：本表利用系数值未计及连接扁钢的影响，因而较实际值略低，但由此确定的接地装置更能满足接地要求

第五节 接地故障保护、漏电保护与等电位联结

一、接地故障保护与等电位联结的一般要求

GB 50054—2011《低压配电设计规范》规定：

1）接地故障保护的设置应能防止人身间接触电以及电气火灾、线路损坏等事故。接地故障保护电器的选择，应根据配电系统的接地型式，移动式、手握式或固定式电气设备的区别，以及导体截面等因素经技术经济比较确定。

2）防止人身间接触电的保护采用下列措施之一时，可不采用上条规定的接地故障保护：

① 采用双重绝缘或加强绝缘的Ⅱ类电气设备。

② 采用电气隔离措施。

③ 采用安全超低电压。

④ 将电气设备安装在非导电场所内。

⑤ 设置有不接地的等电位联结。

3）接地故障保护措施所保护的电气设备，只适用于防触电保护分类为Ⅰ类的电气设备。设备所在的环境为正常环境。人身触电的安全电压限值为 50V。

4）采用接地故障保护时，在建筑物内应将下列导体作总等电位联结：

① PE、PEN 干线。

② 电气装置接地极的接地干线。

③ 建筑物内的水管、煤气管、采暖和空调管道等金属管道。

④ 条件许可的建筑物金属构件等导电体。

上述导电体宜在进入建筑物处接向等电位联结端子。等电位联结中金属管道连接处应可靠地连通导电。

5）当电气装置或其某一部分的接地故障保护不能满足切除故障回路的时间要求时，尚应在局部范围内作辅助等电位联结。

当难以确定辅助等电位联结的有效性时，可采用下式进行校验：

$$R \leqslant \frac{50\text{V}}{I_{op}} \tag{9-19}$$

式中　R——可同时触及的外露可导电部分和装置外可导电部分之间，故障电流产生的电压
　　　　　降引起接触电压的一段线段的电阻，单位为 Ω；

　　　I_{op}——切断故障回路时间不超过 5s 的保护电器动作电流，单位为 A。当保护电器为瞬
　　　　　时或短延时动作的低压断路器时，I_{op} 值应取为低压断路器瞬时或短延时过电流
　　　　　脱扣器整定电流的 1.3 倍。

二、TN 系统中接地故障保护的选择

1）TN 系统配电线路接地故障保护的动作电流 $I_{op(E)}$ 应符合下式要求（单位为 A）：

$$I_{op(E)} \leqslant \frac{U_{\varphi}}{Z_{\Sigma(\varphi)}} \tag{9-20}$$

式中　U_{φ}——相对地的额定电压，单位为 V；

　　　$Z_{\Sigma(\varphi)}$——接地故障回路的总阻抗，单位为 Ω。

2）接地故障保护的动作时间

① 在电气设备已有总等电位联结措施、且配电干线及只供电给固定用电设备的末端配
电线路，其接地故障保护的动作时间宜 $t_{op(E)} \leqslant 5\text{s}$；

② 在电气设备已有总等电位联结措施、且供电给手握式或移动式用电设备的末端配电
线路，其接地故障保护的动作时间应 $t_{op(E)} \leqslant 0.4\text{s}$。

3）如果采用熔断器保护，接地故障电流 $I_k^{(1)}$ 与熔断器熔体额定电流 $I_{N \cdot FE}$ 之比值不小于
表 9-28 所示的比值时，则可认为满足上述接地故障保护动作时间的要求。

表 9-28　TN 系统采用熔断器作线路接地故障保护时的允许最小 $I_k^{(1)}/I_{N \cdot FE}$ 值

熔体额定电流 $I_{N \cdot FE}$／A	4 ~ 10	16 ~ 32	40 ~ 63	80 ~ 200	250 ~ 500
切断电源时间 $t_{op(E)} \leqslant 5\text{s}$	4.5	5	5	6	7
切断电源时间 $t_{op(E)} \leqslant 0.4\text{s}$	8	9	10	11	—

4）接地故障保护可由过电流保护或零序电流保护来实现。如达不到保护要求时，则应
采用漏电电流保护。

关于 TT 系统和 IT 系统的接地故障保护，考虑到我国工厂中这两种系统应用不多，限于
篇幅，从略。

三、漏电保护器的装设与选择

1. 漏电保护器的功能与装设要求　漏电保护器又称剩余电流保护器（Residual Current
Protective Device，缩写 RCD）。它是在规定条件下，当漏电电流（剩余电流）达到或超过规
定值（动作电流）时能自动断开电路的一种保护电器。RCD 用于对低压配电系统中的漏电
和接地故障进行安全防护，防止发生人身触电事故及接地电弧引发的火灾。

漏电保护器是通过零序电流互感器对被保护线路的相线和中性线电流进行测量，检测其
漏电电流。常用的电子型 RCD 的原理接线如图 9-10 所示。

装设 RCD 有两点必须注意：

1）PE 线或 PEN 线不得穿过 RCD 的零序电流互感器的铁心，否则 RCD 不会动作。

2）RCD 所保护的线路和设备外露可导电部分必须接地。

2. 漏电保护器动作电流的选择 漏电保护器（RCD）的动作电流可参考 JGJ/T 16—1992《民用建筑电气设计规范》的规定进行选择：

1）手握式用电设备为 15mA。

2）环境恶劣或潮湿场所的用电设备（如高空作业、水下作业等处）为 6～10mA。

3）医疗电气设备为 6mA。

4）建筑施工工地用电设备为 15～30mA。

5）家用电器回路为 30mA。

6）成套开关柜、分配电盘为 100mA 及以上；

7）防止电气火灾的 RCD 为 300～500mA。

图 9-10 电子脱扣型漏电保护器原理接线图

TAN—零序电流互感器　AV—电子放大器
YR—脱扣器　QF—断路器

四、等电位联结线的要求与选择

GB 50303—2002《建筑电气工程施工质量验收规范》规定：建筑物等电位联结干线，应从与接地装置有不少于两处直接连接的接地干线或总等电位联结箱引出。等电位联结干线或局部等电位联结箱间的连接要形成环形网路，环形网路应就近与等电位联结干线或局部等电位联结箱连接。注意：各支线间不应串联连接。

等电位联结干线（母排）的截面，不应小于相关电气装置最大的 PE 线或 PEN 线的一半，铜线截面积不小于 $6mm^2$，铝线截面积不小于 $16mm^2$。采用铝线时，必须采取机械保护，且应保护铝线连接处的持久导通性。如果采用铜导线，其截面积可不大于 $25mm^2$。采用其他材质导线时，其截面应能承受与上述铜线相当的载流量。

连接装置外露可导电部分与装置外可导电部分的局部等电位联结线，其截面积不应小于相应 PE 线截面积的一半。而连接两个外露可导电部分的局部等电位联结线，其截面积不应小于接至这两个外露可导电部分的较小 PE 线的截面积。

按 GB 50303—2002 规定，等电位联结线的最小允许截面积，如表 9-29 所示。

表 9-29　等电位联结线的最小允许截面积

等电位联结线材质	最小允许截面积/mm^2	
	干线	支线
铜	16	6
钢	50	16

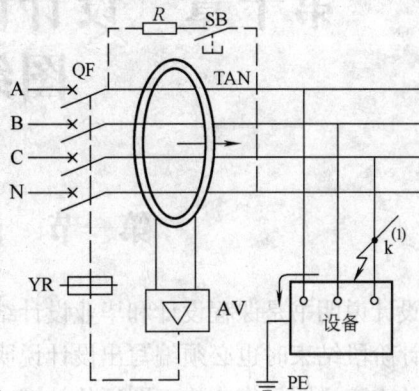

第十章　设计说明书的编写和设计图纸的绘制

第一节　设计说明书的编写

设计说明书是课程设计和毕业设计结束时必须提出的重要设计文件。在工程设计中，初步设计阶段结束时也必须编写出设计说明书，而施工设计阶段则不要求系统的设计说明书，必要的文字说明只作为施工图纸的补充。

一、设计说明书编写的一般要求

1. 必须阐明设计主题和依据：

1）首先必须说明设计的项目名称（设计题目）、任务要求及分工情况（如果是几个人合作的话）。

2）简要说明设计的依据，包括设计原始资料的摘要。

3）整个设计说明书要反映出设计的指导思想或遵循的设计原则。

2. 应突出阐述设计方案：

1）要突出设计方案的选择比较。例如对变配电所的主接线方案，一般要求选 2 ~ 3 个比较合理的方案进行技术经济分析比较，从中优选一个最佳方案。

2）设计方案的比较要简明，分析要全面，论述要科学有据。

3. 文字要精炼，计算要简明：

1）说明书的文字叙述要开门见山，不要滥用修饰词；特别是写"前言"，要实事求是，切忌虚夸。

2）文字说明要精炼、准确，要符合现代汉语规范，讲究标点符号用法，避免语法、修辞和逻辑错误。字迹要清楚，力求工整，切忌写错别字。

3）选择计算要简明，力戒烦琐，尽量采用一目了然的图表形式。

4. 条理要清晰，层次要分明：

1）除"前言"或"结语"外，设计说明书的中间主体部分应尽量采用条款分明的形式，罗列叙述，或采用图表格式，力求作到条理清晰，叙述清楚。

2）要按照设计的顺序，安排好说明书的层次结构。前后之间既要层次分明，又要前后呼应，有逻辑联系。

3）设计说明书要统一编写页码，前面要编写"目录"。目录中的章节序号、标题及页码，均应与正文一致。作为课程设计和毕业设计的说明书，后面须列出"参考书目"或"参考文献"。参考书目或参考文献的格式，按 GB7714—2005《文后参考文献著录规则》规定应为：编著者. 书名［文献类型标志］. 版次. 出版地：出版者，出版年. 例：刘介才. 工厂供电设计指导［M］. 2 版. 北京：机械工业出版社，2008.

二、设计说明书常用的层次格式

设计说明书常用的层次格式，如表 10-1 所示。

表 10-1 设计说明书常用的层次格式（参考）

第一种层次格式	第二种层次格式
前言	前言
目录	目录
一、××××××	1. ××××××
（一）××××××	1. 1 ××××××
1. ×××××	(1) ×××××
(1) ××××××	1) ××××××
二、××××××	2. ××××××
……	……
附录 参考书目	附录 参考书目

第二节 设计图纸的绘制

一、设计图纸绘制的一般要求

1. 应满足设计要求

1）应按照设计任务书或工程设计阶段的要求，绘制必需的设计图纸。通常初步设计阶段要求绘制的供电系统主接线图和变配电所平面布置图，需确定其中主要电气设备的型号规格，而施工设计阶段要求绘制的变配电所平、剖面图，需详细列出其中设备材料明细表。

2）如果选用全国通用标准设计图样时，应注明标准图样的代号和页次。例如变配电所平剖面图上，主变压器高压侧架空进线的穿墙套管，在注明其型号规格和数量外，还可注明"88D263—52"，表明这种穿墙套管的具体安装和必备的设备材料型号规格和数量等，应按照《全国通用建筑标准设计·电气装置标准图集》中 88D263《变配电所常用设备构件安装》第 52 页图样。

2. 应遵循有关制图标准

1）绘制电气接线图和电气平面布置图等，必须遵循现行国家标准 GB/T 4728—2005 ~ 2008《电气简图用图形符号》和 GB/T 6988—2008《电气技术用文件的编制》等的规定，采用规定的新图形或按规定的原则正确地派生。图中设备的文字符号，必须遵循 GB7159—1987《电气技术中的文字符号制订通则》等的规定，采用规定的文字符号或按规定的原则正确地派生。

2）绘制有关建筑（例如变配电所或车间）的电气平、剖面图，除应遵循上述标准外，尚应遵循有关建筑制图的现行国家标准，如 GB/T 50001—2010《房屋建筑制图统一标准》、GB/T 50103—2010《总图制图标准》和 GB/T 50104—2010《建筑制图标准》等。

3. 应符合有关设计规范，而且图文一致

1）设计图纸应具体体现设计思想和设计方案，而设计思想和设计方案应符合有关设计规范的要求，特别是有关安全距离和安全设施的规定。

2）设计图纸与设计说明书的内容包括设备的文字符号，应完全对应一致。

4. 图形比例适当，布局合理

1）对于电气装置的结构图、布置图及建筑物的平、剖面图，必须选择合适的绘图比例。

2）图纸上的图形布置要合理、协调、美观。图线要排列均匀。平行线路多时可适当分组。线条特别是尺寸线要尽量避免交叉。

5. 讲究绘图质量，保持图面整洁：

1）线条匀称，线条粗细符合标准要求。

2）字迹工整清晰，字体符合标准规定，切忌字迹潦草。

3）图幅应符合标准要求，应按规定绘制和填写标题栏。

4）应保持图面整洁，避免污损。

二、图纸的幅面、图框、标题栏及比例

1. 图纸的幅面和图框尺寸要求　按 GB/T 14689—1993《技术制图·图纸幅面和格式》规定，图纸的幅面和图框尺寸要求，如表 10-2 所示。

表 10-2　图纸的幅面和图框尺寸要求　　　　　　　　　　　（mm）

幅面代号	A0	A1	A2	A3	A4
$B \times L$	841 × 1189	594 × 841	420 × 594	297 × 420	210 × 297
e	20		10		
c	10			5	
a	25				

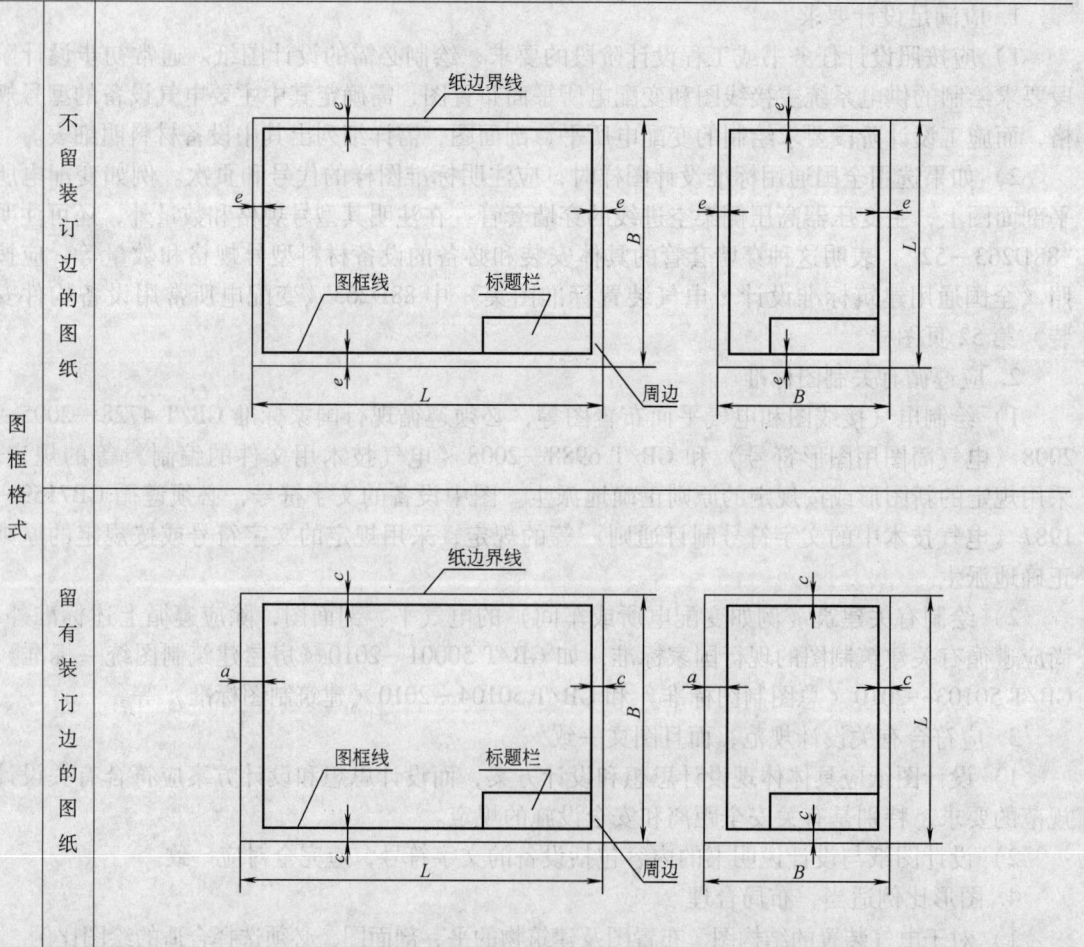

2. 标题栏的格式尺寸和方位

（1）标题栏的格式尺寸　GB10609.1《技术制图·标题栏》有专门规定。有的工程设计单位的设计图纸已将标题栏连同图框线预先印好。作为学生课程设计和毕业设计的图纸，可采用图 10-1 所示的标题栏格式。

（2）标题栏在图纸中的方位　一般应横置于图纸的右下角，如表 10-2 中图示。

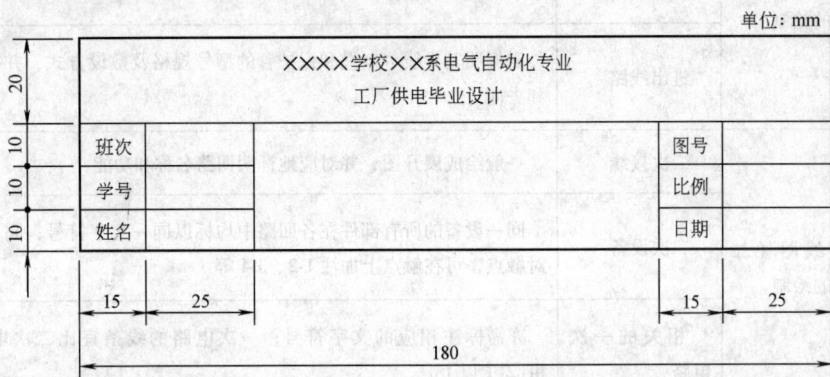

图 10-1　课程设计和毕业设计图纸标题栏格式

3. 供电设计制图常用的比例　如表 10-3 所示。

表 10-3　供电设计制图常用的比例

制 图 比 例	适 用 范 围
1:2000,1:1000,1:500	工厂总平面图
1:200,1:100,1:50	建筑物的平、剖面图；采用 A2 图纸时，工厂总变配电所多采用 1:100，车间变电所多采用 1:50
1:50, 1:20, 1:10	建筑物的局部放大图
1:20, 1:10, 1:5	装置的配件及其构造详图

三、变配电所一、二次接线图和平、剖面图的绘制要求

1. 变配电所一、二次接线图的绘制要求　如表 10-4 所示。

表 10-4　变配电所一、二次接线图的绘制要求

项　　目		绘制的一般要求
依据标准	图形符号	1. GB/T 4728—2005～2008《电气简图用图形符号》 2. GB/T 6988—2008《电气技术用文件的编制》
	文字符号	GB7159—1987《电气技术中的文字符号制订通则》
绘制方法	一次接线图（一次电路）的绘制	一次接线	均绘成单线图

绘制方法	一次接线图（一次电路）的绘制		
		一次接线	均绘成单线图
		一次设备	在一次设备的图形旁标明其型号和主要规格
		二次设备	一般可不绘出；必要时可在对应的一次设备如互感器图形旁绘出其二次仪表、继电器图形，并可标明其型号和主要规格
		高低压开关柜（屏）	需标明其编号和型号，并对应于柜（屏）所包括的一次设备图形

（续）

项 目			绘制的一般要求
绘制方法	一次接线图（一次电路）的绘制	并联补偿电容器柜	只需绘出一次电路，电容器组可只表示其联结方式（△联结或丫联结），并标明其型号和主要规格；低压电容器组可不绘出其放电回路；电容器柜需标明其型号、方案号和数量
		进出线路	需标明其导线、电缆和保护管的型号规格及敷设方式，并标明其来向和去向
	二次接线图（二次电路）的绘制	二次接线	一般绘成展开图，并对应地标明回路名称和功能
		二次设备	同一设备的所有部件在各回路中均标以同一文字符号；同一设备的多对触点，可在触点上加注1-2、3-4等
		相关的一次电路	亦需标注相应的文字符号；一次电路的线条宜比二次电路的线条粗(2:1以上)

2. 变配电所平、剖面图的绘制要求　如表10-5所示。

表 10-5　变配电所平、剖面图的绘制要求

项 目		绘制的一般要求
依据标准	制图标准	1. GB/T 50103—2010《总图制图标准》、GB/T 50104—2010《建筑制图标准》等 2.《全国通用建筑标准设计·电气装置标准图集》中的 88D264《电力变压器室布置》、99D268《干式变压器安装》、88D263《变配电所常用设备构件安装》等
	设计规范	GB50052—2009《供配电系统设计规范》、GB50053—2013《20kV 及以下变电所设计规范》、GB50059—2011《35～110kV 变电站设计规范》等
绘制方法	平面图	1. 平面图一般在建筑物的门窗洞口处水平剖切俯视，图内应包括剖切面及投影方向可见的建筑、设备以及必要的尺寸等 2. 电力变压器及所有柜、屏、构架、穿墙绝缘子等，均应按在其顶部俯视绘制 3. 平面图上剖切符号的剖视方向宜向左和向上
	剖面图	1. 剖面图应选择最能反映主要结构特征和最有代表性的部位进行剖切 2. 剖面图内应包括剖切面和投影方向可见的建筑、设备以及必要的尺寸、标高等 3. 剖面图无论如何剖视，整个建筑和设备均应绘为直立状态，不能按剖视方向倒置
	图面布置	平面图宜置于图纸左上（或左下），剖面图则对应地置于其下（或其上）和右侧
	设备一览表	依平、剖面图上的设备编号顺序，在标题栏上方或图纸的其他空白处编制设备一览表，包括设备名称、型号、主要规格、数量及备注诸栏

四、车间动力配电系统图和平面布线图的绘制要求　　如表 10-6 所示。

表 10-6　车间动力配电系统图和平面布线图的绘制要求

项目		绘制的一般要求
依据标准	制图标准	1. GB/T 4728—2005～2008《电气简图用图形符号》 2. GB/T 6988—2008《电气技术用文件的编制》 3. GBJ104—1987《建筑制图标准》 4. GB7159—1987《电气技术中的文字符号制订通则》等
	设计规范	1. GB50054—2011《低压配电设计规范》 2. GB50055—2011《通用用电设备配电设计规范》 3. JBJ6—1996《机械工厂电力设计规范》等
绘制方法	车间动力配电系统的绘制（参看图 10-2）	1. 电气线路均用单线图表示。为表示线路的导线根数，可按规定在线路上加短斜线（短斜线数等于导线根数），或在线路上画一条短斜线再加注数字（根数） 2. 配电系统的线路应排列整齐，而且应按规定标明其采用的导线、电缆、穿线管或保护管及其配电设备、保护设备等的型号规格和线路敷设方式
	车间动力平面布线图的绘制（参看图 10-3）	1. 电气线路均用单线图表示。为表示线路的导线根数，可按规定在线路上加短斜线，或在线路上画一条短斜线再加注根数，如上所述 2. 所有线路及其配电设备、保护设备应按其实际装设位置在平面布线图上表示 3. 所有线路应标明其所采用的导线、电缆及穿线管或保护管的型号规格和线路敷设方式、部位。关于线路敷设方式、部位的标注，参看表 1-4 序号 9 和序号 10 4. 对于采用同一型号规格的众多支线，可统一单独注明 5. 保护电器，主要是要标明其脱扣电流（对低压断路器）或熔体电流（对熔断器）

　　××机械加工车间动力配电系统图（示例）如图 10-2 所示。××机械加工车间动力平面布线图（示例）如图 10-3 所示。

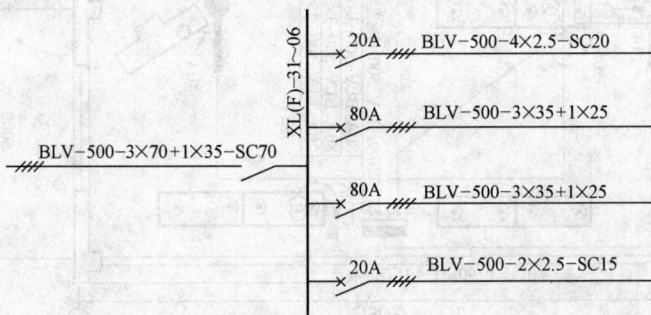

图 10-2　××机械加工车间动力配电系统图（示例）

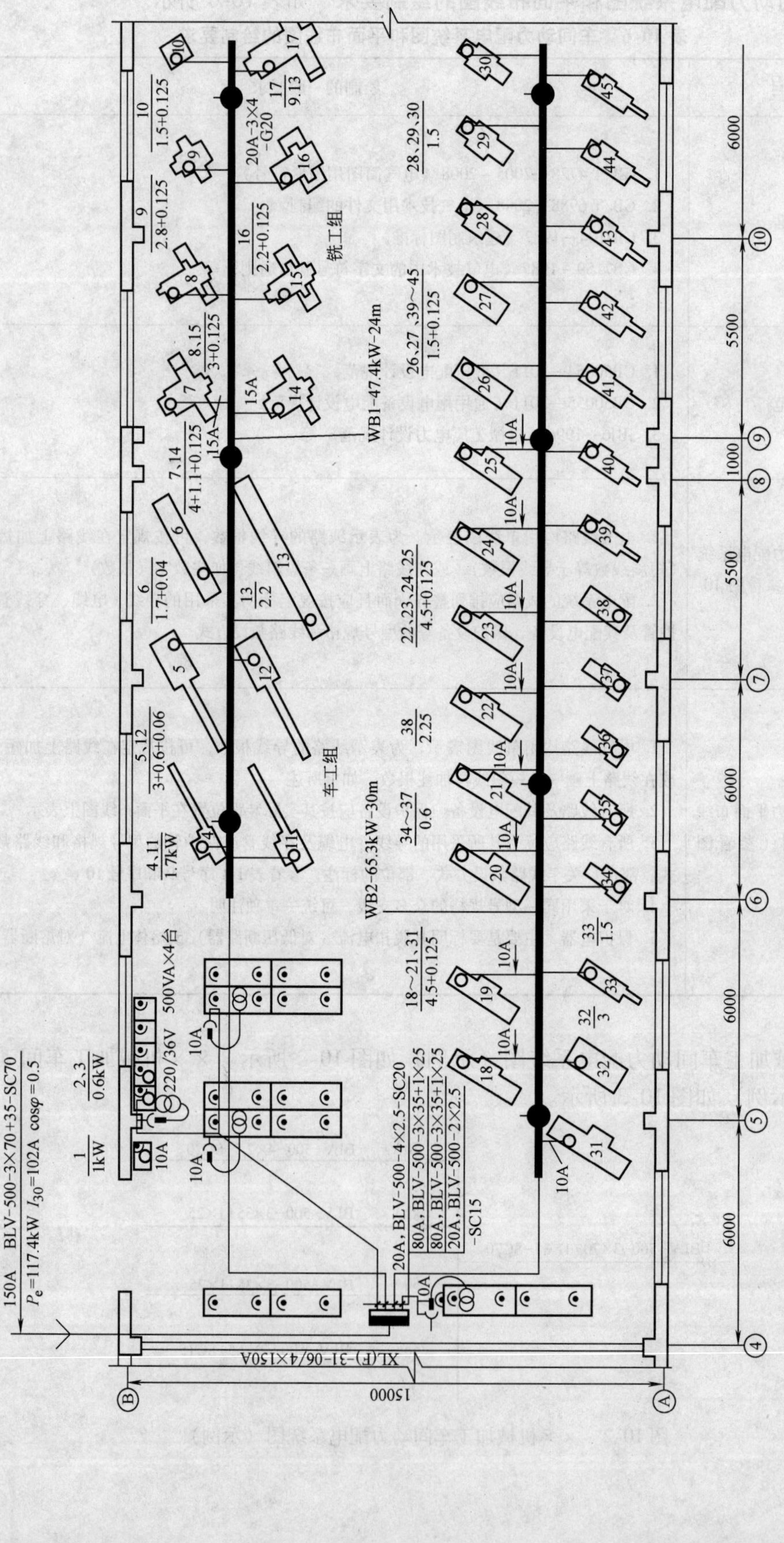

图 10-3　×× 机械加工车间动力平面布线图（示例）

附注：未标注的支线，均采用 BLV—500—3×2.5—SC15，其低压断路器脱扣电流均为 7A。

第十一章　工厂供电课程设计的
选题与示例

第一节　工厂供电课程设计的选题

一、课程设计的选题原则

1. **必须符合课程教学的基本要求**　工厂供电课程设计，是工厂供电课程教学中的一个环节，通常在课程内容教完之后进行。根据该课的教学要求，其选题以进行一个模拟的中小型工厂 6～10/0.4kV、容量为 800～2000kVA 的降压变电所电气设计为宜。因为这种类型变电所，既含有高压供电部分，又含有电力变压器和低压配电部分，还可以包括继电保护、二次回路及防雷与接地设计。如果时间充裕，甚至可以加上变电所电气照明设计内容，几乎囊括工厂供电课程的全部教学内容，相当全面。如果以高压配电所设计或高压配电线路设计为题，或以车间低压配电线路设计为题，均不够全面，不宜作为课程设计的选题。

2. **必须有利于学生独立设计计算能力的培养**　课程设计的一个特点，是全班几十个学生同时进行大体相同内容的设计，有时甚至是几个班同时进行设计。这就涉及一个如何避免学生之间相互抄袭、促使学生独立设计计算的问题。因此在考虑课程设计选题时，既要照顾到各个学生的设计题目在要求和份量方面要大体一致，又要设法在设计任务书中给的原始数据和条件方面有所差异，使学生间无法盲目抄袭。而要做到这一点，采用"真刀真枪"的设计题目几乎是不可能的。多年实践证明，宜以模拟的容量在 800～2000kV·A 的 6～10/0.4kV 工厂降压变电所的电气设计为题，各车间和生活区的负荷资料及电源数据由指导教师参照实际分别合理地假定，使每个学生互有差异。这样，同时设计的学生在一些主要设计计算部分，无法盲目抄袭，从而有利于学生独立设计计算能力的培养。

3. **选题的设计份量必须与课程设计的时间和学生的程度相适应**　工厂供电课程设计，多数学校安排一周，少数学校安排两周。如果课程设计时间只有一周，设计份量不宜太重，否则加重学生负担，不利于学生全面发展。一般只要求绘制一张 A2 幅面的变电所主接线图（除设计说明书外）。而课程设计时间如为两周，则可增加绘制变电所平、剖面图的要求，甚至增加绘制变电所高压进线柜二次接线图、计量柜二次接线图等。当然，大学本科、高职高专学生在课程设计的深度和广度上也应有一定的区别。

二、工厂供电设计任务书（示例）

（一）设计题目

××机械厂降压变电所的电气设计。

（二）设计要求

要求根据本厂所能取得的电源及本厂用电负荷的实际情况，并适当考虑到工厂生产的发展，按照安全可靠、技术先进、经济合理的要求，确定变电所的位置和型式，确定变电所主变压器的台数、容量与类型，选择变电所主接线方案及高低压设备和进出线，确定二次回路方案，选择整定继电保护，确定防雷和接地装置。最后按要求写出设计说明书，绘出设计图纸。

（三）设计依据

1. 工厂总平面图 另附（参看图 11-1～图 11-4）。

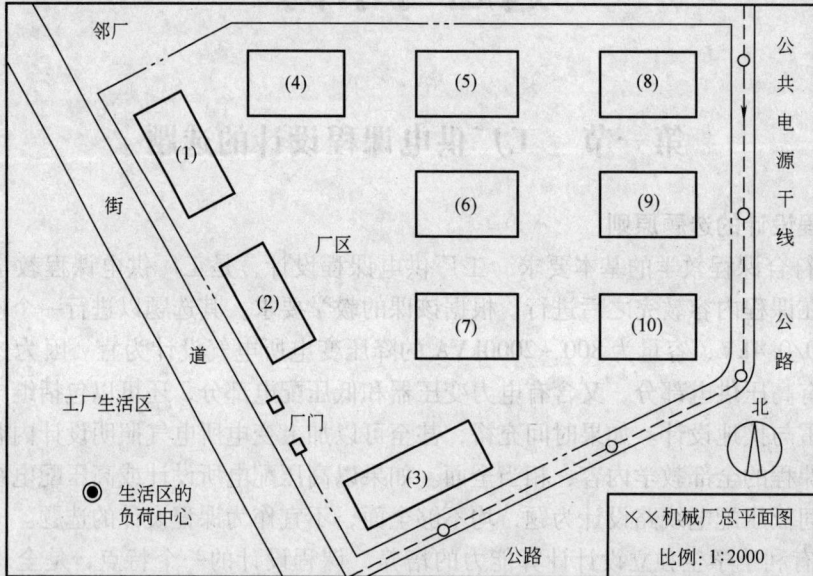

图 11-1 ××机械厂总平面图

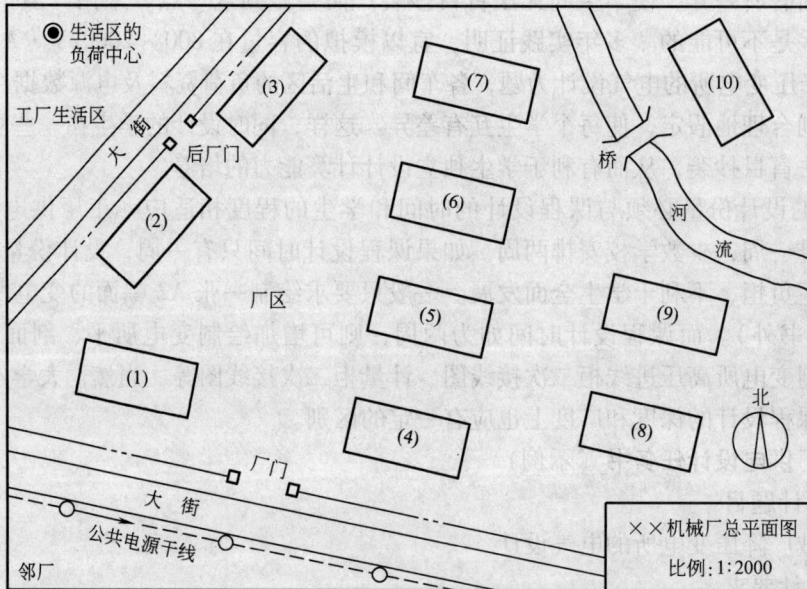

图 11-2 ××机械厂总平面图

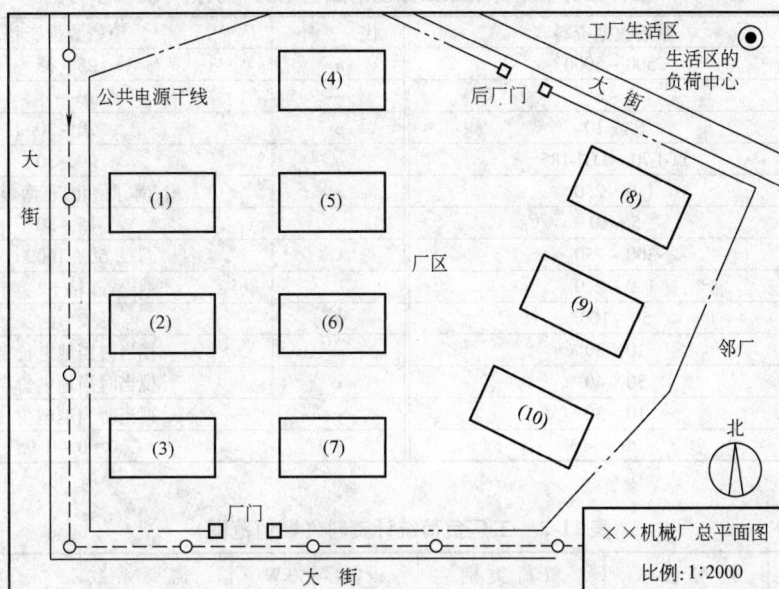

图 11-3　××机械厂总平面图

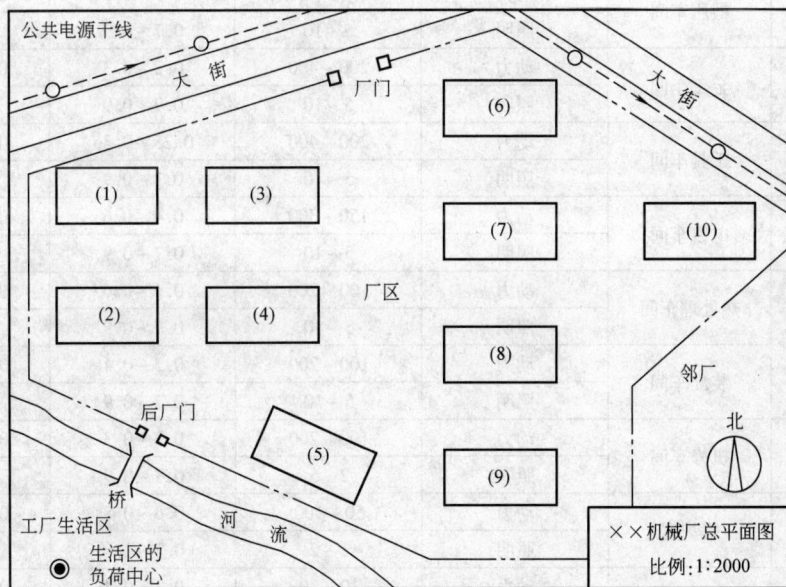

图 11-4　××机械厂总平面图

2. 工厂负荷情况　本厂多数车间为两班制，年最大负荷利用小时为 [a] h（注：方括号内代号为指导教师填写的数值，参看表 11-1），日最大负荷持续时间为 [b] h。该厂除铸造车间、电镀车间和锅炉房属二级负荷外，其余均属三级负荷。低压动力设备均为三相，额定电压为 380V。电气照明及家用电器均为单相，额定电压为 220V。本厂的负荷统计资料如表 11-2 所示（具体数值由指导教师填写）。

表 11-1　设计任务书中待填原始数据的赋值范围（供指导教师参考）

代　号	原始数据资料	代　号	原始数据资料
a	2500 ~ 5000	n	25 ~ 35
b	5 ~ 8	—	—
c	6 或 10	p	20 ~ 30
d	LGJ-70 ~ LGJ-185	q	20 ~ 30
e	1.0 ~ 2.0	r	东、南、西、北、东南、东北等
f	5 ~ 10	s	15 ~ 50
g	300 ~ 750	t	50 ~ 1000
h	1.0 ~ 2.0	u	粘土、砂粘土、黄土等
i	50 ~ 100	v	2 ~ 4
j	10 ~ 30	w	视当时当地电价自定
k	30 ~ 40	x	视当时当地电价自定
l	10 ~ 30	y	视当时当地电价自定
m	− 20 ~ − 5	z	0.90 ~ 0.95

表 11-2　工厂负荷统计资料（赋值范围）

厂房编号	厂房名称	负荷类别	设备容量/kW	需要系数	功率因数
1	铸造车间	动力	200 ~ 400	0.3 ~ 0.4	0.65 ~ 0.70
		照明	5 ~ 10	0.7 ~ 0.9	1.0
2	锻压车间	动力	200 ~ 400	0.2 ~ 0.3	0.60 ~ 0.65
		照明	5 ~ 10	0.7 ~ 0.9	1.0
3	金工车间	动力	200 ~ 400	0.2 ~ 0.3	0.60 ~ 0.65
		照明	5 ~ 10	0.7 ~ 0.9	1.0
4	工具车间	动力	200 ~ 400	0.25 ~ 0.35	0.60 ~ 0.65
		照明	5 ~ 10	0.7 ~ 0.9	1.0
5	电镀车间	动力	150 ~ 300	0.4 ~ 0.6	0.70 ~ 0.80
		照明	5 ~ 10	0.7 ~ 0.9	1.0
6	热处理车间	动力	100 ~ 200	0.4 ~ 0.6	0.70 ~ 0.80
		照明	5 ~ 10	0.7 ~ 0.9	1.0
7	装配车间	动力	100 ~ 200	0.3 ~ 0.4	0.65 ~ 0.75
		照明	5 ~ 10	0.7 ~ 0.9	1.0
8	机修车间	动力	100 ~ 200	0.2 ~ 0.3	0.60 ~ 0.70
		照明	2 ~ 5	0.7 ~ 0.9	1.0
9	锅炉房	动力	50 ~ 100	0.6 ~ 0.8	0.70 ~ 0.80
		照明	1 ~ 2	0.7 ~ 0.9	1.0
10	仓库	动力	10 ~ 30	0.3 ~ 0.4	0.80 ~ 0.90
		照明	1 ~ 2	0.7 ~ 0.9	1.0
生活区		照明	200 ~ 500	0.7 ~ 0.8	0.9 ~ 1.0

注：1. 表中数据为供设计指导教师下达设计任务书时填写负荷资料参考的赋值范围。赋值应力求使每个设计学生的
　　　负荷数据都有差异；厂房编号（1 ~ 10）也可随意编写。
　　2. 表中生活区的照明负荷中含家用电器。

3. **供电电源情况**　按照工厂与当地供电部门签订的供用电合同规定，本厂可由附近一条 [c] kV 的公用电源干线取得工作电源。该干线的走向参看工厂总平面图。该干线的导线

型号为 [d]，导线为等边三角形排列，线距为 [e] m；干线首端（即电力系统的馈电变电站）距离本厂约 [f] km。干线首端所装设的高压断路器断流容量为 [g] MVA。此断路器配备有定时限过电流保护和电流速断保护，定时限过电流保护整定的动作时间为 [h] s。为满足工厂二级负荷的要求，可采用高压联络线由邻近单位取得备用电源。已知与本厂高压侧有电气联系的架空线路总长度为 [i] km，电缆线路总长度为 [j] km。

4. 气象资料 本厂所在地区的年最高气温为 [k]°C，年平均气温为 [l]°C，年最低气温为 [m]°C，年最热月平均最高气温为 [n]°C，年最热月平均气温为 [p]°C，年最热月地下 0.8m 处平均温度为 [q]°C。当地主导风向为 [r] 风，年雷暴日数为 [s]。

5. 地质水文资料 本厂所在地区平均海拔 [t] m，地层土质以 [u] 为主，地下水位为 [v] m。

6. 电费制度 本厂与当地供电部门达成协议，在工厂变电所高压侧计量电能，设专用计量柜，按两部电费制交纳电费。每月基本电费按主变压器容量计为 [w] 元/kV·A，动力电费为 [x] 元/kW·h，照明（含家电）电费为 [y] 元/kW·h。工厂最大负荷时的功率因数不得低于 [z]。此外，电力用户需按新装变压器容量计算，一次性地向供电部门交纳供电贴费：6~10kV 为____元/kV·A。

（四）设计任务

要求在规定时间内独立完成下列工作量：

1. 设计说明书 需包括：

1）前言。

2）目录。

3）负荷计算和无功功率补偿。

4）变电所位置和型式的选择。

5）变电所主变压器台数、容量与类型的选择。

6）变电所主接线方案的设计。

7）短路电流的计算。

8）变电所一次设备的选择与校验。

9）变电所进出线的选择与校验。

10）变电所二次回路方案的选择及继电保护的整定。

11）防雷保护和接地装置的设计。

12）附录——参考文献。

2. 设计图纸 需包括：

1）变电所主接线图 1 张（A2 图纸）。

2）变电所平、剖面图 1 张（A2 图纸）*。

3）其他，如某些二次回路接线图等*。

注：标 * 号者为课程设计时间为两周增加的设计图纸。

（五）设计时间

      自_____年___月___日至_____年___月___日（__周）

               指导教师_____（签名）

                      _____年___月___日

第二节　工厂供电课程设计示例

一、设计任务书（示例）

（一）设计题目

××机械厂降压变电所的电气设计。

（二）设计要求

与本章第一节中所述相应内容相同。

（三）设计依据

1. 工厂总平面图　如图 11-3 所示。

2. 工厂负荷情况　本厂多数车间为两班制，年最大负荷利用小时为 4600h，日最大负荷持续时间为 6h。该厂除铸造车间、电镀车间和锅炉房属二级负荷外，其余均属三级负荷。……本厂的负荷统计资料如表 11-3 所示。

表 11-3　工厂负荷统计资料（示例）

厂房编号	厂房名称	负荷类别	设备容量/kW	需要系数	功率因数
1	铸造车间	动力	300	0.3	0.70
		照明	6	0.8	1.0
2	锻压车间	动力	350	0.3	0.65
		照明	8	0.7	1.0
7	金工车间	动力	400	0.2	0.65
		照明	10	0.8	1.0
6	工具车间	动力	360	0.3	0.60
		照明	7	0.9	1.0
4	电镀车间	动力	250	0.5	0.80
		照明	5	0.8	1.0
3	热处理车间	动力	150	0.6	0.80
		照明	5	0.8	1.0
9	装配车间	动力	180	0.3	0.70
		照明	6	0.8	1.0
10	机修车间	动力	160	0.2	0.65
		照明	4	0.8	1.0
8	锅炉房	动力	50	0.7	0.80
		照明	1	0.8	1.0
5	仓库	动力	20	0.4	0.80
		照明	1	0.8	1.0
	生活区	照明	350	0.7	0.90

3. 供电电源情况 按照工厂与当地供电部门签订的供用电协议规定，本厂可由附近一条 10kV 的公用电源干线取得工作电源。该干线的走向参看工厂总平面图。该干线的导线型号为 LGJ-150，导线为等边三角形排列，线距为 2m；干线首端距离本厂约 8km。干线首端所装设的高压断路器断流容量为 500MV·A。此断路器配备有定时限过电流保护和电流速断保护，定时限过电流保护整定的动作时间为 1.7s。为满足工厂二级负荷的要求，可采用高压联络线由邻近的单位取得备用电源。已知与本厂高压侧有电气联系的架空线路总长度为80km，电缆线路总长度为 25km。

4. 气象资料 本厂所在地区的年最高气温为 38°C，年平均气温为 23°C，年最低气温为 -8°C，年最热月平均最高气温为 33°C，年最热月平均气温为 26°C，年最热月地下 0.8m 处平均温度为 25°C。当地主导风向为东北风，年雷暴日数为 20。

5. 地质水文资料 本厂所在地区平均海拔 500m，地层以砂粘土为主，地下水位为 2m。

6. 电费制度 本厂与当地供电部门达成协议，在工厂变电所高压侧计量电能，设专用计量柜，按两部电费制交纳电费。每月基本电费按主变压器容量计为 18 元/kV·A，动力电费为 0.20 元/kW·h，照明电费为 0.50 元/kW·h。工厂最大负荷时的功率因数不得低于0.90。此外，电力用户需按新装变压器容量计算，一次性地向供电部门交纳供电贴费：6 ~ 10kV 为 800 元/kV·A。

（四）设计任务

与本章第一节中所述相应内容相同。

（五）设计时间

_____年___月___日至_____年___月___日（两周）

二、设计说明书（示例）

前言（略）

目录（略）

（一）负荷计算和无功功率补偿

1. 负荷计算 各厂房和生活区的负荷计算如表 11-4 所示。

表 11-4 ××机械厂负荷计算表

编号	名 称	类别	设备容量 P_e/kW	需要系数 K_d	$\cos\varphi$	$\tan\varphi$	计算负荷			
							P_{30}/kW	Q_{30}/kvar	S_{30}/kV·A	I_{30}/A
1	铸造车间	动力	300	0.3	0.7	1.02	90	91.8	—	—
		照明	6	0.8	1.0	0	4.8	0	—	—
		小计	306	—			94.8	91.8	132	201
2	锻压车间	动力	350	0.3	0.65	1.17	105	123	—	—
		照明	8	0.7	1.0	0	5.6	0	—	—
		小计	358	—			110.6	123	165	251
3	热处理车间	动力	150	0.6	0.8	0.75	90	67.5	—	—
		照明	5	0.8	1.0	0	4	0	—	—
		小计	155	—			94	67.5	116	176

（续）

编号	名　称	类别	设备容量 P_e/kW	需要系数 K_d	$\cos\varphi$	$\tan\varphi$	计算负荷 P_{30}/kW	Q_{30}/kvar	S_{30}/kV·A	I_{30}/A
4	电镀车间	动力	250	0.5	0.8	0.75	125	93.8	—	—
		照明	5	0.8	1.0	0	4	0	—	—
		小计	255	—			129	93.8	160	244
5	仓库	动力	20	0.4	0.8	0.75	8	6	—	—
		照明	1	0.8	1.0	0	0.8	0	—	—
		小计	21	—			8.8	6	10.7	16.2
6	工具车间	动力	360	0.3	0.6	1.33	108	144	—	—
		照明	7	0.9	1.0	0	6.3	0	—	—
		小计	367				114.3	144	184	280
7	金工车间	动力	400	0.2	0.65	1.17	80	93.6	—	—
		照明	10	0.8	1.0	0	8	0	—	—
		小计	410				88	93.6	128	194
8	锅炉房	动力	50	0.7	0.8	0.75	35	26.3	—	—
		照明	1	0.8	1.0	0	0.8	0	—	—
		小计	51				35.8	26.3	44.4	67
9	装配车间	动力	180	0.3	0.7	1.02	54	55.1	—	—
		照明	6	0.8	1.0	0	4.8	0	—	—
		小计	186				58.8	55.1	80.6	122
10	机修车间	动力	160	0.2	0.65	1.17	32	37.4	—	—
		照明	4	0.8	1.0	0	3.2	0	—	—
		小计	164				35.2	37.4	51.4	78
11	生活区	照明	350	0.7	0.9	0.48	245	117.6	272	413
总计（380V 侧）		动力	2220				1015.3	856.1		
		照明	403							
		计入 $K_{\Sigma p}=0.8$ $K_{\Sigma q}=0.85$			0.75		812.2	727.6	1090	1656

2. 无功功率补偿　由表 11-4 可知，该厂 380V 侧最大负荷时的功率因数只有 0.75。而供电部门要求该厂 10kV 进线侧最大负荷时功率因数不应低于 0.90。考虑到主变压器的无功损耗远大于有功损耗，因此 380V 侧最大负荷时功率因数应稍大于 0.90，暂取 0.92 来计算 380V 侧所需无功功率补偿容量：

$$Q_C = P_{30}(\tan\varphi_1 - \tan\varphi_2) = 812.2[\tan(\arccos 0.75) - \tan(\arccos 0.92)]\text{kvar} = 370\text{kvar}$$

参照图 2-6，选 PGJ1 型低压自动补偿屏*，并联电容器为 BW0.4-14-3 型，采用其方案

1（主屏）1台与方案3（辅屏）4台相组合，总共容量84kvar×5＝420kvar。因此无功补偿后工厂380V侧和10kV侧的负荷计算如表11-5所示。〔注：补偿屏*型式甚多，有资料的话，可选其他型式。〕

表 11-5　无功补偿后工厂的计算负荷

项　　目	$\cos\varphi$	计　算　负　荷			
		P_{30}/kW	Q_{30}/kvar	$S_{30}/\mathrm{kV\cdot A}$	I_{30}/A
380V 侧补偿前负荷	0.75	812.2	727.6	1090	1656
380V 侧无功补偿容量			−420		
380V 侧补偿后负荷	0.935	812.2	307.6	868.5	1320
主变压器功率损耗		$0.015S_{30}=13$	$0.06S_{30}=52$		
10kV 侧负荷总计	0.92	825.2	359.6	900	52

（二）变电所位置和型式的选择

变电所的位置应尽量接近工厂的负荷中心。工厂的负荷中心按负荷功率矩法来确定，计算公式为式（3-2）和式（3-3）。限于本书篇幅，计算过程从略。（说明：学生设计，不能"从略"，下同。）

由计算结果可知，工厂的负荷中心在5号厂房（仓库）的东南角（参看图11-3）。考虑到周围环境及进出线方便，决定在5号厂房（仓库）的东侧紧靠厂房建造工厂变电所，其型式为附设式。

（三）变电所主变压器及主接线方案的选择

1. 变电所主变压器的选择　根据工厂的负荷性质和电源情况，工厂变电所的主变压器考虑有下列两种可供选择的方案：

（1）装设一台主变压器　型号采用S9型，而容量根据式（3-4），选$S_{N.T}=1000\mathrm{kV\cdot A}>S_{30}=900\mathrm{kV\cdot A}$，即选一台S9-1000/10型低损耗配电变压器。至于工厂二级负荷所需的备用电源，考虑由与邻近单位相联的高压联络线来承担。

（2）装设两台主变压器　型号亦采用S9型，而每台变压器容量按式（3-5）和式（3-6）选择，即

$$S_{N.T}\approx(0.6\sim0.7)\times900\mathrm{kV\cdot A}=(540\sim630)\mathrm{kV\cdot A}$$

且

$$S_{N.T}\geqslant S_{30(\mathrm{II})}=(132+160+44.4)\mathrm{kV\cdot A}=336.4\mathrm{kV\cdot A}$$

因此选两台S9-630/10型低损耗配电变压器。工厂二级负荷所需的备用电源亦由与邻近单位相联的高压联络线来承担。

主变压器的联结组均采用Yyn0。

2. 变电所主接线方案的选择　按上面考虑的两种主变压器方案可设计下列两种主接线方案：

（1）装设一台主变压器的主接线方案　如图11-5所示（低压侧主接线从略）。

（2）装设两台主变压器的主接线方案　如图11-6所示（低压侧主接线从略）。

3. 两种主接线方案的技术经济比较　如表11-6所示。

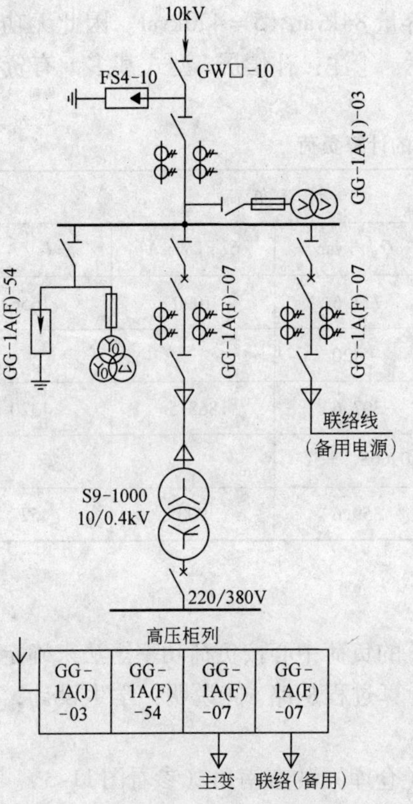

图 11-5　装设一台主变的变电所主接线
方案（附高压柜列图）

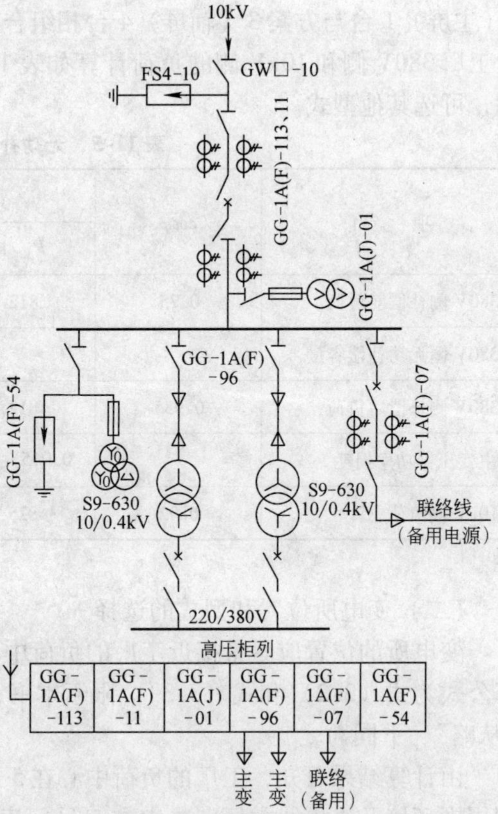

图 11-6　装设两台主变的变电所主接线
方案（附高压柜列图）

表 11-6　两种主接线方案的比较

比较项目		装设一台主变的方案（见图 11-5）	装设两台主变的方案（见图 11-6）
技术指标	供电安全性	满足要求	满足要求
	供电可靠性	基本满足要求	满足要求
	供电质量	由于一台主变，电压损耗较大	由于两台主变并列，电压损耗略小
	灵活方便性	只一台主变，灵活性稍差	由于有两台主变，灵活性较好
	扩建适应性	稍差一些	更好一些
经济指标	电力变压器的综合投资额	由表 3-1 查得 S9-1000/10 的单价约为 15.1 万元，而由表 4-1 查得变压器综合投资约为其单价的 2 倍，因此其综合投资约为 2×15.1 万元 = 30.2 万元	由表 3-1 查得 S9-630/10 的单价约为 10.5 万元，因此两台变压器的综合投资约为 4×10.5 万元 = 42 万元，比一台主变方案多投资 11.8 万元
	高压开关柜（含计量柜）的综合投资额	由表 4-10 查得 GG-1A（F）型柜可按每台 4 万元计，而由表 4-1 知，其综合投资可按设备价的 1.5 倍计，因此高压开关柜的综合投资约为 4×1.5×4 万元 = 24 万元	本方案采用 6 台 GG-1A（F）柜，其综合投资约为 6×1.5×4 万元 = 36 万元，比一台主变方案多投资 12 万元

（续）

比 较 项 目		装设一台主变的方案（见图11-5）	装设两台主变的方案（见图11-6）
经济指标	电力变压器和高压开关柜的年运行费	按表4-2规定计算，主变的折旧费=30.2万元×0.05=1.51万元；高压开关柜的折旧费=24万元×0.06=1.44万元；变配电设备的维修管理费=（30.2+24）万元×0.06=3.25万元。因此主变和高压开关设备的折旧和维修管理费=（1.51+1.44+3.25）万元=6.2万元（其余项目从略）	主变的折旧费=42万元×0.05=2.1万元；高压开关柜的折旧费=36万元×0.06=2.16万元；变配电设备的维修管理费=（42+36）万元×0.06=4.68万元。因此主变和高压开关设备的折旧和维修管理费=（2.1+2.16+4.68）万元=8.94万元，比一台主变方案多耗资2.74万元
	供电贴费	按主变容量每kVA900元计，供电贴费=1000kV·A×0.09万元/kV·A=90万元	供电贴费=2×630kV·A×0.09万元=113.4万元，比一台主变方案多交23.4万元

从上表可以看出，按技术指标，装设两台主变的主接线方案（见图11-6）略优于装设一台主变的主接线方案（见图11-5），但按经济指标，则装设一台主变的方案（见图11-5）远优于装设两台主变的方案（见图11-6），因此决定采用装设一台主变的方案（见图11-5）。（说明：如果工厂负荷近期可有较大增长的话，则宜采用装设两台主变的方案。）

（四）短路电流的计算

1. 绘制计算电路　如图11-7所示。

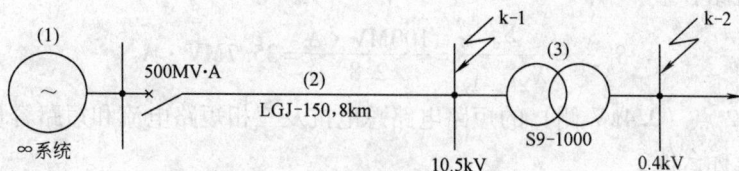

图11-7　短路计算电路

2. 确定短路计算基准值

设 $S_d = 100\text{MV·A}$，$U_d = U_c = 1.05U_N$，即高压侧 $U_{d1} = 10.5\text{kV}$，低压侧 $U_{d2} = 0.4\text{kV}$，则

$$I_{d1} = \frac{S_d}{\sqrt{3}U_{d1}} = \frac{100\text{MV·A}}{\sqrt{3}\times 10.5\text{kV}} = 5.5\text{kA}$$

$$I_{d2} = \frac{S_d}{\sqrt{3}U_{d2}} = \frac{100\text{MV·A}}{\sqrt{3}\times 0.4\text{kV}} = 144\text{kA}$$

3. 计算短路电路中各元件的电抗标幺值

（1）电力系统　已知 $S_{oc} = 500\text{MV·A}$，故

$$X_1^* = 100\text{MV·A}/500\text{MV·A} = 0.2$$

（2）架空线路　查表8-37得LGJ-150的 $x_0 = 0.36\Omega/\text{km}$，而线路长8km，故

$$X_2^* = (0.36\times 8)\Omega \times \frac{100\text{MV·A}}{(10.5\text{kV})^2} = 2.6$$

（3）电力变压器　查表3-1，得 $U_z\% = 4.5$，故

$$X_3^* = \frac{4.5}{100} \times \frac{100\text{MV} \cdot \text{A}}{1000\text{kV} \cdot \text{A}} = 4.5$$

因此绘短路计算等效电路如图11-8所示。

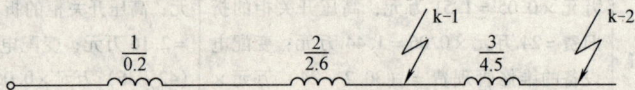

图 11-8　短路计算等效电路

4. 计算 k-1 点（10.5kV 侧）的短路电路总电抗及三相短路电流和短路容量

（1）总电抗标幺值

$$X_{\Sigma(k-1)}^* = X_1^* + X_2^* = 0.2 + 2.6 = 2.8$$

（2）三相短路电流周期分量有效值

$$I_{k-1}^{(3)} = \frac{I_{d1}}{X_{\Sigma(k-1)}^*} = \frac{5.5\text{kA}}{2.8} = 1.96\text{kA}$$

（3）其他短路电流

$$I''^{(3)} = I_\infty^{(3)} = I_{k-1}^{(3)} = 1.96\text{kA}$$

$$i_{sh}^{(3)} = 2.55 I''^{(3)} = 2.55 \times 1.96\text{kA} = 5.0\text{kA}$$

$$I_{sh}^{(3)} = 1.51 I''^{(3)} = 1.51 \times 1.96\text{kA} = 2.96\text{kA}$$

（4）三相短路容量

$$S_{k-1}^{(3)} = \frac{S_d}{X_{\Sigma(k-1)}^*} = \frac{100\text{MV} \cdot \text{A}}{2.8} = 35.7\text{MV} \cdot \text{A}$$

5. 计算 k-2 点（0.4kV 侧）的短路电路总电抗及三相短路电流和短路容量

（1）总电抗标幺值

$$X_{\Sigma(k-2)}^* = X_1^* + X_2^* + X_3^* = 0.2 + 2.6 + 4.5 = 7.3$$

（2）三相短路电流周期分量有效值

$$I_{k-2}^{(3)} = \frac{I_{d2}}{X_{\Sigma(k-2)}^*} = \frac{144\text{kA}}{7.3} = 19.7\text{kA}$$

（3）其他短路电流

$$I''^{(3)} = I_\infty^{(3)} = I_{k-2}^{(3)} = 19.7\text{kA}$$

$$i_{sh}^{(3)} = 1.84 I''^{(3)} = 1.84 \times 19.7\text{kA} = 36.2\text{kA}$$

$$I_{sh}^{(3)} = 1.09 I''^{(3)} = 1.09 \times 19.7\text{kA} = 21.5\text{kA}$$

（4）三相短路容量

$$S_{k-2}^{(3)} = \frac{S_d}{X_{\Sigma(k-2)}^*} = \frac{100\text{MV} \cdot \text{A}}{7.3} = 13.7\text{MV} \cdot \text{A}$$

以上短路计算结果综合如表11-7所示。（说明：工程设计说明书中可只列出短路计算结果。）

（五）变电所一次设备的选择校验

1. 10kV 侧一次设备的选择校验　如表11-8所示。

表 11-7　短路计算结果

短路计算点	三相短路电流/kA					三相短路容量/MV·A
	$I_k^{(3)}$	$I''^{(3)}$	$I_\infty^{(3)}$	$i_{sh}^{(3)}$	$I_{sh}^{(3)}$	$S_k^{(3)}$
$k-1$	1.96	1.96	1.96	5.0	2.96	35.7
$k-2$	19.7	19.7	19.7	36.2	21.5	13.7

表 11-8　10kV 侧一次设备的选择校验

选择校验项目		电　压	电　流	断流能力	动稳定度	热稳定度	其　他
装置地点条件	参数	U_N	I_N	$I_k^{(3)}$	$i_{sh}^{(3)}$	$I_\infty^{(3)2}\cdot t_{ima}$	
	数据	10kV	57.7A($I_{1N\cdot T}$)	1.96kA	5.0kA	$1.96^2\times1.9=7.3$	
一次设备型号规格	额定参数	$U_{N\cdot e}$	$I_{N\cdot e}$	I_{oc}	i_{max}	$I_t^2\cdot t$	
	高压少油断路器 SN10-10I/630	10kV	630A	16kA	40kA	$16^2\times2=512$	
	高压隔离开关 GN$^6_8$-10/200	10kV	200A	—	25.5kA	$10^2\times5=500$	
	高压熔断器 RN2-10	10kV	0.5A	50kA	—	—	
	电压互感器 JDJ-10	10/0.1kV	—	—	—	—	
	电压互感器 JDZJ-10	$\frac{10}{\sqrt3}/\frac{0.1}{\sqrt3}/\frac{0.1}{\sqrt3}$kV	—	—	—	—	
	电流互感器 LQJ-10	10kV	100/5A	—	$225\times\sqrt2\times0.1$kA $=31.8$kA	$(90\times0.1)^2\times1$ $=81$	二次负荷0.6Ω
	避雷器 FS4-10	10kV	—	—	—	—	
	户外隔离开关 GW4-12/400	12kV	400A	—	25kA	$10^2\times5=500$	

表 11-8 所选一次设备均满足要求。

2. 380V 侧一次设备的选择校验　如表 11-9 所示。

表 11-9　380V 侧一次设备的选择校验

选择校验项目		电　压	电　流	断流能力	动稳定度	热稳定度	其　他
装置地点条件	参数	U_N	I_{30}	$I_k^{(3)}$	$i_{sh}^{(3)}$	$I_\infty^{(3)2}\cdot t_{ima}$	—
	数据	380V	总 1320A	19.7kA	36.2kA	$19.7^2\times0.7=272$	—
一次设备型号规格	额定参数	$U_{N\cdot e}$	$I_{N\cdot e}$	I_{oc}	i_{max}	$I_t^2\cdot t$	
	低压断路器 DW15-1500/3D	380V	1500A	40kA	—	—	
	低压断路器 DZ20-630	380V	630A （大于I_{30}）	30kA （一般）	—	—	
	低压断路器 DZ20-200	380V	200A （大于I_{30}）	25kA （一般）	—	—	
	低压刀开关 HD13-1500/30	380V	1500A	—	—	—	
	电流互感器 LMZJ1-0.5	500V	1500/5A	—	—	—	
	电流互感器 LMZ1-0.5	500V	100/5A 160/5A	—	—	—	

表 11-9 所选一次设备均满足要求。

3. 高低压母线的选择　参照表 5-28，10kV 母线选 LMY-3（40 × 4），即母线尺寸为 40mm × 4mm；380V 母线选 LMY-3（120 × 10）+ 80 × 6，即相母线尺寸为 120mm × 10mm，而中性线母线尺寸为 80mm × 6mm。

（六）变电所进出线及与邻近单位联络线的选择

1. 10kV 高压进线和引入电缆的选择

（1）10kV 高压进线的选择校验　采用 LJ 型铝绞线架空敷设，接往 10kV 公用干线。

1）按发热条件选择　由 $I_{30} = I_{1N \cdot T} = 57.7A$ 及室外环境温度 33℃，查表 8-36，初选 LJ-16，其 35℃ 时的 $I_{al} = 93.5A > I_{30}$，满足发热条件。

2）校验机械强度　查表 8-34，最小允许截面积 $A_{min} = 35mm^2$，因此按发热条件选择的 LJ-16 不满足机械强度要求，故改选 LJ-35。

由于此线路很短，不需校验电压损耗。

（2）由高压配电室至主变的一段引入电缆的选择校验　采用 YJL22-10000 型交联聚乙烯绝缘的铝芯电缆直接埋地敷设。

1）按发热条件选择　由 $I_{30} = I_{1N \cdot T} = 57.7A$ 及土壤温度 25℃ 查表 8-44，初选缆芯截面为 $25mm^2$ 的交联电缆，其 $I_{al} = 90A > I_{30}$，满足发热条件。

2）校验短路热稳定　按式（5-41）计算满足短路热稳定的最小截面积

$$A_{min} = I_\infty^{(3)} \frac{\sqrt{t_{ima}}}{C} = 1960 \times \frac{\sqrt{0.75}}{77} mm^2 = 22mm^2 < A = 25mm^2$$

式中 C 值由表 5-13 查得；t_{ima} 按终端变电所保护动作时间 0.5s，加断路器断路时间 0.2s，再加 0.05s 计，故 $t_{ima} = 0.75s$。

因此 YJL22-10000-3 × 25 电缆满足短路热稳定条件。

2. 380V 低压出线的选择

（1）馈电给 1 号厂房（铸造车间）的线路　采用 VLV22-1000 型聚氯乙烯绝缘铝芯电缆直接埋地敷设。

1）按发热条件选择　由 $I_{30} = 201A$ 及地下 0.8m 土壤温度为 25℃，查表 8-43，初选缆芯截面积 $120mm^2$，其 $I_{al} = 212A > I_{30}$，满足发热条件。

2）校验电压损耗　由图 11-3 所示工厂平面图量得变电所至 1 号厂房距离约为 100m，而由表 8-42 查得 $120mm^2$ 的铝芯电缆的 $R_0 = 0.31\Omega/km$（按缆芯工作温度 75℃ 计），$X_0 = 0.07\Omega/km$，又 1 号厂房的 $P_{30} = 94.8kW$，$Q_{30} = 91.8kvar$，因此按式（8-14）得：

$$\Delta U = \frac{94.8kW \times (0.31 \times 0.1)\Omega + 91.8kvar \times (0.07 \times 0.1)\Omega}{0.38kV} = 9.4V$$

$$\Delta U\% = \frac{9.4V}{380V} \times 100\% = 2.5\% < \Delta U_{al}\% = 5\%$$

故满足允许电压损耗的要求。

3）短路热稳定度校验　按式（5-41）计算满足短路热稳定的最小截面积

$$A_{min} = I_\infty^{(3)} \frac{\sqrt{t_{ima}}}{C} = 19700 \times \frac{\sqrt{0.75}}{76} mm^2 = 224mm^2$$

由于前面按发热条件所选 $120mm^2$ 的缆芯截面积小于 A_{min}，不满足短路热稳定要求，故改选缆芯截面积为 240mm² 的电缆，即选 VLV22-1000-3 × 240 + 1 × 120 的四芯聚氯乙烯绝缘的铝芯电缆，中性线芯按不小于相线芯一半选择，下同。

（2）馈电给 2 号厂房（锻压车间）的线路 亦采用 VLV22-1000-3 × 240 + 1 × 120 的四芯聚氯乙烯绝缘的铝芯电缆直埋敷设（方法同上，从略）。

（3）馈电给 3 号厂房（热处理车间）的线路 亦采用 VLV22-1000-3 × 240 + 1 × 120 的四芯聚氯乙烯绝缘的铝芯电缆直埋敷设（方法同上，从略）。

（4）馈电给 4 号厂房（电镀车间）的线路 亦采用 VLV22-1000-3 × 240 + 1 × 120 的四芯聚氯乙烯绝缘的铝芯电缆直埋敷设（方法同上，从略）。

（5）馈电给 5 号厂房（仓库）的线路 由于仓库就在变电所旁边，而且共一建筑物，因此采用聚氯乙烯绝缘铝芯导线 BLV-1000 型（见表 8-30）5 根（包括 3 根相线、1 根 N 线、1 根 PE 线）穿硬塑料管埋地敷设。

1）按发热条件选择 由 I_{30} = 16.2A 及环境温度（年最热月平均气温）26°C，查表 8-41，相线截面初选 4mm²，其 $I_{al} \approx 19A > I_{30}$，满足发热条件。

按规定，N 线和 PE 线也都选为 4mm²，与相线截面积相同，即选用 BLV-1000-1 × 4mm² 塑料导线 5 根穿内径 25mm 的硬塑管埋地敷设。

2）校验机械强度 查表 8-35，最小允许截面积 A_{min} = 2.5mm²，因此上面所选 4mm² 的导线满足机械强度要求。

3）校验电压损耗 所选穿管线，估计长 50m，而由查 8-39 查得 R_0 = 8.55Ω/km，X_0 = 0.119Ω/km，又仓库的 P_{30} = 8.8kW，Q_{30} = 6kvar，因此

$$\Delta U = \frac{8.8kW \times (8.55 \times 0.05)\,\Omega + 6kvar \times (0.119 \times 0.05)\,\Omega}{0.38kV} = 10V$$

$$\Delta U\% = \frac{10V}{380V} \times 100\% = 2.63\% < \Delta U_{al}\% = 5\%$$

故满足允许电压损耗的要求。

（6）馈电给 6 号厂房（工具车间）的线路 亦采用 VLV22-1000-3 × 240 + 1 × 120 的四芯聚氯乙烯绝缘的铝芯电缆直埋敷设（方法同前，从略）。

（7）馈电给 7 号厂房（金工车间）的线路 亦采用 VLV22-1000-3 × 240 + 1 × 120 的四芯聚氯乙烯绝缘的铝芯电缆直埋敷设（方法同前，从略）。

（8）馈电给 8 号厂房（锅炉房）的线路 亦采用 VLV22-1000-3 × 240 + 1 × 120 的四芯聚氯乙烯绝缘的铝芯电缆直埋敷设（方法同前，从略）。

（9）馈电给 9 号厂房（装配车间）的线路 亦采用 VLV22-1000-3 × 240 + 1 × 120 的四芯聚氯乙烯绝缘的铝芯电缆直埋敷设（方法同前，从略）。

（10）馈电给 10 号厂房（机修车间）的线路 亦采用 VLV22-1000-3 × 240 + 1 × 120 的四芯聚氯乙烯绝缘的铝芯电缆直埋敷设（方法同前，从略）。

（11）馈电给生活区的线路 采用 BLX-1000 型铝芯橡皮绝缘线架空敷设。

1）按发热条件选择 由 I_{30} = 413A 及室外环境温度为 33°C，查表 8-40，初选 BLX-1000-1 × 240，其 33°C 时的 $I_{al} \approx 455A > I_{30}$，满足发热条件。

2）校验机械强度 查表 8-35，最小允许截面积 A_{min} = 10mm²，因此 BLX-1000-1 × 240 满足机械强度要求。

3）校验电压损耗　由图 11-3 所示工厂平面图量得变电所至生活区负荷中心距离约 200m，而由表 8-36 查得其阻抗值与 BLX-1000-1 ×240 近似等值的 LJ-240 的阻抗 $R_0 = 0.14\Omega/$km，$X_0 = 0.30\Omega/km$（按线间几何均距 0.8m 计），又生活区的 $P_{30} = 245kW$，$Q_{30} = 117.6kvar$，因此

$$\Delta U = \frac{245kW \times (0.14 \times 0.2)\Omega + 117.6kvar \times (0.3 \times 0.2)\Omega}{0.38kV} = 36.6V$$

$$\Delta U\% = \frac{36.6V}{380V} \times 100\% = 9.6\% > \Delta U_{al}\% = 5\%$$

不满足允许电压损耗要求。为确保生活用电（照明、家电）的电压质量，决定采用四回 BLX-1000-1 ×120 的三相架空线路对生活区供电。PEN 线均采用 BLX-1000-1 ×70 橡皮绝缘线。重新校验电压损耗，完全合格（此略）。

3. 作为备用电源的高压联络线的选择校验　采用 YJL22-10000 型交联聚乙烯绝缘的铝芯电缆，直接埋地敷设，与相距约 2km 的邻近单位变配电所的 10kV 母线相联。

（1）按发热条件选择　工厂二级负荷容量共 335.1kV·A，$I_{30} = 335.1kV·A/(\sqrt{3} \times 10kV) = 19.3A$，而最热月土壤平均温度为 25°C，因此查表 8-44，初选缆芯截面积为 $25mm^2$ 的交联聚乙烯绝缘铝芯电缆（注：该型电缆最小芯线截面积为 $25mm^2$），其 $I_{al} = 90A > I_{30}$，满足发热条件。

（2）校验电压损耗　由表 8-42 可查得缆芯为 $25mm^2$ 的铝芯电缆的 $R_0 = 1.54\Omega/km$（缆芯温度按 80°C 计），$X_0 = 0.12\Omega/km$，而二级负荷的 $P_{30} = 259.5kW$，$Q_{30} = 211.9kvar$，线路长度按 2km 计，因此

$$\Delta U = \frac{259.6kW \times (1.54 \times 2)\Omega + 211.9kvar \times (0.12 \times 2)\Omega}{10kV} = 85V$$

$$\Delta U\% = \frac{85V}{10000V} \times 100\% = 0.85\% < \Delta U_{al}\% = 5\%$$

由此可见该电缆满足允许电压损耗要求。

（3）短路热稳定校验　按本变电所高压侧短路校验，由前述引入电缆的短路热稳定校验，可知缆芯 $25mm^2$ 的交联电缆是满足短路热稳定要求的。由于邻近单位 10kV 的短路数据不详，因此该联络线的短路热稳定校验无法进行，只有暂缺。

综合以上所选变电所进出线和联络线的导线和电缆型号规格如表 11-10 所示。

表 11-10　变电所进出线和联络线的型号规格

线路名称		导线或电缆的型号规格
10kV 电源进线		LJ-35 铝绞线（三相三线架空）
主变引入电缆		YJL22-10000-3 ×25 交联电缆（直埋）
380V 低压 出线	至 1 号厂房	VLV22-1000-3 ×240 + 1 ×120 四芯塑料电缆（直埋）
	至 2 号厂房	VLV22-1000-3 ×240 + 1 ×120 四芯塑料电缆（直埋）
	至 3 号厂房	VLV22-1000-3 ×240 + 1 ×120 四芯塑料电缆（直埋）
	至 4 号厂房	VLV22-1000-3 ×240 + 1 ×120 四芯塑料电缆（直埋）
	至 5 号厂房	BLV-1000-1 ×4 铝芯塑料线 5 根穿内径 25mm 硬塑管
	至 6 号厂房	VLV22-1000-3 ×240 + 1 ×120 四芯塑料电缆（直埋）
	至 7 号厂房	VLV22-1000-3 ×240 + 1 ×120 四芯塑料电缆（直埋）
	至 8 号厂房	VLV22-1000-3 ×240 + 1 ×120 四芯塑料电缆（直埋）
	至 9 号厂房	VLV22-1000-3 ×240 + 1 ×120 四芯塑料电缆（直埋）
	至 10 号厂房	VLV22-1000-3 ×240 + 1 ×120 四芯塑料电缆（直埋）
	至生活区	四回路，每回路 3 × BLX-1000-1 ×120 + 1 × BLX-1000-1 ×70 橡皮线（三相四线架空）
与邻近单位 10kV 联络线		YJL22-10000-3 ×25 交联电缆（直埋）

（七）变电所二次回路方案的选择与继电保护的整定

1. 高压断路器的操作机构控制与信号回路　断路器采用弹簧储能操作机构，其控制和信号回路如图 6-13 所示，可实现一次重合闸。

2. 变电所的电能计量回路　变电所高压侧装设专用计量柜，其上装有三相有功电能表和无功电能表，分别计量全厂消耗的有功电能和无功电能，并据以计算每月工厂的平均功率因数。计量柜由有关供电部门加封和管理。

3. 变电所的测量和绝缘监察回路　变电所高压侧装有电压互感器-避雷器柜，其中电压互感器为 3 个 JDZJ-10 型，组成 $Y_0/Y_0/\longleftharpoon$（开口三角）的接线，用以实现电压测量和绝缘监视，其接线见图 6-8。

作为备用电源的高压联络线上，装有三相有功电能表、三相无功电能表和电流表，其接线见图 6-9。高压进线上，亦装有电流表。

低压侧的动力出线上，均装有有功电能表和无功电能表。低压照明线路上，装有三相四线有功电能表。低压并联电容器组线路上，装有无功电能表。每一回路均装有电流表。低压母线上装有电压表。仪表的准确度级按规范要求。

4. 变电所的保护装置

（1）主变压器的继电保护装置

1）装设瓦斯保护　当变压器油箱内故障产生轻微瓦斯或油面下降时，瞬时动作于信号；当因严重故障产生大量瓦斯时，则动作于跳闸。

2）装设反时限过电流保护　采用 GL15 型感应式过电流继电器，两相两继电器式接线，去分流跳闸的操作方式。

① 过电流保护动作电流的整定　利用式（6-2），式中，$I_{L \cdot max} = 2I_{1N \cdot T} = 2 \times 1000 \text{kV} \cdot \text{A}/(\sqrt{3} \times 10 \text{kV}) = 2 \times 57.7\text{A} = 115\text{A}$，$K_{rel} = 1.3$，$K_{re} = 0.8$，$K_i = 100\text{A}/5\text{A} = 20$，因此动作电流为

$$I_{op} = \frac{1.3 \times 1}{0.8 \times 20} \times 115\text{A} = 9.3\text{A}$$

因此过电流保护动作电流 I_{op} 整定为 10A。（注意：GL15 型继电器的过电流保护动作电流只能 2~10A，且为整数）

② 过电流保护动作时间的整定　由于本变电所为电力系统的终端变电所，故其过电流保护的动作时间（10 倍动作电流动作时间）可整定为最短的 0.5s。

③ 过电流保护灵敏系数的检验　利用式（6-4），式中，$I_{k \cdot min} = I_{k-2}^{(2)}/K_T = 0.866I_{k-2}^{(3)}/K_T = 0.866 \times 19.7\text{kA}/(10\text{kV}/0.4\text{kV}) = 0.682\text{kA}$，$I_{op \cdot 1} = I_{op}K_i/K_w = 10\text{A} \times 20/1 = 200\text{A}$，因此其保护灵敏系数为

$$S_p = 682\text{A}/200\text{A} = 3.41 > 1.5$$

满足规定的灵敏系数 1.5 的要求。

3）装设电流速断保护　利用 GL15 型继电器的电流速断装置来实现。

① 速断电流的整定　利用式（6-5），式中，$I_{k \cdot max} = I_{k-2}^{(3)} = 19.7\text{kA}$，$K_{rel} = 1.4$，$K_w = 1$，$K_i = 100\text{A}/5\text{A} = 20$，$K_T = 10\text{kV}/0.4\text{kV} = 25$，因此速断电流为

$$I_{qb} = \frac{1.4 \times 1}{20 \times 25} \times 19700A = 55A$$

速断电流倍数整定为

$$K_{qb} = \frac{I_{qb}}{I_{op}} = \frac{55A}{10A} = 5.5$$

（注意：K_{qb} 可不为整数，但必须在 $2 \sim 8$ 之间。）

② 电流速断保护灵敏系数的检验　利用式（6-6），式中 $I_{k \cdot min} = I_{k-1}^{(2)} = 0.866 I_{k-1}^{(3)} = 0.866 \times 1.96kA = 1.7kA$，$I_{qb \cdot 1} = I_{qb} K_i / K_w = 55A \times 20/1 = 1100A$，因此其保护灵敏系数为

$$S_p = \frac{1700A}{1100A} = 1.55$$

从表 6-1 可知，按 GB 50062—2008 规定，电流保护（含电流速断保护）的最小灵敏系数为 2，因此这里装设的电流速断保护灵敏系数偏低一些。

（2）作为备用电源的高压联络线的继电保护装置

1）装设反时限过电流保护　亦采用 GL15 型感应式过电流继电器，两相两继电器式接线，去分流跳闸的操作方式。

① 过电流保护动作电流的整定　亦利用式（6-2），式中 $I_{L \cdot max} = 2I_{30}$，取 $I_{30} = \Sigma I_{30(\text{II})} \approx (S_{30.1} + S_{30.4} + S_{30.8})/(\sqrt{3} U_{1N}) = (132 + 160 + 44.4) kV \cdot A/(\sqrt{3} \times 10kV) = 19.4A$，$K_{rel} = 1.3$，$K_w = 1$，$K_{re} = 0.8$，因此动作电流为

$$I_{op} = \frac{1.3 \times 1}{0.8 \times 10} \times 2 \times 19.4A = 6.3A$$

因此过电流保护动作电流 I_{op} 整定为 7A。

② 过电流保护动作时间的整定　按终端保护考虑，动作时间整定为 0.5s。

③ 过电流保护灵敏系数　因数据资料不全，暂缺。

2）装设电流速断保护　亦利用 GL15 型继电器的电流速断装置，但因数据资料不全，其整定计算亦暂缺。

（3）变电所低压侧的保护装置

1）低压总开关采用 DW15-1500/3 型低压断路器，三相均装过流脱扣器，既可实现对低压侧相间短路和过负荷的保护，又可实现对低压单相接地短路的保护。脱扣器动作电流的整定可参看参考文献 [2]、[3] 或其他手册，限于篇幅，此略。

2）低压侧所有出线上均装设 DZ20 型低压断路器控制，其过电流脱扣器可实现对线路短路故障的保护。限于篇幅，其整定计算亦从略。

（八）变电所的防雷保护与接地装置的设计

1. 变电所的防雷保护

（1）直击雷防护　在变电所屋顶装设避雷针或避雷带，并引出两根接地线与变电所公共接地装置相连。避雷针采用直径 20mm 的镀锌圆钢，避雷带采用 25mm × 4mm 的镀锌扁钢。

（2）雷电侵入波的防护

1）在 10kV 电源进线的终端杆上装设 FS4-10 型阀式避雷器。其引下线采用 25mm × 4mm 的镀锌扁钢，下面与公共接地网焊接相连，上面与避雷器接地端螺栓连接。

2）在 10kV 高压配电室内装设的 GG-1A（F）-54 型高压开关柜，其中配有 FS4-10 型避

雷器，靠近主变压器。主变压器主要靠此避雷器来防护雷电侵入波的危害。

3）在 380V 低压架空出线杆上，装设保护间隙，或将其绝缘子的铁脚接地，用以防护沿低压架空线侵入的雷电波。

2. 变电所公共接地装置的设计

（1）接地电阻的要求　按表 9-23，本变电所的公共接地装置的接地电阻应满足以下条件：

$$R_E \leqslant 4\Omega$$

且

$$R_E \leqslant \frac{120V}{I_E} = \frac{120V}{27A} = 4.4\Omega$$

式中

$$I_E = \frac{10(80 + 35 \times 25)}{350}A = 27A$$

因此公共接地装置接地电阻应满足 $R_E \leqslant 4\Omega$。

（2）接地装置的设计　采用长 2.5m、ϕ50mm 的镀锌钢管数，按式（9-24）计算初选 16 根[⊖]，沿变电所三面均匀布置（变电所前面布置两排），管距 5m，垂直打入地下，管顶离地面 0.6m。管间用 40mm × 4mm 的镀锌扁钢焊接相连。变压器室有两条接地干线、高低压配电室各有一条接地干线与室外公共接地装置焊接相连。接地干线均采用 25mm × 4mm 的镀锌扁钢。变电所接地装置平面布置图如图 11-9 所示。

接地电阻的验算：

$$R_E = \frac{R_{E(1)}}{n\eta} \approx \frac{\rho/l}{n\eta} = \frac{100\Omega \cdot m/2.5m}{16 \times 0.65}$$
$$= 3.85\Omega$$

满足 $R_E \leqslant 4\Omega$ 的要求。

（九）附　录——主要参考文献
（略）

三、设计图纸

（一）变电所主接线电路图

××机械厂降压变电所主接线电路图（A2 图纸），如图 11-10 所示。这里略去图框和标题栏。

（二）变电所平、剖面图

××机械厂降压变电所平、剖面图（A2 图纸），如图 11-11 所示。这里略去图框、标题栏和比例。限于篇幅，主要设备材料表及附注亦从略[1]。

附带说明：限于篇幅，关于应急柴油发电机组的选择及其机房的结构与布置的设计示例从略。

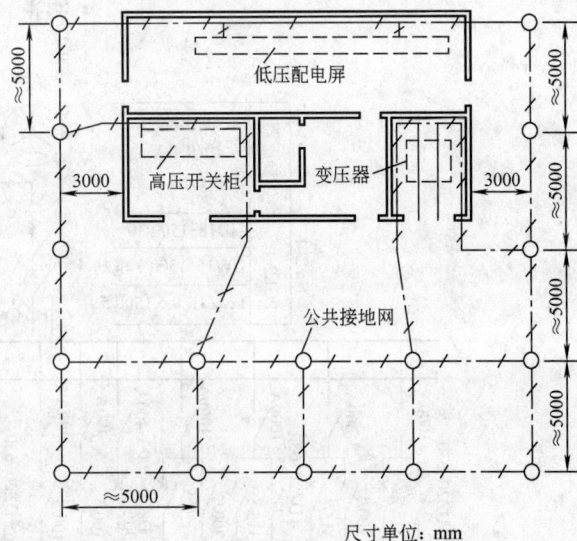

尺寸单位: mm

图 11-9　变电所接地装置平面布置图

⊖　这里的根数，是按式（9-24）用逐步渐近法计算确定的。

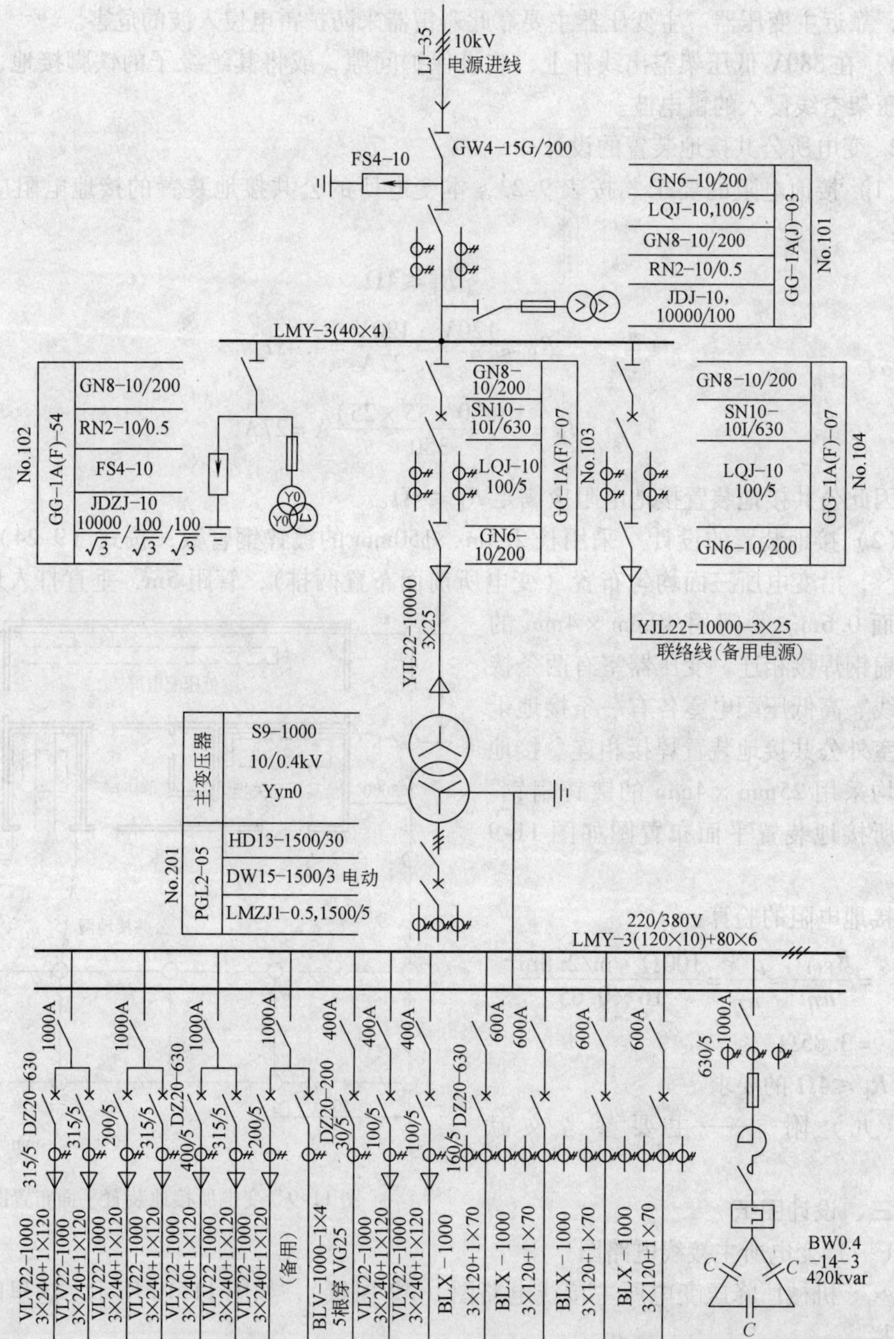

LJ−35
10kV
电源进线
GW4−15G/200
FS4−10
GN6−10/200
LQJ−10,100/5
GN8−10/200
RN2−10/0.5
JDJ−10,
10000/100
GG−1A(J)−03
No.101
LMY−3(40×4)
GN8−10/200
RN2−10/0.5
FS4−10
JDZJ−10
10000/√3 / 100/√3 / 100/√3
GG−1A(F)−54
No.102
GN8−10/200
SN10−10I/630
LQJ−10
100/5
GN6−10/200
GG−1A(F)−07
No.103
GN8−10/200
SN10−10I/630
LQJ−10
100/5
GN6−10/200
GG−1A(F)−07
No.104
YJL22−10000
3×25
YJL22−10000−3×25
联络线(备用电源)
主变压器
S9−1000
10/0.4kV
Yyn0
PGL2−05
No.201
HD13−1500/30
DW15−1500/3 电动
LMZJ1−0.5,1500/5
220/380V
LMY−3(120×10)+80×6
1000A
DZ20−630
315/5
200/5
400/5
400A
DZ20−200
30/5
100/5
160/5
600A
630/5
VLV22−1000
3×240+1×120
(备用)
BLV−1000−1×4
5根穿 VG25
BLX−1000
3×120+1×70
BW0.4
−14−3
420kvar
C

开关柜编号	No.202				No.203				No.204			No.205		No.206		No.207～211
开关柜型号	PGL2−29				PGL2−29				PGL2−30			PGL2−28		PGL2−28		PGJ1−1.3
开关柜用途	动力配电				动力配电				动力配电			照明配电		照明配电		无功自动补偿
线路编号	1	2	3	4	5	6	7	8	9	10	11	12	13	14	15	
线路去向	1#	2#	3#	4#	6#	7#	9#	—	5#	8#	10#	工厂生活区				
计算电流/A	201	251	176	244	280	194	122	—	16.2	67	78	413				

图 11-10 ××机械厂降压变电所主接线图

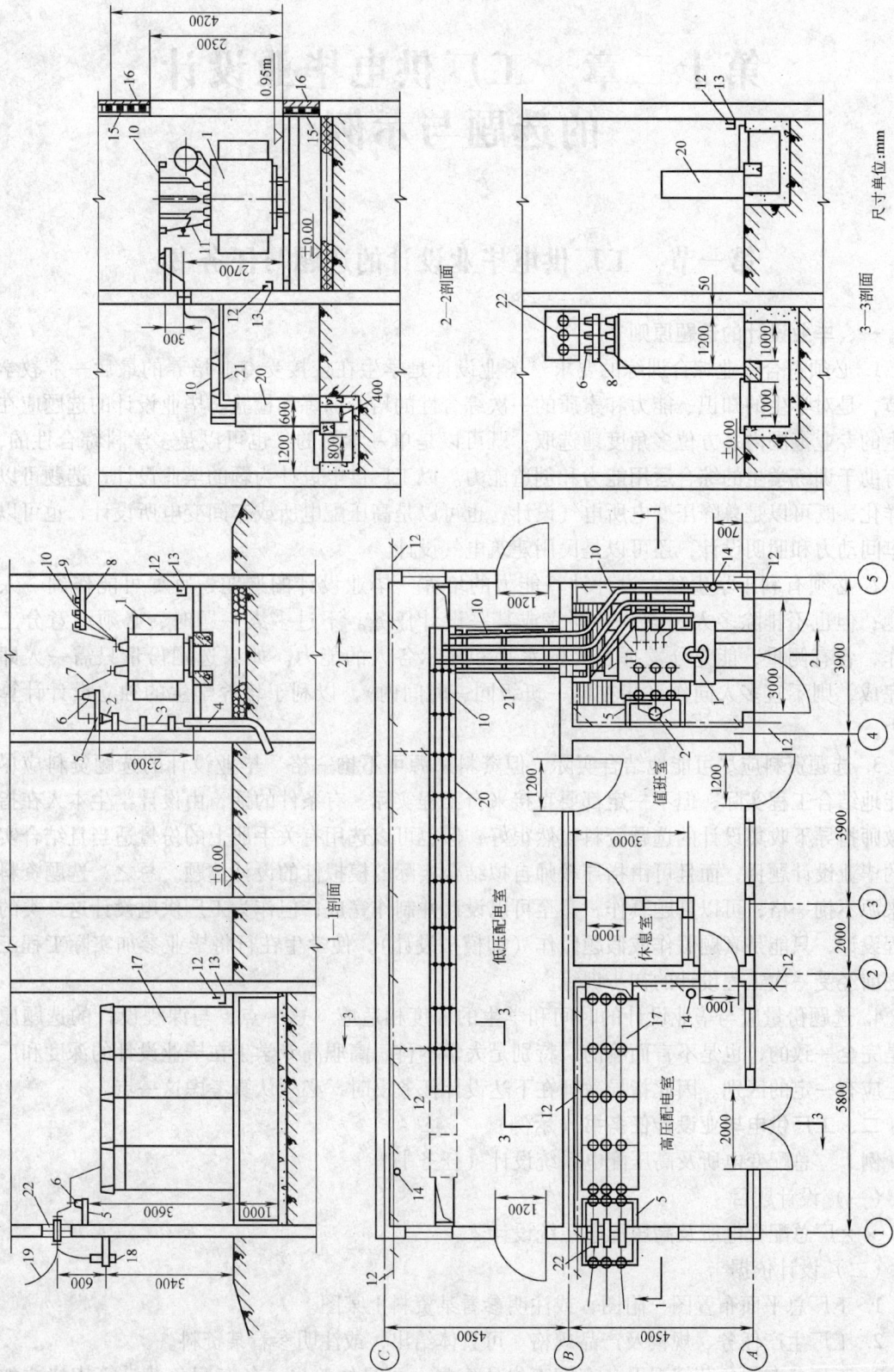

图 11-11　××机械厂降压变电所平、剖面图

尺寸单位:mm

2—2剖面

3—3剖面

1—1剖面

低压配电室

值班室

休息室

高压配电室

第十二章 工厂供电毕业设计的选题与示例

第一节 工厂供电毕业设计的选题与任务书

一、毕业设计的选题原则

1. **必须符合专业综合训练的要求** 毕业设计是学生在校接受专业培养的最后一个教学环节，是对学生的知识、能力和素质的一次综合性的培养训练和检验。毕业设计的选题应在学生的专业范围内多方位多角度地选取，既可以是单一学科的，也可以是多学科综合性的，这有助于训练学生的综合运用能力和创造能力。以工厂供电设计为题的毕业设计，选题可以多样化，既可以是总降压变电所电气设计，也可以是高压配电所或车间变电所设计，也可以是车间动力和照明设计，还可以是民用建筑电气设计。

2. **必须有利于学生独立设计计算能力的培养** 毕业设计的选题，宜尽可能作到一人一题；但也不排除多人一题，共同完成某一设计任务。不过多人一题时，必须注意分工协作，各有侧重，能充分发挥各人的水平和显示各人的能力。如果选题份量只需一人即可完成，则不宜多人同作（指在同一班级同一时间内），以利于培养学生的独立设计计算能力。

3. **选题资料应尽可能地结合实际，但资料来源可不拘一格** 毕业设计的选题资料应尽可能地结合工程实际，但不一定都要直接来自工程实际。有条件的话，由设计学生本人在指导教师指导下收集设计的选题资料当然很好，但也可以选用有关手册上的份量适当且结合实际的毕业设计题目，而且可由指导教师自拟结合实际的模拟性的设计选题。总之，选题资料的来源不拘一格，可以真题真作，甚至可以设计并制作完成；但作为工厂供电设计这一类的工程设计，只能是真题假作或假题假作（即模拟设计），使学生在行将毕业参加实际工程工作之前经受一次工程设计的初步训练。

4. **选题份量应与毕业设计的时间和学生的程度相适应** 这一点，与课程设计的选题原则是完全一致的，也是不言而喻的，特别是大学本科、高职高专学生在毕业设计的深度和广度上应有一定的区别。因此指导教师在下达设计任务书时，必须认真考虑这一点。

二、工厂供电毕业设计任务书（示例）

例1 总配变电所及高压配电系统设计（任务书）

（一）设计题目

××厂总配变电所及高压配电系统设计。

（二）设计依据

1. 工厂总平面布置图 附图，或注明参看某资料上某图。

2. 工厂生产任务、规模及产品规格 可具体给出，或注明参看某资料。

3. 工厂各车间负荷情况及各车间变电所容量 可具体给出，各车间负荷计算表格式如

表 12-1 所示；或注明参看某资料，资料中负荷情况亦可略加变动。

表 12-1　各车间负荷计算表（格式）

序号	车间名称	设备容量/kW	需要系数 K_d	$\cos\varphi$	$\tan\varphi$	计算负荷 P_{30}/kW	计算负荷 Q_{30}/kvar	计算负荷 S_{30}/kVA	计算负荷 I_{30}/A	车间变电所代号	变压器台数及容量/kV·A
1	××车间	××	××	××						No.1 车变	2×800
2	××车间	××	××	××							
3	××车间	××	××	××						No.2 车变	1×1000
⋮											
总计											

注：1. 各车间负荷资料，主要给出设备容量和 K_d、$\cos\varphi$。各车间设备容量有时给得更详细一些，按设备性质分组给出；也有的直接给出各车间的计算负荷。

2. 车间变电所可以是一个车间一个，也可以是几个相邻车间一个。车间变电所的变压器台数和容量可不给出。

4. 供用电协议　工厂与当地供电部门签订的供用电协议（或称"供用电合同"）主要内容如下：

（1）工厂可从电力系统的某地区变电站或某公共干线取得＿＿＿ kV 的高压电源。地区变电站或公共干线前的变电站，距离工厂约＿＿＿ km。工厂同时可从邻近的某单位高压配变电所或另一地区变电站取得同一电压级的备用电源。邻近单位高压配变电所或另一地区变电站距离本厂约＿＿＿ km。

（2）电力系统的短路数据，包括地区变电站母线在系统最大运行方式下和最小运行方式下的短路容量，或其出口断路器的断流容量；系统馈电线的继电保护动作时间＿＿＿ s。

（3）供电贴费（系统增容费），按新装变压器容量为＿＿＿元/kV·A。

（4）电能计量应在工厂电源进线侧，而且要求采用专用计量柜。电费采用两部制：基本电费为＿＿＿元/kV·A；电度电费中的动力电费为＿＿＿元/kW·h，照明电费为＿＿＿元/kW·h。

（5）工厂最大负荷时功率因数不得低于 0.9。

5. 工厂负荷性质

（1）工厂的生产班制。

（2）工厂年最大有功负荷利用小时数。

（3）工厂按重要程度分级属哪一级负荷，或哪些车间属哪级负荷。

6. 工厂自然条件

（1）气象资料：年最高气温，年平均气温，年最低气温，年最热月平均最高气温，年最热月平均气温，年最热月地下 0.8m 处平均温度，常年主导风向，年雷暴日数。

（2）地质水文资料：平均海拔（单位为 m），地层土质情况，地下水位（单位为 m）。

（三）设计的具体任务与要求

（1）工厂的负荷计算及无功补偿（要求列表）。

（2）确定工厂总配变电所的所址和型式。

（3）确定工厂总配变电所的主接线方案（要求从两个比较合理的方案中优选），总降压变电所要结合主接线方案的确定，确定主变压器的型式、容量和台数。

（4）短路计算，并选择一次设备（尽量列表）。

（5）选择工厂电源进线及高压配电线路。

（6）选择电源进线的二次回路方案，并整定继电保护。

（7）工厂总配变电所防雷保护及接地装置的设计。

在完成上述设计计算任务的基础上，要求交出下列资料：

（1）设计说明书（16开本）。

（2）工厂总配变电所主接线电路图（A1图纸）。

（3）工厂总配变电所平、剖面图（A1图纸）。

（4）工厂总配变电所接地装置平面布置图（A2图纸）。

（5）工厂高压配电系统平面布线图（A2图纸）。

（注：以上设计计算和图纸要求，可由指导教师根据学生程度和设计时间适当取舍增减）。

（四）设计时间

_____年____月____日至_____年____月____日（__周）

指导教师_____（签名）

_____年____月____日

例2 车间变电所及低压配电系统设计（任务书）

（一）设计题目

某厂的××车间变电所及低压配电系统设计。

（二）设计依据

1. 车间平面布置图 附图，或注明参看某资料。

2. 车间生产任务及产品规格 可具体给出，或注明参看某资料。

3. 车间电气设备明细表 可具体给出，或注明参看某资料。

4. 车间变电所的供电范围 可具体给出，或注明参看某资料。

5. 车间的负荷性质

（1）车间的生产班制。

（2）车间的年最大有功负荷利用小时数。

（3）车间按重要程度分级属哪一级负荷，或哪些设备属哪一级负荷，特别要说明属一、二级负荷的设备。

6. 供电电源条件

（1）车间变电所的电源从工厂总配变电所____kV母线用____线路（架空或电缆）引入，线路长____km，线路首端高压断路器为____型，其断流容量为____MV·A，该线路装设的_____（定时限或反时限）过电流保护的动作时限为____s。

（2）要求车间变电所在最大负荷时的功率因数不低于____。

（3）要求在车间变电所高压侧进行电能计量。

7. 车间自然条件 与例1中工厂自然条件的条款相同，此略。

（三）设计的具体任务与要求

（1）车间的负荷计算及无功补偿（要求列表）。

（2）确定车间变电所的所址和型式。

（3）确定车间变电所主变压器型式、容量、台数及主接线方案（要求从两个比较合理的方案中优选）。

（4）短路计算，并选择一次设备（尽量列表）。

（5）选择车间变电所高低压进出线。

（6）选择电源进线的二次回路方案及整定继电保护。

（7）车间变电所的防雷保护及接地装置的设计。

（8）确定车间低压配电系统布线方案。

（9）选择低压配电系统的导线及控制保护设备。

在完成上述设计计算任务的基础上，要求交出下列资料：

（1）设计说明书（16 开本）。

（2）车间变电所主接线电路图（A1 图纸）。

（3）车间变电所平、剖面图（A1 图纸）。

（4）车间低压配电系统图和平面布线图（A1 图纸）。

（四）设计时间

_____年___月___日至_____年___月___日（__周）

指导教师_____（签名）

_____年___月___日

第二节 工厂供电毕业设计题目示例

毕业设计是相应的课程设计的适当扩展和深入，但设计计算的基本方法是相同的，限于篇幅，不再举以设计计算实例。下面提供几个设计题目供毕业设计参考选用。这些设计题目主要取材于参考文献［8］，本书略有修改。

一、某电机修造厂总降压变电所及高压配电系统设计（设计题目1）

作为设计依据的原始资料有：

1. 工厂总平面布置图（见图 12-1）

2. 工厂的生产任务、规模及产品规格 本厂承担某大型钢铁联合企业各附属厂的电机、变压器修理和制造任务。年生产规模为修理电机 7500 台，总容量为 45 万 kW；制造电机总容量为 6 万 kW，制造单机最大容量为 5000kW；修理变压器 500 台；生产电气备件为 60 万件。本厂为某大型钢铁联合企业的重要组成部分。

3. 工厂各车间的负荷情况及车间变电所的容量 如表 12-2 所示。本表系进行车间供电系统设计后的资料。

4. 供用电协议

（1）当地供电部门可提供两个供电电源，供设计部门选择：1）从某 220/35kV 区域变电站提供电源，此区域变电站距工厂南侧约 4.5km；2）从某 35/10kV 变电所，提供 10kV 备用电源，此变电所距工厂南侧约 4km。

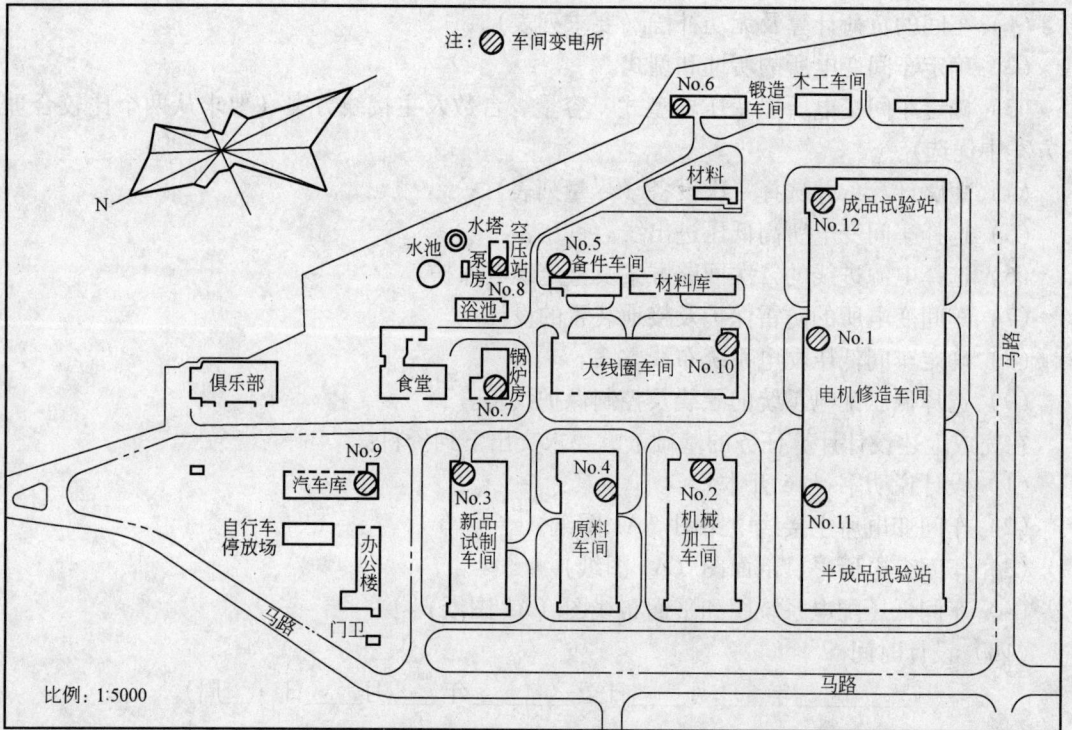

图 12-1　某电机修造厂总平面布置图

表 12-2　工厂各车间负荷情况及各车间变电所容量

序号	车间名称	设备容量 /kW	计算负荷			车间变电 所代号	变压器台数 及容量/kV·A
			P_{30}/kW	Q_{30}/kvar	S_{30}/ kV·A		
1	电机修造车间	2505	609	500	788	No.1 车变	1×1000
2	机械加工车间	886	163	258	305	No.2 车变	1×400
3	新品试制车间	634	222	336	403	No.3 车变	1×500
4	原料车间	514	310	183	360	No.4 车变	1×400
5	备件车间	562	199	158	254	No.5 车变	1×315
6	锻造车间	150	36	58	68	No.6 车变	1×100
7	锅炉房	269	197	172	262	No.7 车变	1×315
8	空压站	322	181	159	241	No.8 车变	1×315
9	汽车库	53	30	27	40	No.9 车变	1×80
10	大线圈车间	335	187	118	221	No.10 车变	1×250
11	半成品试验站		365	287	464	No.11 车变	1×500
12	成品试验站	2290	640	480	800	No.12 车变	1×1000
13	加压站（10kV 转供负荷）	256	163	139	214	—	1×250
14	设备处仓库（10kV 转供负荷）		338	288	444	—	1×500
15	成品试验站内大型集中负荷	3600	2880	2300	3686	主要为高压整流装置，要 求专线供电	

（2）电力系统的短路数据，如表 12-3 所示；其供电系统图，如图 12-2 所示。

表 12-3　区域变电站 35kV 母线短路数据

系统运行方式	系统短路数据
系统最大运行方式时	$S_{k \cdot max}^{(3)}$ = 600MVA
系统最小运行方式时	$S_{k \cdot min}^{(3)}$ = 280MVA

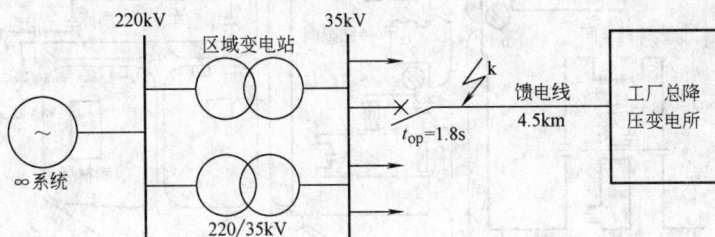

图 12-2　供电系统图

（3）供电部门对工厂提出的技术要求：①区域变电站 35kV 馈电线的过电流保护整定时间 t_{op} = 1.8s，要求工厂总降压变电所的过电流保护整定时间不大于 1.3s。②在工厂 35kV 电源侧进行电能计量。③工厂最大负荷时功率因数不得低于 0.9。

（4）供电贴费为＿＿元/kV·A。每月电费按两部电费制：基本电费为＿＿元/kV·A，动力电费为＿＿元/kW·h，照明电费为＿＿元/kW·h。

5. 工厂负荷性质　本厂大部分车间为一班制，少数车间为两班或三班制，工厂的年最大有功负荷利用小时数为 2300h。

锅炉房供应生产用高压蒸汽，其停电将使锅炉发生危险。又由于工厂距离市区较远，消防用水需厂方自备。因此锅炉房供电要求具有较高的可靠性。

6. 工厂自然条件

（1）气象资料　年最高气温＿＿℃，年平均气温＿＿℃，年最低气温＿＿℃，年最热月平均最高气温＿＿℃，年最热月平均气温＿＿℃，年最热月地下 0.8m 处平均温度＿＿℃，常年主导风向为＿＿风，覆冰厚度＿＿mm，年雷暴日数＿＿d。

（2）地质水文资料　平均海拔＿＿m，地层以砂粘土为主，地下水位＿＿m。

二、某冶金机械修造厂总降压变电所及高压配电系统设计（设计题目 2）

作为设计依据的原始资料有：

1. 工厂的总平面布置图（见图 12-3）

2. 工厂的生产任务、规模及产品规格　本厂主要承担全国冶金工业系统矿山、冶炼和轧钢设备的配件生产，即以生产铸造、锻压、铆焊、毛坯件为主体。年生产规模为铸钢件 10000t，铸铁件 3000t，锻件 1000t，铆焊件 2500t。

3. 工厂各车间的负荷情况及车间变电所的容量　如表 12-4 和表 12-5 所示。

4. 供用电协议

（1）工厂电源从电力系统的某 220/35kV 变电站以 35kV 双回路架空线引入工厂，其中一路作为工作电源，另一路作为备用电源，两个电源不并列运行。系统变电站距工厂东侧 8km。

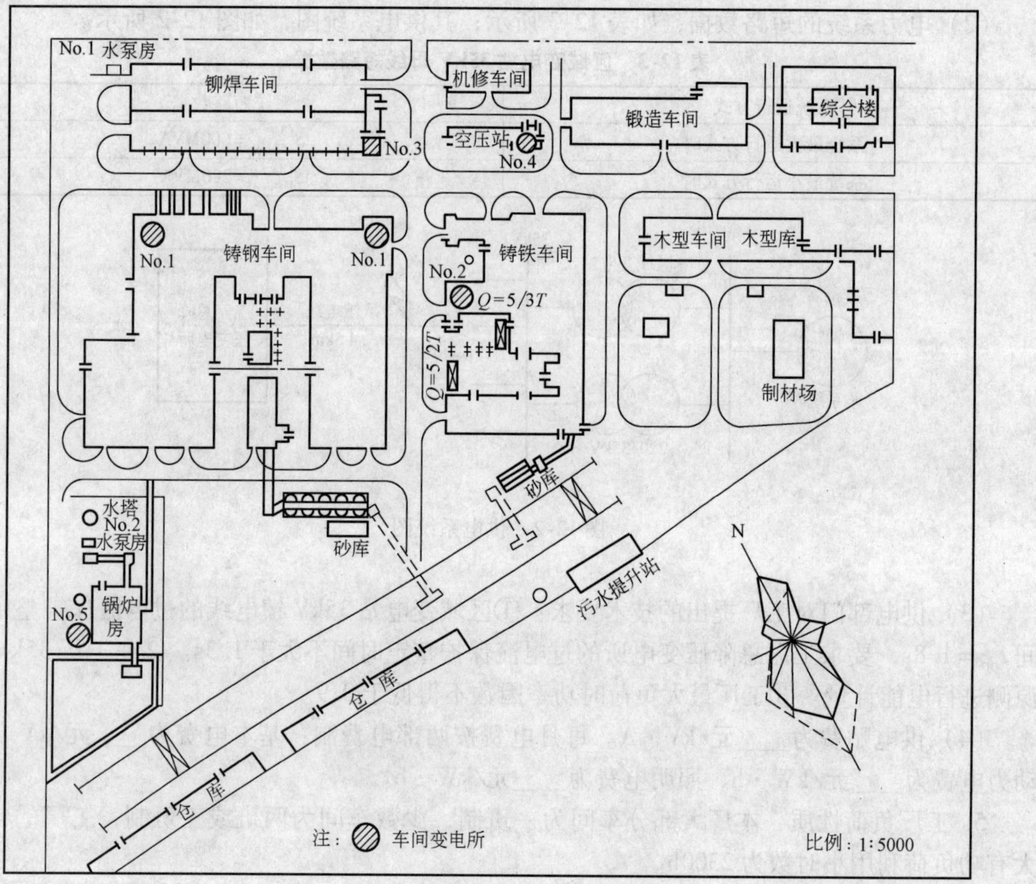

图 12-3　某冶金机械厂总平面布置图

表 12-4　各车间 380V 负荷计算表

序号	车间（单位）名称	设备容量 /kW	K_d	$\cos\varphi$	$\tan\varphi$	计算负荷				车间变电所代号	变压器台数及容量 /kV·A
						P_{30}/kW	Q_{30}/kvar	S_{30}/kV·A	I_{30}/A		
1	铸钢车间	2000	0.4	0.65						No.1 车变	2×____
2	铸铁车间	1000	0.4	0.70						No.2 车变	2×____
	砂库	110	0.7	0.60							
	小计（$K_\Sigma = 0.9$）										
3	铆焊车间	1200	0.3	0.45						No.3 车变	1×____
	No.1 水泵房	28	0.75	0.8							
	小计（$K_\Sigma = 0.9$）										
4	空压站	390	0.85	0.75						No.4 车变	1×____
	机修车间	150	0.25	0.65							
	锻造车间	220	0.3	0.55							
	木型车间	186	0.35	0.60							
	制材场	20	0.28	0.60							
	综合楼	20	0.9	1							
	小计（$K_\Sigma = 0.9$）										

（续）

序号	车间（单位）名称	设备容量/kW	K_d	$\cos\varphi$	$\tan\varphi$	计算负荷				车间变电所代号	变压器台数及容量/kV·A
						P_{30}/kW	Q_{30}/kvar	S_{30}/kV·A	I_{30}/A		
5	锅炉房	300	0.75	0.80						No.5 车变	1×___
	No.2 水泵房	28	0.75	0.80							
	仓库（1、2）	88	0.3	0.65							
	污水提升站	14	0.65	0.80							
	小计（$K_\Sigma = 0.9$）										

表 12-5　各车间 6kV 高压负荷计算表

序号	车间（单位）名称	高压设备名称	设备容量/kW	K_d	$\cos\varphi$	$\tan\varphi$	计算负荷			
							P_{30}/kW	Q_{30}/kvar	S_{30}/kV·A	I_{30}/A
1	铸钢车间	电弧炉	2×1250	0.9	0.87					
2	铸铁车间	工频炉	2×200	0.8	0.9					
3	空压站	空压机	2×250	0.85	0.85					
	小计									

（2）系统的短路数据，如表 12-6 所示。其供电系统图，如图 12-4 所示。

表 12-6　区域变电站 35kV 母线短路数据

系统运行方式	系统短路容量	系统运行方式	系统短路容量
最大运行方式	$S_{oc \cdot max} = 200 \text{MV} \cdot \text{A}$	最小运行方式	$S_{oc \cdot min} = 175 \text{MV} \cdot \text{A}$

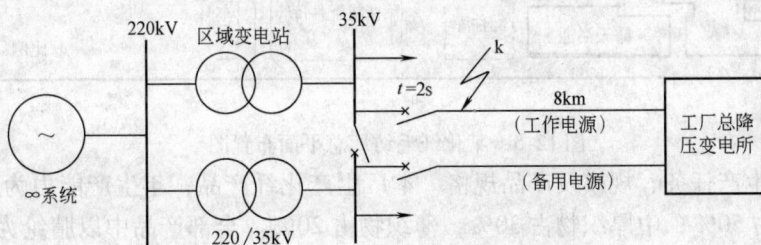

图 12-4　供电系统图

（3）供电部门对工厂提出的技术要求：①系统变电站 35kV 馈电线路定时限过电流保护的整定时间 $t_{op} = 2\text{s}$，工厂总降压变电所保护的动作时间不得大于 1.5s；②工厂在总降压变电所 35kV 电源侧进行电能计量；③工厂最大负荷时功率因数不得低于 0.9。

（4）供电贴费和每月电费制　与设计题目 1 相同，数据由指导教师给定。

5. **工厂负荷性质**　本厂为三班工作制，年最大有功利用小时为 6000h，属二级负荷。

6. **工厂自然条件**　项目与设计题目 1 相同，数据由指导教师给定。

三、某化纤毛纺厂总配变电所（高压配电所带-附设车间变电所）**及高压配电系统设计**（设计题目 3）

作为设计依据的原始资料有：

1. 工厂总平面布置图（见图 12-5）

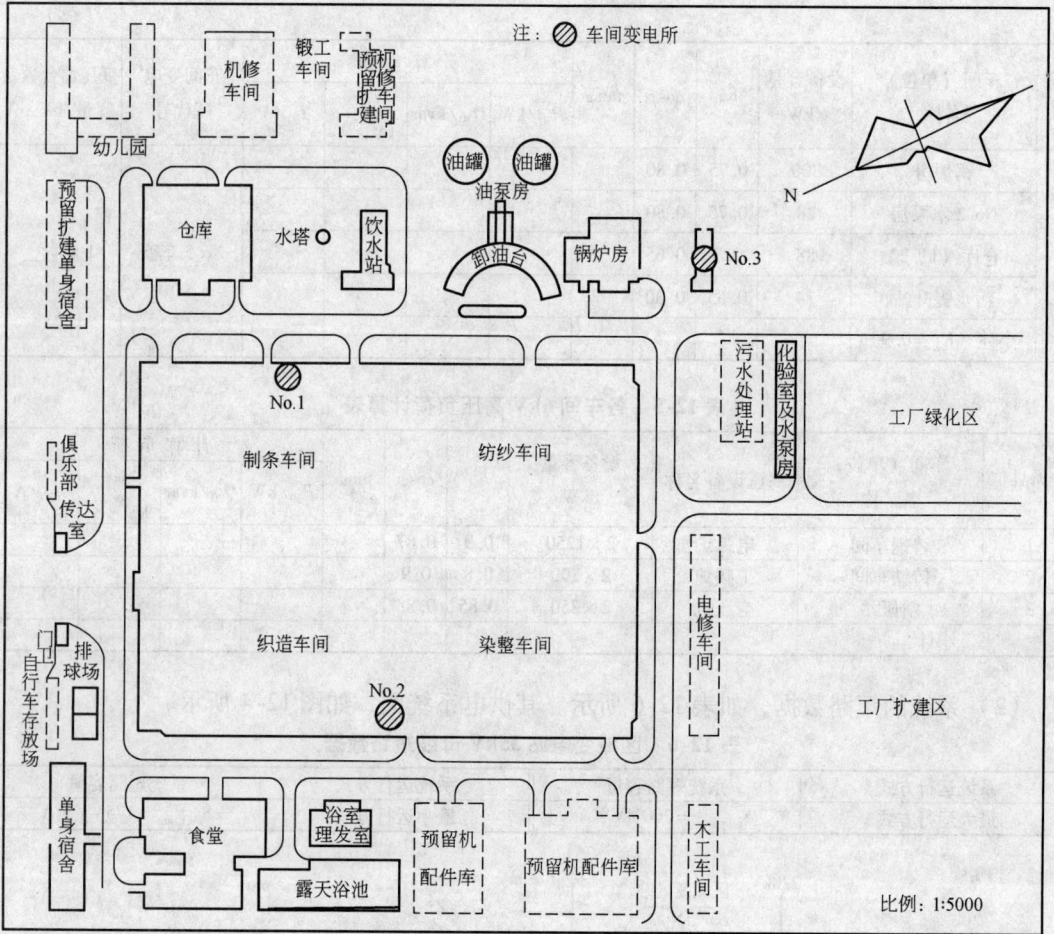

图 12-5　某化纤毛纺厂总平面布置图

2. 工厂的生产任务、规模及产品规格　本厂生产化纤产品，年生产能力为 2.3×10^6 m，其中：厚织物占 50%，中厚织物占 30%，薄织物占 20%。全部产品中以腈纶为主体的混纺物占 60%，以涤纶为主体的混纺物占 40%。

3. 工厂各车间的负荷情况及车间变电所的容量　如表 12-7 所示。

表 12-7　各车间和车间变电所负荷计算表（380V）

序号	车间（单位）名称	设备容量/kW	K_d	$\cos\varphi$	$\tan\varphi$	计算负荷				车间变电所代号	变压器台数及容量/kV·A
						P_{30}/kW	Q_{30}/kvar	S_{30}/kV·A	I_{30}/A		
1	制条车间	340	0.8	0.80						No.1 车变	$1 \times \underline{\quad}$
	纺纱车间	340	0.8	0.80							
	饮水站	86	0.65	0.80							
	锻工车间	37	0.2	0.65							
	机修车间	296	0.3	0.50							
	幼儿园	12.8	0.6	0.60							
	仓库	38	0.3	0.50							
	小计（$K_\Sigma = 0.9$）										

（续）

序号	车间（单位）名称	设备容量/kW	K_d	$\cos\varphi$	$\tan\varphi$	计算负荷				车间变电所代号	变压器台数及容量/kV·A
						P_{30}/kW	Q_{30}/kvar	S_{30}/kV·A	I_{30}/A		
2	织造车间	525	0.8	0.80						No.2 车变	1×____
	染整车间	490	0.8	0.80							
	浴室、理发室	5	0.8	1.0							
	食堂	40	0.75	0.80							
	单身宿舍	50	0.8	1.0							
	小计（$K_\Sigma = 0.9$）										
3	锅炉房	151	0.75	0.80						No.3 车变	1×____
	水泵房	118	0.75	0.80							
	化验室	50	0.75	0.80							
	油泵房	28	0.75	0.80							
	小计（$K_\Sigma = 0.9$）										

4. 供用电协议

（1）从电力系统的某 35/10kV 变电站，用双回 10kV 架空线路向工厂馈电。系统变电站在工厂南 0.5km。

（2）系统变电站馈电线的定时限过电流保护的整定时间 $t_{op} = 1.5s$，要求工厂总配变电所的保护整定时间不大于 1s。

（3）在工厂总配电所的 10kV 进线侧进行电能计量。工厂最大负荷时功率因数不得低于 0.9。

（4）电力系统的短路数据，如表 12-8 所示。其配电系统图如图 12-6 所示。

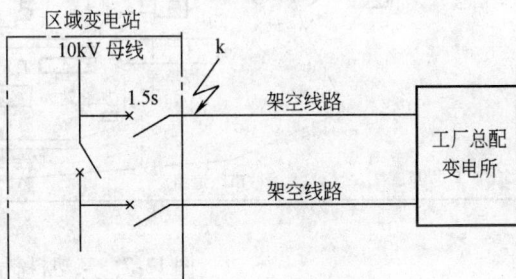

图 12-6　配电系统图

（5）供电贴费和每月电费制，与设计题目 1 相同，数据由指导教师给定。

5. 工厂负荷性质　本厂多数车间为三班制，少数车间为一班或两班制，年最大有功负荷利用小时数为 6000h。本厂属二级负荷。

6. 工厂自然条件　项目与设计题目 1 相同，数据由指导教师给定。

表 12-8　电力系统 10kV 母线的短路数据

系统运行方式	10kV 母线短路容量	备注
系统最大运行方式时	$S_{k\cdot max}^{(3)} = 187 MV\cdot A$	电力系统可视为无限大容量
系统最小运行方式时	$S_{k\cdot min}^{(3)} = 107 MV\cdot A$	

四、某塑料制品厂总配变电所（高压配电所带—车间变电所）**及高压配电系统设计**（设计题目 4）

作为设计依据的原始资料有：

1. 工厂总平面布置图（见图 12-7）

2. 工厂的生产任务、规模及产品规格　本厂年产 10000t 聚乙烯及烃塑料制品，产品品种有薄膜、单丝、管材和注射用制品等，其原料来自某石油化纤总厂。

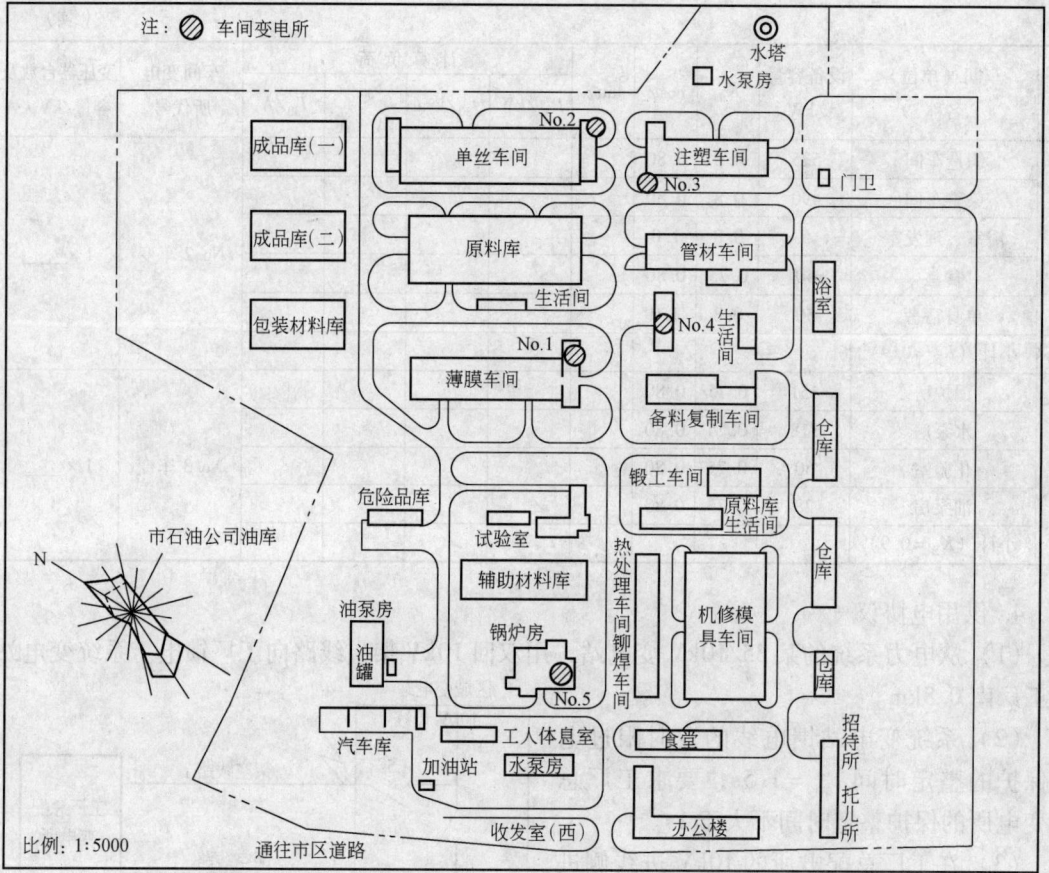

图 12-7　某塑料制品厂总平面布置图

3. 工厂各车间的负荷情况及车间变电所的容量如表 12-9 所示。

表 12-9　各车间和车间变电所负荷计算表（380V）

序号	车间（单位）名称	设备容量/kW	K_d	$\cos\varphi$	$\tan\varphi$	计算负荷				车间变电所代号	变压器台数及容量/kV·A
						P_{30}/kW	Q_{30}/kvar	S_{30}/kV·A	I_{30}/A		
1	薄膜车间	1400	0.6	0.60						No.1 车变	1×____
	原料库	30	0.25	0.50							
	生活间	10	0.8	1.0							
	成品库（一）	25	0.3	0.50							
	成品库（二）	24	0.3	0.50							
	包装材料库	20	0.3	0.50							
	小计（$K_\Sigma = 0.95$）										
2	单丝车间	1385	0.6	0.65						No.2 车间	1×____
	水泵房	20	0.65	0.80							
	小计（$K_\Sigma = 0.95$）										

（续）

序号	车间（单位）名称	设备容量/kW	K_d	$\cos\varphi$	$\tan\varphi$	计算负荷				车间变电所代号	变压器台数及容量/kV·A
						P_{30}/kW	Q_{30}/kvar	S_{30}/kV·A	I_{30}/A		
3	注塑车间	189	0.4	0.60						No. 3 车间	2× ___
	管材车间	880	0.35	0.60							
	小计（$K_\Sigma=0.95$）										
4	备料车间	138	0.6	0.50						No. 4 车变	1× ___
	生活间	10	0.8	1.0							
	浴室	5	0.8	1.0							
	锻工车间	30	0.3	0.65							
	原料间	15	0.8	1.0							
	仓库	15	0.3	0.50							
	机修模具车间	100	0.25	0.65							
	热处理车间	150	0.6	0.70							
	铆焊车间	180	0.3	0.50							
	小计（$K_\Sigma=0.87$）										
5	锅炉房	200	0.7	0.75						No. 5 车变	2× ___
	试验室	125	0.25	0.50							
	辅助材料库	110	0.2	0.50							
	油泵房	15	0.65	0.60							
	加油站	12	0.65	0.50							
	办公楼、食堂招待所	50	0.6	0.60							
	小计（$K_\Sigma=0.9$）										

4. 供用电协议

（1）从电力系统某 66/10kV 变电站用 10kV 架空线路向工厂馈电。该变电站在工厂南侧 1km。

（2）系统变电站馈电线路定时限过电流保护的整定时间 $t_{op}=2s$，工厂总配变电所保护整定时间不得大于 1.5s。

（3）在工厂总配电所 10kV 进线侧进行电能计量。工厂最大负荷时功率因数不得低于 0.9。

（4）供电贴费和每月电费制，与设计题目 1 相同，数据由指导教师给定。

（5）系统变电站 10kV 母线出口断路器的断流容量为 200MV·A。其配电系统图如图 12-8 所示。

5. 工厂负荷性质　生产车间大部分为三班制，少部分车间为一班或两班制，年最大有功负荷利用小时数为 5000h。工厂属三级负荷。

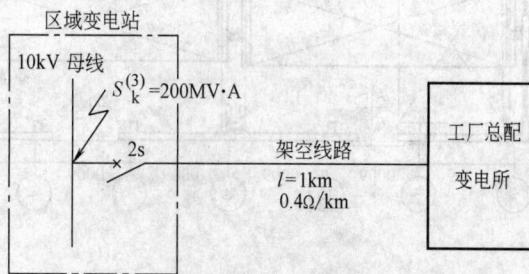

区域变电站

10kV 母线

$S_k^{(3)}=200$MV·A

2s

架空线路

l=1km

0.4Ω/km

工厂总配变电所

图 12-8　配电系统图

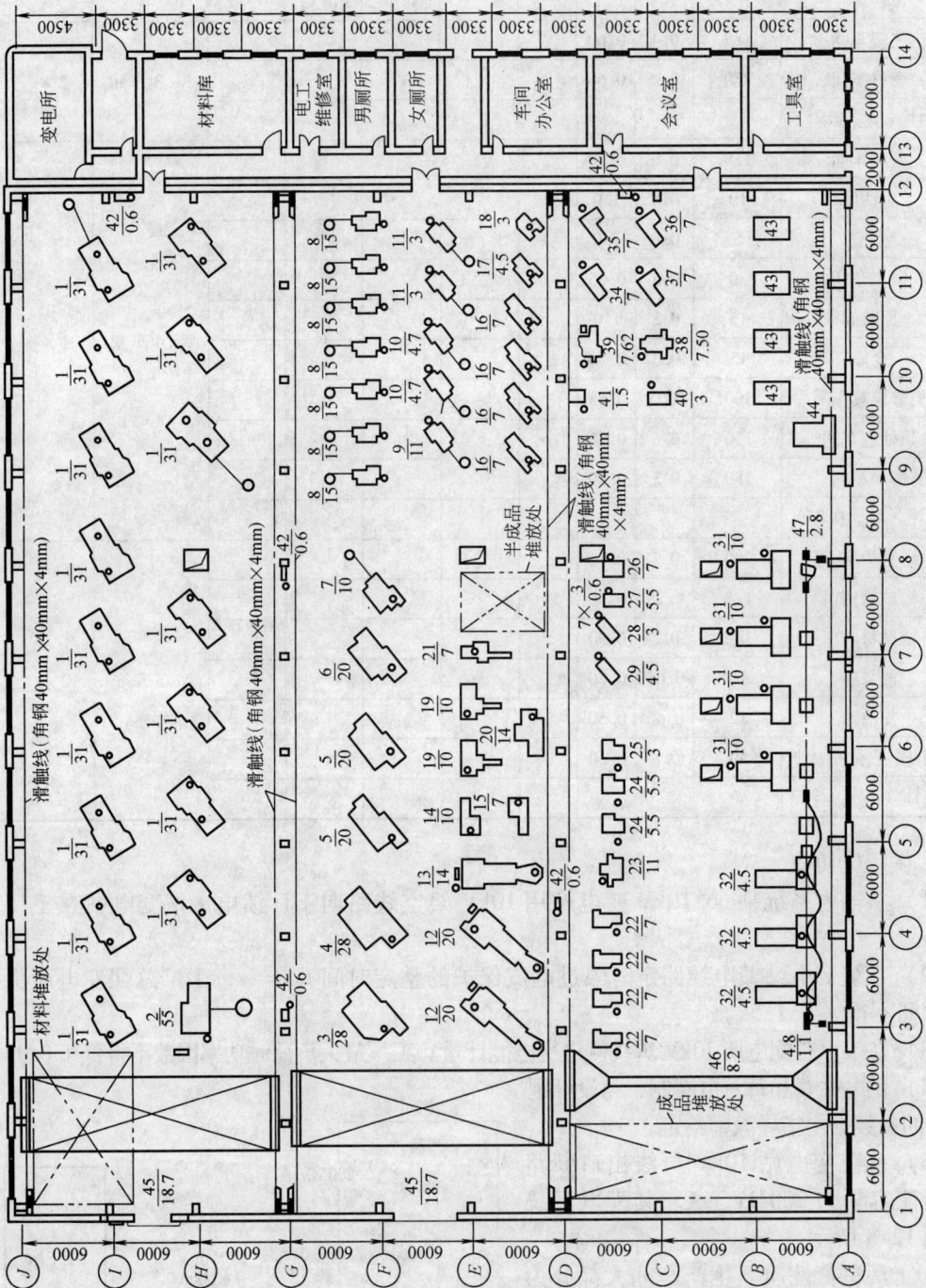

图 12-9 某厂冷镦车间平面布置图

6. 工厂自然条件 项目与设计题目 1 相同，数据由指导教师给定。

五、某标准件厂冷镦车间低压配电系统及车间变电所设计（设计题目 5）

作为设计依据的原始资料有：

1. 车间平面布置图（见图 12-9）

2. 车间的生产任务及产品规格 本车间主要承担我国机械和电器制造工业的标准螺钉配件生产。标准螺钉元件规格范围为 M3 ~ M18。

3. 车间设备明细表 如表 12-10 所示。

表 12-10 冷镦车间设备明细表

设备代号	设备名称型号	台数	单台容量/kW	总容量/kW	设备代号	设备名称型号	台数	单台容量/kW	总容量/kW
1	冷镦机 Z47-12	15	31	496	26	铣口机（自制）	1	7	7
2	冷镦机 GB-3	1	55	55	27	铣口机（自制）	1	5.5	5.5
3	冷镦机 A164	1	28	28	28	车床 C336	1	3	3
4	冷镦机 A124	1	28	28	29	车床 1336M	1	4.5	4.5
5	冷镦机 A123	2	20	40	30	台钻	7	0.6	4.2
6	冷镦机 A163	1	20	20	31	清洗机（自制）	4	10	40
7	冷镦机 A169	1	10	10	32	包装机	3	4.5	13.5
8	冷镦机 Z47-6	7	15	105	33	涂油槽（自制）	1	—	—
9	冷镦机 82BA	1	11	11	34	车床 C620-1	1	7	7
10	冷镦机 A121	2	4.7	9.4	35	车床 C620-1M	1	7	7
11	冷镦机 A120	2	3	6	36	车床 C620	1	7	7
12	切边机 A233	2	20	40	37	车床 C618K	1	7	7
13	切边机 A232	1	14	14	38	铣床 X62W	1	7.5	7.5
14	压力机 60t	1	10	10	39	平面磨床 M7230	1	7.62	7.62
15	压力 40t	1	7	7	40	牛头刨床	1	3	3
16	切边机 A231	4	7	28	41	立钻	1	1.5	1.5
17	切边机 A230	1	4.5	4.5	42	砂轮机	6	0.6	3.6
18	切边机（自制）	1	3	3	43	钳工台	4		
19	搓丝机 GWB16	2	10	20	44	划线台	1		
20	搓丝机	1	14	14	45	桥式吊车 5t	2	18.7	37.4
21	搓丝机 A253	1	7	7	46	梁式吊车 3t	1	8.2	8.2
22	搓丝机 A253	4	7	28	47	电葫芦 1.5t	1	2.8	2.8
23	双搓机	1	11	11	48	电葫芦 1.5t	1	1.1	1.1
24	搓丝机 GWB65	2	5.5	11	49	叉车 0.5t	2		—
25	搓丝机 Z25-4	1	3	3	50	叉车 0.5t	1		—
						总 计			

4. 车间变电所的供电范围

1）本车间变电所设在冷镦车间东北角，除给冷镦车间供电外，尚须给工具、机修车间供电。

2）工具车间要求车间变电所低压侧提供四路电源。

3）机修车间要求车间变电所低压侧提供一路电源。

4）工具、机修车间负荷计算表，如表 12-11 所示。

表 12-11 工具、机修车间负荷计算表

序号	车间名称	供电回路代号	设备容量 /kW	计算负荷			
				P_{30}/kW	Q_{30}/kvar	S_{30}/kV·A	I_{30}/A
1	工具车间	No. 1 供电回路	47	14.1	16.5		
		No. 2 供电回路	56	16.8	19.7		
		No. 3 供电回路	42	12.6	14.7		
		No. 4 供电回路	35	10.5	12.3		
2	机修车间	No. 5 供电回路	150	37.5	43.9		

5. 车间负荷性质 车间为三班工作制，年最大有功负荷利用小时数为 4500h，属于三级负荷。

6. 供电电源条件

1）本车间变电所从本厂 35/10kV 总降压变电所用电缆线路引进 10kV 电源，如图 12-10所示。电缆线路长 200m。

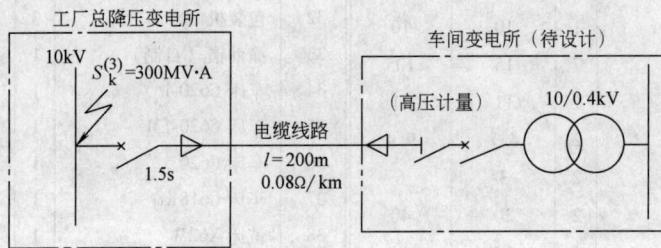

图 12-10 引入车间变电所的线路

2）工厂总降压变电所 10kV 母线上的短路容量按 300MV·A 计。

3）工厂总降压变电所 10kV 配电出线定时限过电流保护的整定时间 $t_{op} = 1.5s$。

4）要求车间变电所最大负荷时功率因数不得低于 0.9。

5）要求在车间变电所 10kV 侧进行电能计量。

7. 车间自然条件

（1）气象条件 气象条件包括：①车间内最热月的平均温度为 30℃；②地中最热月的平均温度为 25℃；③土壤冻结深度为 1.10m；④车间环境，属正常干燥环境。

（2）地质水文资料 车间原址为耕地，地势平坦。地层以砂黏土为主，地下水位为 2.8～5.3m。

六、某机修厂机械加工一车间低压配电系统及车间变电所设计（设计题目6）

作为设计依据的原始资料有：

1. 车间平面布置图（见图 12-11）

2. 车间的生产任务 承担机修厂机械修理的配件生产。

3. 车间设备明细表 如表 12-12 所示。

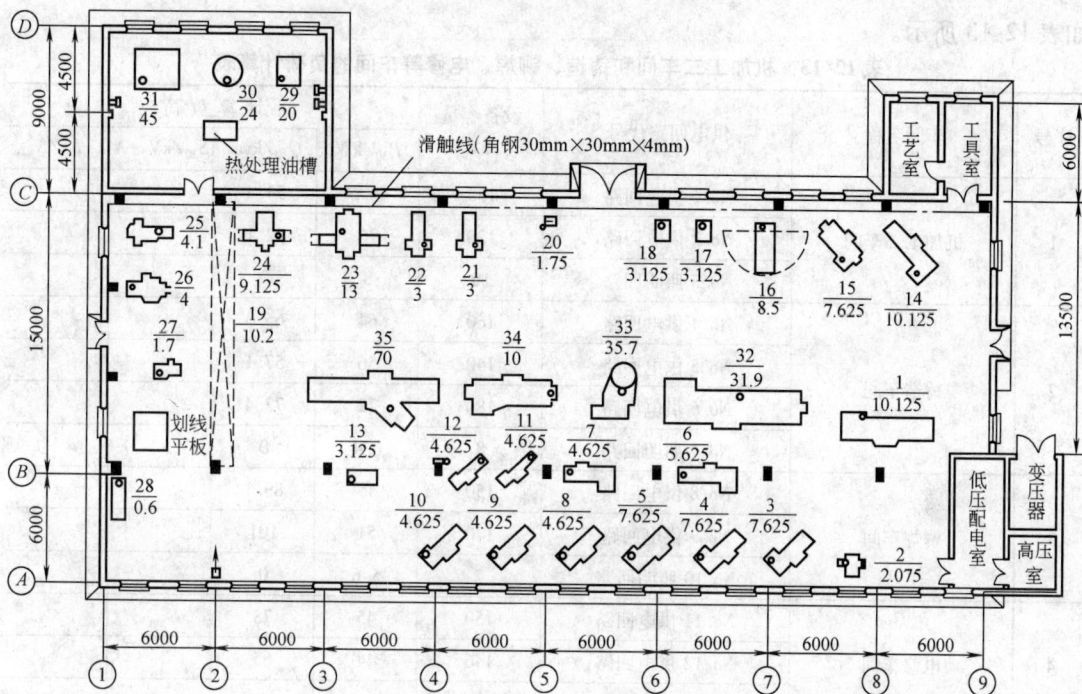

图 12-11　某厂机械加工一车间平面布置图

表 12-12　机械加工一车间设备明细表

设备代号	设备名称型号	台数	单台容量/kW	总容量/kW	设备代号	设备名称型号	台数	单台容量/kW	总容量/kW
1	车床 C630M	1	10.125	10.125	19	5t 单梁吊车	1	10.2	10.2
2	万能工具磨床 M5M	1	2.075	2.075	20	立式砂轮	1	1.75	1.75
3	普通车床 C620-1	1	7.625	7.625	21	牛头刨床 B665	1	3	3
4	普通车床 C620-1	1	7.625	7.625	22	牛头刨床 B665	1	3	3
5	普通车床 C620-1	1	7.625	7.625	23	万能铣床 X63WT	1	13	13
6	普通车床 C620-3	1	5.625	5.625	24	立式铣床 X52K	1	9.125	9.125
7	普通车床 C620	1	4.625	4.625	25	滚齿机 Y-36	1	4.1	4.1
8	普通车床 C620	1	4.625	4.625	26	插床 B5032	1	4	4
9	普通车床 C620	1	4.625	4.625	27	弓锯机 G72	1	1.7	1.7
10	普通车床 C620	1	4.625	4.625	28	立式钻床 Z512	1	0.6	0.6
11	普通车床 C618	1	4.625	4.625	29	电极式盐浴电阻炉	1	20	20
12	普通车床 C616	1	4.625	4.625				（单相380V）	
13	螺旋套丝机 S-8139	1	3.125	3.125	30	井式回火电阻炉	1	24	24
14	普通车床 C630	1	10.125	10.125	31	箱式加热电阻炉	1	45	45
15	管螺纹车床 Q119	1	7.625	7.625	32	车床 CW6-1	1	31.9	31.9
16	摇臂钻床 Z35	1	8.5	8.5	33	立式车床 C512-1A	1	35.7	35.7
17	圆柱立式钻床 Z5040	1	3.125	3.125	34	卧式镗床 J68	1	10	10
18	圆柱立式钻床 Z5040	1	3.125	3.125	35	单臂刨床 B1010	1	70	70
						总　　计			

4. 车间变电所的供电范围　本车间变电所设在机加工一车间的东南角，除为机加工一车间供电外，尚需为机加工二车间及铸造、铆焊、电修等车间供电。其他车间的负荷计算表

如表 12-13 所示。

表 12-13　机加工二车间和铸造、铆焊、电修等车间的负荷计算表

序号	车间名称	供电回路代号	设备容量 /kW	计算负荷			
				P_{30}/kW	Q_{30}/kvar	S_{30}/kV·A	I_{30}/A
1	机加工二车间	No.1 供电回路	155	46.5	54.4		
		No.2 供电回路	120	36	42.1		
		No.3 照明回路	10	8	0		
2	铸造车间	No.4 供电回路	160	64	65.3		
		No.5 供电回路	140	56	57.1		
		No.6 供电回路	180	72	73.4		
		No.7 照明回路	8	6.4	0		
3	铆焊车间	No.8 供电回路	150	45	89.1		
		No.9 供电回路	170	51	101		
		No.10 照明回路	7	5.6	0		
4	电修车间	No.11 供电回路	150	45	78		
		No.12 供电回路	146	44	65		
		No.13 照明回路	10	8	0		
总　计							

5. 车间负荷性质　车间为三班工作制，年最大有功负荷利用小时数为 3500h，属于三级负荷。

6. 供电电源条件

（1）本车间变电所从本厂 35/10kV 总降压变电所用电缆线路引进 10kV 电源，如图 12-12 所示。电缆线路长 400m。

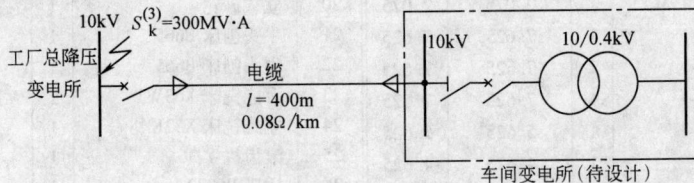

图 12-12　引入车间变电所的线路

（2）工厂总降压变电所 10kV 母线上的短路容量按 300MV·A 计。

（3）工厂总降压变电所 10kV 配电出线定时限过电流保护的整定时间 t_{op} = 1.7s。

（4）要求车间变电所最大负荷时功率因数不得低于 0.9。

（5）要求在车间变电所 10kV 侧进行电能计量。

7. 车间自然条件　项目与上一设计题目的车间自然条件相同，具体条件和数据由指导教师给定。

参 考 文 献

[1]　刘介才. 工厂供电设计指导 [M]. 2 版. 北京：机械工业出版社，2008.

[2]　刘介才. 工厂供电 [M]. 6 版. 北京：机械工业出版社，2015.

[3]　刘介才. 供配电技术 [M]. 3 版. 北京：机械工业出版社，2012.

[4]　刘介才. 工厂供电简明设计手册 [M]. 北京：机械工业出版社，1993.

[5]　刘介才. 供电工程师技术手册 [M]. 北京：机械工业出版社，1998.

[6]　刘介才. 实用供配电技术手册 [M]. 北京：中国水利水电出版社，2002.

[7]　苏文成. 工厂供电 [M]. 2 版. 北京：机械工业出版社，1990.

[8]　李宗纲，等. 工厂供电设计 [M]. 长春：吉林科学技术出版社，1985.

[9]　中国航空工业规划设计研究院组编. 工业与民用配电设计手册 [M]. 3 版. 北京：中国电力出版社，2005.

[10]　电气简图用图形符号国家标准汇编 [S]. 北京：中国标准出版社，2001.

[11]　电气制图国家标准汇编 [S]. 北京：中国计划出版社，2001.

[12]　电气标准规范汇编 [S]. 北京：中国计划出版社，2015.

[13]　机械工厂电力设计规范 （JBJ6—1996）[S]. 北京：机械工业出版社，1997.

[14]　民用建筑电气设计规范 （JGJ/T 16—1992）[S]. 北京：中国计划出版社，1994.

[15]　吕光大. 建筑电气安装工程图集 [M]. 北京：水利电力出版社，1987.

[16]　刘介才. 三相交流相序代号问题的商榷 [J]. 电工技术杂志，1997 （3）.

[17]　刘介才. 接地电阻简化计算公式辨析 [J]. 建筑电气季刊，1998 （2）.

[18]　刘介才. 供电设计中若干问题的探讨 [D]. 四川省电工技术学会优秀论文集 （1），1990.